histoire de la

BIOLOGIE

2

Petite Collection

d'Histoire des Sciences

histoire de la

BIOLOGIE

sous la direction scientifique de

André Giordan

TOME 2

Victor Host
André Giordan
Delfo Tesi
Raul Gagliardi

Technique et Documentation — Lavoisier
11, rue Lavoisier — F 75384 Paris Cedex 08

PETITE COLLECTION
D'HISTOIRE DES SCIENCES

parus

HISTOIRE DE L'ASTRONOMIE
HISTOIRE DE LA BIOLOGIE (Vol. 1 et 2)
HISTOIRE DE LA CHIMIE
HISTOIRE DE LA GÉOLOGIE (Vol. 1)
HISTOIRE DE LA PHYSIQUE (Vol. 1 et 2)

à paraître

HISTOIRE DE LA GÉOLOGIE (Vol. 2)

11, rue Lavoisier - F 75384 Paris Cedex 08
Nouveau tirage revu 1991

ISSN 0767-0060
ISBN 2-85206-379-4 (Histoire de la Biologie)
ISBN 2-85206-749-3 (Volume 2)

Sommaire

Les auteurs

Ce tome a également été conçu et coordonné par

André Giordan, professeur à l'Université de Genève, directeur de recherche à l'Université de Paris VII, dans le cadre des recherches du Laboratoire de didactique et épistémologie des sciences (LDES).

Il a écrit le chapitre *Fécondation* et développé l'iconographie des différents chapitres.

Victor Host a repris un travail original pour rédiger le chapitre *Cellules.*

Delfo Tesi, puis **André Giordan** ont travaillé le chapitre *Gènes et chromosomes.*

Raul Gagliardi (avec le concours d'André Giordan) a tenté en quelques pages une synthèse de questions liées à l'*Evolution.*

Pour la recherche des documents et réalisation des textes ont également participé : Daniel Raichvarg, Jacqueline Pochon, Rudolf Bijlenga et Rolande Lefeivre.

1

Aperçu sur l'histoire de la théorie cellulaire

Les origines de la théorie cellulaire : Premières observations de cellules et premiers essais de théorisation en rapport avec des observations microscopiques

Les premières observations de cellules

D'après la plupart des historiens, la découverte de la cellule est datée par la communication de Hooke à la Société Royale de Londres en 1667. Guyénot le résume ainsi [1] : "Hooke examinait au microscope une lamelle de liège lorsqu'il lui sembla apercevoir des pores". Il fit une nouvelle préparation plus mince de la même substance : "Je pus ... me rendre compte très clairement qu'elle était perforée et poreuse comme un gâteau de miel". Hooke se représentait ces pores comme des loges allongées, compartimentées par des diaphragmes transversaux. Il en a donné une représentation assez exacte. Il compta qu'il y avait 60 de ces cellules - c'est le mot qu'il a utilisé - placées bout à bout dans un dix-huitième de pouce, ce qui en fait plus d'un million (1.666.400) dans un pouce carré ou presque 6,5 cm^2, c'est-à-dire un nombre à peine croyable.

S'étant renseigné pour connaître l'origine du liège, Hooke apprit

---

1 Guyénot, 1941, p. 112- 113.

que cette substance représentait une partie de l'écorce de certains arbres. Il eut alors l'idée d'examiner au microscope divers fragments de végétaux et c'est ainsi que dans "la moel'e du sureau ou de presque tous les arbres, dans la pulpe interne ou moelle de diverses plantes, telles que le fenouil, la carotte, la bardane, le cardon, certains roseaux" il retrouva la même structure poreuse.

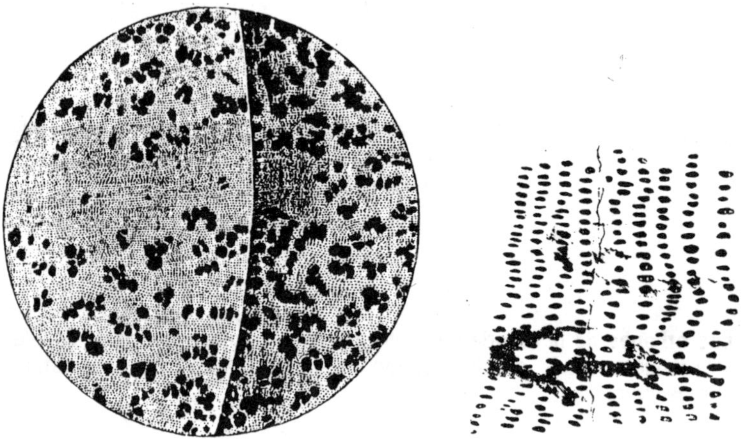

Fig. 1: *Les pores appelés "cellules" par Hooke, observés sur différents bois (1667) (*Micrographia, *Planche X).*

Hooke tira de ses observations des interprétations assez inattendues [1]. D'une part, comme dans les chapitres précédents, il se sert de ses observations pour expliquer les propriétés physiques d'un matériau (sable, neige, glace, calcaire poreux...) ; dans le cas du liège il explique sa légèreté, sa compressibilité, son imperméabilité. D'autre part, il recherche si l'organisation microscopique ne permet pas de faire apparaître des points communs entre les animaux et les végétaux. Il se demande si les pores observés ne résultent pas de la section de vaisseaux ou de canaux conduisant les sucs nutritifs des végétaux, conduits comparables aux artères et aux veines des animaux. Il s'étonne de leur petitesse car les "atomes fantaisistes inventés par Epicure pourraient à peine y circuler". Sur les coupes de végétaux verts frais il découvre que les cellules étaient remplies

1 Hooke *Micrographia*, 1667, p. 115.

de sucs nutritifs. Il trouve légitime d'assimiler ce réseau à l'appareil circulatoire des animaux mais cherche en vain les veines et les valvules qui ouvrent et ferment le passage. Il conclut : "Bien que je n'aie pu découvrir de passage d'une cavité à l'autre par l'observation microscopique, l'action de mon souffle ou d'autres procédés, je ne puis pas écarter la conclusion que des sucs nutritifs ou d'autres liquides circulent de l'un à l'autre". Il ne revient pas sur ce problème et ne repéra pas d'autres cellules dans les chapitres suivants même s'il lui arriva d'en dessiner (ortie).

En réalité sa problématique n'était pas d'ordre biologique. Il écrit dans l'introduction de "*Micrographia*":

> "*Il est vrai que les sciences de la nature ont été jusqu'à présent beaucoup trop l'œuvre de l'activité du cerveau et de la fantaisie ; il est grand temps maintenant de revenir à la simplicité et à la sûreté des observations portant sur des objets et des matériaux directement accessibles à l'expérience*".

Par une série de monographies portant sur des objets minéraux, végétaux et animaux, il nous montre à quel degré le microscope étend notre champ de connaissances. Les planches qui accompagnent le texte sont d'une précision remarquable. A la même époque, Grew publia d'autres dessins relatifs à la structure des végétaux dans "*Anatomy of Vegetables Begun*" adressé à la même Société. Son interprétation fut focalisée sur la structure globale du tissu qu'il explique par un réseau admirable de fibres d'une extrême complexité.

Leeuwenhoek, drapier de Delft [1], fit des observations extraordinaires avec les microscopes simples qu'il construisait lui-même. En particulier, il décrivit des infusoires, des spermatozoïdes, des globules rouges nucléés de poissons et même des bactéries. Malpighi fit aussi de nombreuses observations cytologiques.

Les observations de ces auteurs sont remarquables, surtout si l'on se réfère aux conditions de travail : ils utilisaient soit des microscopes simples, c'est-à-dire des loupes avec des lentilles de très petite distance focale mais de champ très réduit, soit des microscopes à objectif et oculaire ; dans le 1er cas, l'exploration de l'objet exigeait une très longue patience, dans le 2ème cas, on n'était pas maître des aberrations susceptibles de déformer totalement l'image de l'objet étudié. Ils firent preuve d'une grande ingéniosité dans la mise au point des instruments ; Leeuwenhoek construisit lui-même tous ses

---

1 De Kruif, p. 5 à 26.

Fig. 2: *Microscope utilisé par Hooke pour ses diverses études microscopiques (*Micrographia, *1667).*

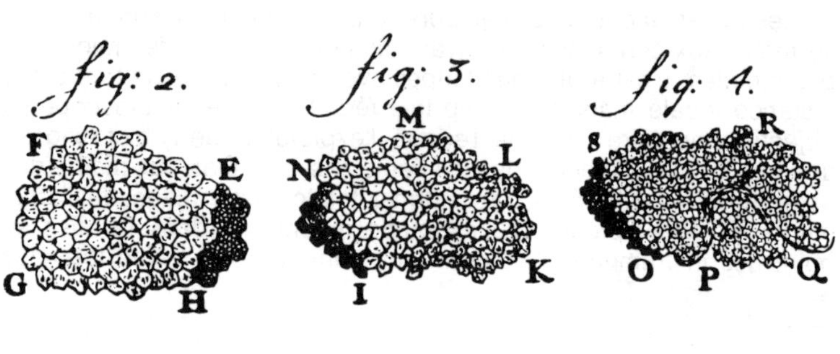

Fig. 3: *Observation de diverses parties végétales par Leeuwenhoek (1719).*

microscopes. Les dessins et les figures étaient d'une précision remarquable ; ils furent les inventeurs du dessin de sciences naturelles qui joua un grand rôle dans la recherche biologique jusqu'en 1950 ; un dessin de ce type exigeait souvent 10h de travail car il fallait sans cesse déplacer la préparation à cause de la petitesse du champ.

Leurs propositions subissent l'épreuve de la confirmation et du contrôle social grâce à l'objectivité et la précision des communications qui permettent la reproduction des observations ; ils ont constitué le fonds commun de la biologie microscopique pendant plus de 100 ans. Leurs découvertes eurent un retentissement considérable : Leuwenhoek reçut la visite de Catherine de Russie et de la Reine d'Angleterre. A une époque où le savoir semblait codifié par les livres, ils ont montré que la nature était plus riche que ceux-ci, ils ont développé une attitude favorable aux sciences de la nature et valorisé la perception comme source de connaissance. "Ils ont amorcé un mouvement d'exploration de la nature dans le cadre de sociétés scientifiques souvent éphémères dont la 1ère à été l'Académie du Lynx à Rome de 1601 à 1635. Au lieu d'étudier les êtres vivants par référence à l'homme, ils ont exploré de façon systématique le monde vivant, y compris les êtres dérisoires et *(dégoûtants)* vivant dans les eaux, l'intestin, les déchets et excréments. Ils ont été soutenus par leur curiosité et leur enthousiasme à une époque où le fondement épistémologique de leur attitude était ignoré, voire contesté : pendant près de 2 siècles, certains savants se croient obligés de justifier le choix de leur matériel d'études dans leurs travaux.

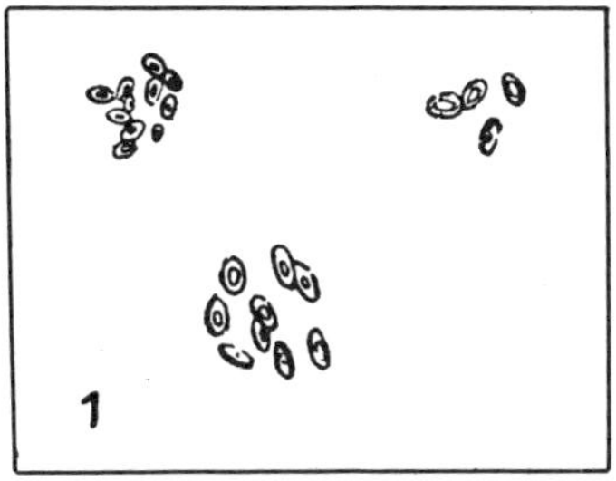

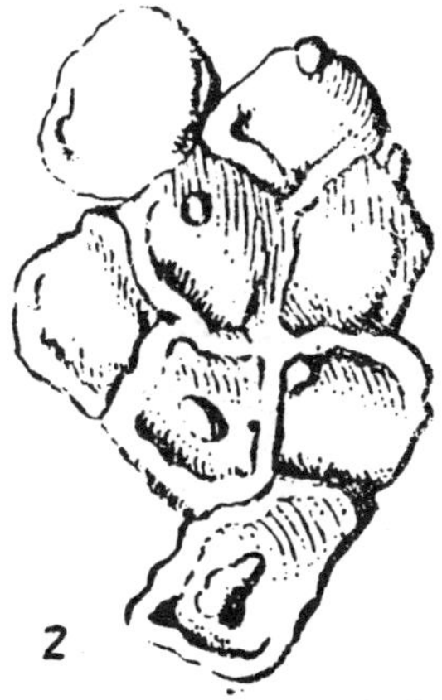

Fig. 4: *1) Leeuwenhoek : globules rouges de poisson. — 2) Fontana : cellules épithéliales (1781) (d'après A. Hughes,* A History of Cytology*).*

Mais il n'est pas possible d'attribuer la paternité de la théorie cellulaire à ces auteurs. Ils n'ont guère interprété ce qu'ils voyaient ; leurs découvertes étaient d'abord source d'émerveillement et celui-ci

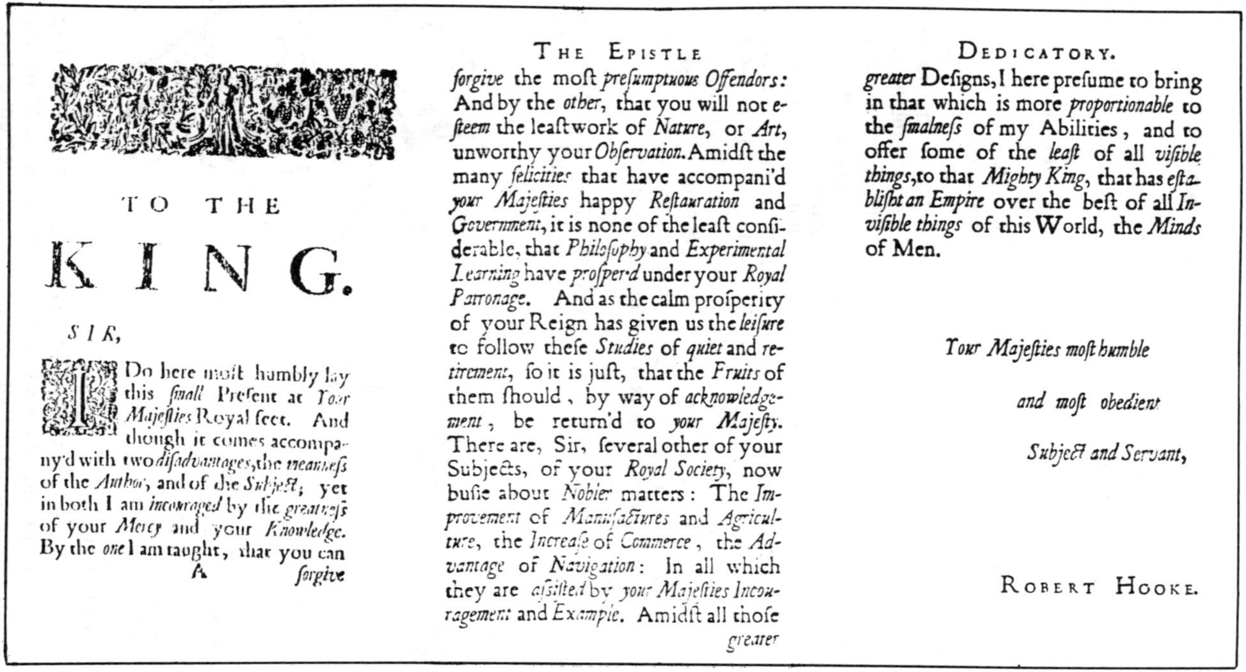

TO THE

KING.

SIR,

I Do here most humbly lay this *small* Present at *Your Majesties* Royal feet. And though it comes accompany'd with two *disadvantages*, the *meanness* of the *Author*, and of the *Subject*; yet in both I am *incouraged* by the *greatness* of your *Mercy* and your *Knowledge*. By the *one* I am taught, that you can

A *forgive*

THE EPISTLE

forgive the most *presumptuous Offendors*: And by the *other*, that you will not e-*steem* the least work of *Nature*, or *Art*, unworthy your *Observation*. Amidst the many *felicities* that have accompani'd *your Majesties* happy *Restauration* and *Government*, it is none of the least considerable, that *Philosophy* and *Experimental Learning* have *prosper'd* under your *Royal Patronage*. And as the calm prosperity of your Reign has given us the *leisure* to follow these *Studies* of *quiet* and *retirement*, so it is just, that the *Fruits* of them should, by way of *acknowledgement*, be return'd to *your Majesty*. There are, Sir, several other of your Subjects, of your *Royal Society*, now busie about *Nobler* matters: The *Improvement* of *Manufactures* and *Agriculture*, the *Increase* of *Commerce*, the *Advantage* of *Navigation*: In all which they are *assisted* by *your Majesties Incouragement* and *Example*. Amidst all those

greater

DEDICATORY.

greater Designs, I here presume to bring in that which is more *proportionable* to the *smalness* of my Abilities, and to offer some of the *least* of all *visible things*, to that *Mighty King*, that has *establisht an Empire* over the best of all *Invisible things* of this World, the *Minds* of Men.

Your Majesties most humble

and most obedient

Subject and Servant,

ROBERT HOOKE.

Fig. 5: *Remerciements de Hooke en introduction de son livre* Micrographia *(1667)*

NOUVELLES

OBSERVATIONS,

Faites avec de nouveaux Microſcopes, ſur une multitude innombrable d'inſectes, & d'autres animaux de diverſes eſpeces, qui naiſſent dans des liqueurs préparées, & dans celles qui ne le ſont point.

Fig. 6: *Joblot (1718).*

était souvent le point de départ d'une méditation philosophique ou religieuse. Ils n'ont pas cherché à rapprocher les observations faites dans les deux règnes et, dans le domaine végétal ils ont porté leur attention sur la membrane : le terme de cellule qui attire l'attention sur des parois a consacré cette orientation.

Cet exemple illustre le propos de F. Jacob "Pour qu'un objet (scientifique) soit accessible à l'expérience, il ne suffit pas de l'apercevoir, il faut encore qu'une théorie soit prête à l'accueillir". En particulier, il faut poser au départ un problème scientifique pour disposer d'un critère organisateur de l'observation qui permet de découvrir un système de relations.

Le piétinement du XVIIIe siècle

Ce foisonnement de découvertes fut sans lendemain. Certes,

après une convergence exceptionnelle de micrographes alliant passion, patience et génie et groupés autour de la Société Royale de Londres, une certaine éclipse était inévitable mais cela ne peut expliquer le piétinement des recherches pendant 120 ans, avant une nouvelle explosion de découvertes. Pour Singer, il s'agit d'un problème non résolu. Il est cependant possible de proposer des explications en montrant l'importance de 2 obstacles propres à la biologie : le rapport à l'expérience et les modalités de la théorisation. Le dépassement de ces obstacles supposait d'une part une modification profonde de la société scientifique et d'autre part la découverte d'une problématique et de processus de pensée propres à la biologie, à une époque où les savants étaient des généralistes, des "philosophes" profondément influencés par le développement remarquable des sciences physiques.

Toute science est fondée sur des données reproductibles et généralisables. Pour la physique du XVIIIe siècle ce n'était pas un problème, il suffit par exemple de préciser les coordonnées spatio-temporelles. Le Biologiste, au contraire, a souvent beaucoup de peine à remplir ces conditions.

Pour réaliser des observations reproductibles, il fallait maîtriser les abberrations dues aux instruments et les artéfacts induits par les techniques. Les microscopes de construction artisanale étaient d'une extrême diversité non seulement par leur forme mais par leurs principes même ; ils participaient à la personnalité du savant si bien que Leuwenhoek a toujours refusé de prêter ses meilleurs microscopes : leurs performances très variables étaient totalement inconnues des usagers. L'usage de l'instrument aggravait la subjectivité de l'observateur en particulier parce que les aberrations étaient souvent du même ordre de grandeur que l'objet étudié. Le terme de "globule" tend à désigner les globules rouges observés par Leuwenhoek, les globules de graisse, les figures résultant de l'aberration sphérique. En 1820 Milne Edwards pouvait encore écrire "la structure élémentaire est identique chez tous les animaux, des corpuscules sphériques de 1/200 de mm constituent tous les tissus par leur assemblage".

Comment s'y retrouver parmi les différentes représentations de spermatozoïdes [1] : ceux de Leuwenhoek étaient des globules munis d'une queue, ceux de Joblot (1776) étaient dotés d'une barbiche, celui de Gerber (1820) portait un anus et un orifice génital. De même l'artéfact induit par les techniques était souvent totalement ignoré.

---

1 cf. Hughes, pl. II à VI.

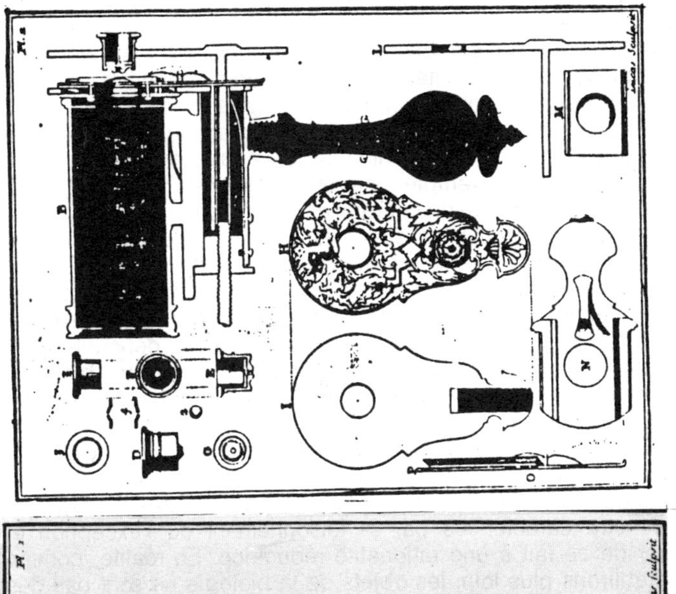

Fig. 7: *Microscope de Joblot (1718).*

Les observations *in vivo* portaient quelquefois sur du matériel peu altérable, étudié dans son milieu de vie, algues filamenteuses, poils d'étamine de Tradescantia. Elles étaient mises sur le même plan que celles réalisées sur du matériel nécrosé par macération, examiné sans éclaircissement ni coloration ; on ignorait la labilité des structures vivantes, l'action des liquides conservateurs utilisés par les ménagères ou dans les amphithéâtres d'anatomie - alcool, acide acétique, formol - Par exemple, pour étudier le tissu conjonctif, on le dilacérait à l'air si bien qu'on le réduisait à une trame inerte de fibres, en supprimant en totalité les éléments vivants. En biologie, un fait reproductible suppose la connaissance précise de multiples variables liées à l'objet, aux instruments, aux facteurs du milieu, contrainte ignorée à l'époque, même si elle était appliquée intuitivement par certains grands esprits comme Leeuwenhoek. Pour déboucher sur une explication scientifique, une observation reproductible doit permettre de dégager des faits généraux. A l'époque considérée, cette procédure était facile en mécanique ou en physique : un exemple bien choisi, plan incliné ou balance de Coulomb, servait de paradigme, c'est-à-dire matérialisait, illustrait le principe fondamental sur lequel était fondée la théorie. Or les phénomènes biologiques semblent être caractérisés par le foisonnement ou l'exception et échapper de ce fait à une rationalité réductrice. En réalité, comme nous l'établirons plus loin, les objets de la biologie ne sont pas des objets du réalisme naïf mais ils sont construits progressivement par la confrontation des situations concrètes et l'affrontement avec les exceptions ; celles-ci, loin d'être un obstacle constituent la condition d'un progrès. Cette démarche est rarement à la portée d'un savant isolé qui se contente le plus souvent de produire une monographie sans interprétation générale ; elle s'appuie en général sur une communauté scientifique suffisamment importante pour permettre la discussion et suffisamment stable pour garder la mémoire des travaux antérieurs et éviter la nécessité de les redécouvrir. Cette exigence était particulièrement importante à une époque où on ignorait la manière dont la biologie construisait ses objets.

De nombreuses théories ont été formulées au XVIIIe siècle pour expliquer les caractères des organismes vivants à partir d'un support anatomique. Les uns, à la suite de Grew admettaient l'existence d'une substance plastique fondamentale d'abord continue et éventuellement divisée dans la suite par des cloisons. D'autres cherchaient à caractériser le vivant par une unité anatomique première jouant le rôle de principe au double sens du mot "unité primordiale et principe d'intelligibilité" [1]. Certains procédaient à une démarche

---

1 Canguilhem : Op. cité, chap. *La théorie cellulaire.*

inductive à partir de l'observation comparée ; malheureusement ils identifiaient des unités différentes. Malpighi découvrit des vésicules, Hooke des cellules, Haller des fibres. Pour ce dernier, "la fibre est pour le physiologiste ce que la ligne est pour le géomètre" ; la structure cellulaire n'était qu'une structure dérivée résultant de l'entrecroisement des fibres. Il marque la transition avec ceux qui se donnent, comme le physicien, un principe d'explication *a priori* vérifié par ses implications. Buffon qui, selon l'expression de Canguilhem, rêvait d'être le Newton de la biologie, construisit un système déductif fondé sur l'attraction de particules élémentaires : des particules primitives et incorruptibles se conjuguent à la génération et se dispersent à la mort ; mais il échoua car son système ne débouchait pas sur des déductions véritables par l'expérience. La micrographie ne fit pratiquement pas de progrès au cours de cette période. Faute d'intérêt pour ces recherches, les instruments ne progressèrent pas, les techniques restèrent rudimentaires. Mais on peut suivre une certaine maturation de la pensée théorique.

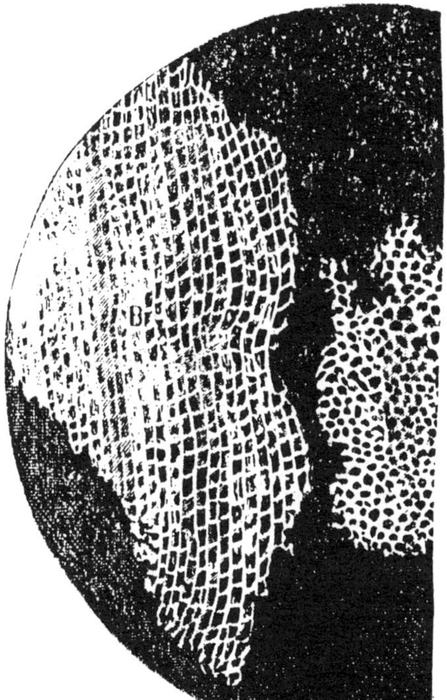

Fig. 8: *Observation de cellules et de pores par Hooke dans le chène liège (*Micrographia, *1667).*

La formulation de la théorie (1820-1860).

> *"Presque toujours, une théorie considérée comme neuve est précédée d'un lent travail de gestation, d'efforts dispersés, de tentatives fragmentaires. Arrive enfin le moment où les idées qui sont en l'air cristallisent en quelque sorte, trouvent leur complète expression dans la pensée d'un homme supérieur qui survient au moment favorable et leur imprègne son cachet personnel"* [1]

Evolution du cadre et du climat de la recherche

Au cours de la première moitié du XIXe siècle, les conditions de la recherche changèrent profondément, elle est institutionnalisée et les ressources des collectivités se substitueront progressivement au mécénat. La plupart des savants seront désormais des professionnels de la recherche malgré quelques exceptions (Thuret, Hofmeister). Cette évolution fut amorcée à partir de 1750 : création de chaires scientifiques dans les universités allemandes (Göttingen, 1759), développement de l'enseignement supérieur en France au cours de la Révolution. Mais la liaison institutionnelle entre recherche et enseignement, liaison qui entraîne l'équipement d'un laboratoire par chaire universitaire ne se développa qu'entre 1800 et 1850, d'abord dans les universités allemandes. Les scientifiques anglais qui se montraient réticents à suivre cette évolution de peur de perdre leur liberté furent handicapés ultérieurement par le manque de moyens matériels.

La multiplication des laboratoires permit un développement rapide des instruments, en particulier du microscope. La construction de ces derniers deviendra l'apanage d'ateliers spécialisés dirigés par des opticiens ayant une formation théorique et travaillant en liaison avec les universités. Les microscopes à lentilles achromatiques furent commercialisés à partir de 1825 alors que ces lentilles étaient utilisées pour les lunettes astronomiques depuis plus de 50 ans et que le premier microscope de ce type fut construit en Angleterre par un officier de cavalerie en 1791. La correction de l'aberration sphérique par des lentilles aplanétiques fut inventée par Lister vers 1830 et se répandit rapidement. Vers 1840, le pouvoir séparateur des microscopes couramment répandus dans les laboratoires était de 1 micron environ, ordre de grandeur qui permet une première exploration systématique du domaine cytologique.

Désormais, les instruments étaient caractérisés par des perfor-

---

1 Guyénot, *ib.* p. 338.

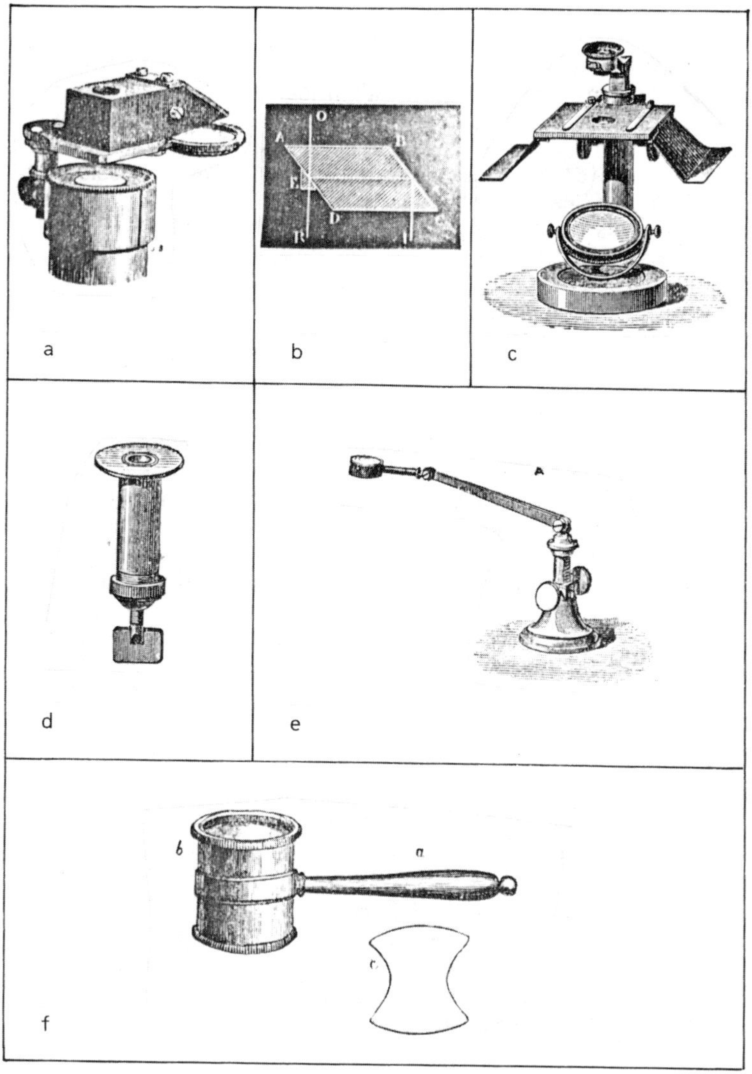

Fig. 9: *Instruments de la deuxième moitié du XIXe siècle. — a) Chambre claire - b) Prismes de la chambre claire et marche des rayons lumineux - c) Doublet monté de Nachet - d) Microtome ou manchon mandrin - e) Loupe avec pied articulé de Nachet - f) Loupe de Coddington.*
(Ludovic James, Aide-mémoire de micrographie, *J. B. Baillière, Paris, 1892).*

mances définies objectivement : (grossissement, champ, pouvoir séparateur, importance de l'aberration) leur emploi correct exigera un apprentissage identique pour tous les utilisateurs. De ce fait, l'objet technique impose sa logique "le système des besoins est devenu moins cohérent que celui de l'objet" [1]. On disposera d'un même support instrumental pour "produire" les faits scientifiques. La communication objective se substitue au témoignage personnel - il faut cependant signaler l'insuffisance des recherches sur l'artéfact produit par des méthodes de préparation très rudimentaires. La rationalisation des instruments permettant d'obtenir des résultats reproductibles ne représente qu'un aspect des modifications profondes des conditions de la recherche. Désormais, le travail des savants se situe dans le cadre de la société scientifique internationale qui fonctionne comme une institution, à l'intérieur de laquelle se définissent la problématique de recherche et les méthodes ou techniques permettant de la mettre en œuvre ; c'est elle qui gère les différents niveaux d'intégration du savoir, communication de recherche, traités, programmes d'enseignement. L'invention individuelle est systématiquement encadrée par des activités sociales : recherche bibliographique au départ, discussions pour contrôler, généraliser et remodeler l'ensemble de la structure conceptuelle. Avant cette époque, l'histoire de la biologie se présente comme une succession de monographies, dont certaines ont eu un retentissement considérable comme celle de Wolff relative à l'embryologie du poulet (1759). Les rapports entre la science et les savants étaient du même type que ceux qui liaient l'artiste à son œuvre : L'instrument était considéré comme le prolongement de sa main comme cela a déjà été évoqué pour Leeuwenhoek. Radl [2] attribue cette évolution à l'influence de Comte et de Mill : nous aurons l'occasion de montrer combien ils ont marqué la pensée biologique à une époque plus tardive mais nous pensons que la cause initiale du changement d'attitude des savants est la tranformation de la société scientifique.

Cette évolution concerne plus directement la biologie générale : au cours de la première moitié du siècle dernier elle cessa d'être une métascience c'est-à-dire une réflexion philosophique sur des sciences particulières - systématique, zoologie, botanique - ou sur des travaux ponctuels comme ceux de Wolff - pour réaliser l'ambition de Lamarck et Treviranus c'est-à-dire pour déboucher sur une explication de la vie à partir de paradigmes dont toutes les implications sont soumises au contrôle expérimental. Or la recherche en biologie

---

1 Simondon. *Du mode d'existence des objets techniques.*

2 Radl. *History of Biological Theories.* 1909 (traduit de l'anglais en 1930).

butait toujours sur la difficulté d'établir des propositions générales, de s'appuyer sur des *faits généraux* pour reprendre le langage positiviste des savants du siècle dernier. Par exemple les globules rouges étaient nucléés ou non suivant leur origine ; l'œuf semble contenir 0,1 ou 2 noyaux suivant les cas et pouvait être accompagné ou non de globules polaires. Comme nous aurons l'occasion de le montrer à plusieurs reprises, la divergence n'indique pas une exception donc une absence de loi générale, mais elle permet d'éviter les pièges du réalisme naïf, qui généralise ce qui est le plus voyant au lieu de repérer les faits généraux à travers la diversité de situations concrètes. Les perfectionnements du microscope contribuèrent encore à la prise de conscience de la complexité d'un univers qui auparavant paraissait plus simple : par exemple, il n'était plus possible, à partir de 1825, de mettre sur le même plan tous les "globules" observés dans les tissus animaux. La focalisation d'un grand nombre de laboratoires sur un même problème a contribué à accélérer considérablement l'établissement des faits généraux grâce à la comparaison de situations différentes. A plusieurs reprises, des savants éminents, Virchov, Hertwig, Delage, ont montré l'importance de l'exception dans les découvertes en biologie.

Parallèlement au développement des moyens, on assiste à un changement du climat intellectuel. Vers le début du siècle on observe un renouveau de l'intérêt pour le monde vivant. Il est particulièrement marqué en Allemagne où il est stimulé par la vogue de la philosophie de la nature qui a marqué non seulement la littérature mais aussi la médecine et la biologie. L'attitude admirative vis-à-vis du monde vivant donne un regain d'intérêt pour les études microscopiques. D'autre part, la philosophie de la nature a donné certaines orientations nouvelles à la pensée scientifique : recherche des similitudes fondamentales dans la nature pour construire des cadres généraux d'explication et recherche d'une explication du vivant fondée sur la notion d'interaction à l'intérieur d'une totalité.

La vogue du microscope est antérieure aux perfectionnements apportés à partir de 1820. Plusieurs savants remarquables, Dutrochet et Purkinje par exemple, ont commencé leurs recherches avec un microscope simple. L'apparition des nouveaux microscopes provoquait parfois un enthousiasme débordant. Henlé et Schwann, élèves du grand physiologiste J. Müller, les ont achetés avec leur propre bourse d'assistants, Purkinje faisait des classes de microscopie à domicile. A l'opposé, le microscope avait des détracteurs passionnés, principalement dans des milieux médicaux. Mais ceux-ci publiaient des pamphlets pendant que la nouvelle génération de cytologistes multipliait les travaux originaux et les découvertes. Avant 1810 il y avait une publication d'anatomie végétale tous les 20 ans ; après 1840 chaque pays possédait un ou plusieurs périodiques publiant chaque fois de nouveaux textes relatifs à ce domaine.

Les savants de l'époque étaient peu spécialisés ; les travaux de Purkinje par exemple portent sur l'anthère, l'œil, l'œuf de poule. La centration de leurs intérêts sur la forme n'était pas due à un cloisonnement disciplinaire mais à la difficulté de fonder une étude expérimentale sur la composition de la matière vivante.

Les précurseurs

Le foisonnement des travaux en France, Allemagne, Angleterre conduisit à une moisson de résultats nouveaux. L'attention des cytologistes se porta de la paroi vers le contenu cellulaire. Brown découvrit le noyau en 1831 et généralisa le concept de cellule nucléée chez les végétaux à partir de ses propres observations et des données établies par d'autres. Le cytoplasme fut d'abord décrit par Dujardin chez les Infusoires, en 1835, sous le nom de sarcode : il le retrouva dans quelques autres types de cellules ; la redécouverte des mouvements cytoplasmiques dans les poils d'étamines de Tradescantia et chez certaines algues filamenteuses contribua à attirer l'attention sur l'importance du contenu cellulaire. Les descriptions de cellules animales se diversifient avec les travaux de Dutrochet, Purkinje, Henlé, Valentin : ces trois derniers établissent des rapprochements avec les cellules végétales dont l'existence était beaucoup plus généralement admise.

La collecte et l'organisation des données sont orientées par deux problématiques différentes. Certains scientifiques s'appuient sur une démarche inductive fondée sur la comparaison des formes et recherchent un ou plusieurs éléments de base. Treviranus, par exemple, distingue dans les tissus animaux trois ordres de parties élémentaires : la matière amorphe, les fibres, les globules ; ce classement purement descriptif n'a pas débouché sur de nouvelles problématiques de recherche. D'autres ont cherché le support d'une explication biologique. Par exemple, Turpin écrivait en 1826 :

> *"Les différentes vésicules du tissu cellulaire ... sont autant d'individualités différentes ayant un centre vital particulier de végétation et de propagation et comme destinées à former des individus par agglomération".*

... et Raspail en 1827 :

> *" Donnez-moi une vésicule dans le sein de laquelle... puissent s'élaborer d'autres vésicules et je vous rendrai le monde organisé ".*

Une mention spéciale doit être faite pour Schleiden à cause de l'influence qu'il exerça sur Schwann ; ce dernier lui doit l'impulsion qui l'a amené à formuler sa théorie mais aussi l'acceptation de certaines idées fausses sur l'origine des cellules. Schleiden, homme de loi venu tardivement à la recherche en botanique, ne partageait pas le pointillisme empiriste de beaucoup de ses collègues qui "se contentaient de décrire et de classer sans souci d'explication ". Dans son ouvrage : "*Contributions à la phytogénèse*" (1838), il a énoncé avec précision la généralité de la structure cellulaire des végétaux et cherché à donner une signification à cette organisation. Il définissait les plantes comme

> "*des agrégats d'êtres pleinement individualisés, indépendants et distincts qui sont les cellules. Chaque cellule a une double existence, l'une propre, qui correspond à son développement l'autre occasionnelle en tant que partie de la plante ...*"

Malheureusement il soutenait la thèse de la formation libre des cellules à partir d'une matière inorganisée (blastème) à une époque où les observations montrant que les cellules provenaient de cellules préexistantes se multipliaient dans le règne végétal.

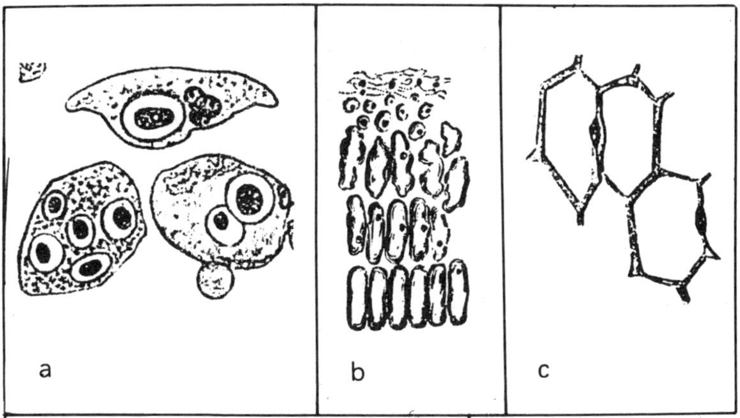

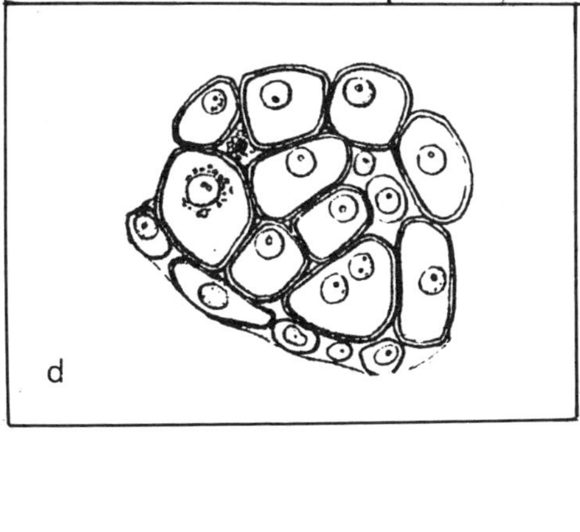

Fig. 10: *La représentation de la cellule par les fondateurs de la théorie. - a) Virchov : cellules tumorales multinucléées - b) Schleiden : formation libre de cellules - c) Schleiden : noyau appliqué contre la membrane cellulaire - d) Schwann : cartilage d'une larve d'Amphibien. (D'après A. Hughes.* A History of cytology, *Pl. VIII.)*

Pour conclure, nous reprenons le point de vue de Hughes [1].

> "*Vers 1830, un certain nombre de progrès décisifs avaient été réalisés, progrès qui rendent possible l'énoncé de la théorie cellulaire :*
> *- la découverte de l'organisation cellulaire des végétaux et de l'existence de cellules dans certains tissus animaux,*
> *- l'identification du noyau dans les cellules végétales et dans certaines cellules animales,*
> *- la découverte à l'intérieur de certaines cellules d'une matière vivante fondamentale appelée protoplasme*".

La formulation de la théorie par Schwann : une anticipation géniale

Schwann (1810-1882), élève de J. Müller était à la fois un théoricien génial et un habile expérimentateur. Ses recherches ont porté sur des domaines les plus différents ; leur point de départ est presque toujours un problème physiologique. En particulier il mesura la force du muscle gastro-cnémien de grenouille en fonction de facteurs physiques (première étude quantitative d'une force "*vitale*") ; il a découvert la pepsine ; il attribua 20 ans avant Pasteur, les fermentations et la pourriture à des micro-organismes mais ne put imposer ce point de vue face à Liebig ; il construisit un appareil pour mesurer l'intensité respiratoire. Il développa la théorie cellulaire à la suite d'une rencontre historique avec Schleiden. En comparant ses préparations de chorde dorsale et de cartilage aux coupes végétales de celui-ci, Schwann conclut :

> "*(du fait) de l'identité des phénomènes si caractéristiques, la cause qui produit les cellules de chorde dorsale ne peut être différente de celle qui donne naissance aux cellules végétales*".

La théorie de Schwann peut être explicitée par le texte suivant publié en 1842 [2].

> "*Les découvertes de M. Schwann sont du nombre de celles qui ont fait faire à la physiologie les plus importants progrès. Elles*

---

1 Hughes, p. 34 Opus cité.

2 *Annales des Sciences naturelles — Partie Zoologique*. Recherches microscopiques sur la conformité de structure et d'accroissement des animaux et des plantes, par M. Schwann. (Extrait publié par le Pr. Müller, traduit par M. Lereboullet d'après le texte de 1839).

permettent d'établir une théorie de l'organisation et de son développement ; ce qu'on n'avait encore pu faire jusqu'à présent.

Les bonnes observations et les découvertes dans toutes les branches de la physiologie n'ont pas manqué, et quelques-unes de ces branches sont déjà parvenues à un haut degré de perfection. Mais pour ce qui concerne les premiers fondements sur lesquels la science doit s'élever un jour, les uns étaient bien faiblement établis, les autres n'existaient pas encore ; d'où l'absence de lien entre les observations isolées.

M. Schwann dans cet ouvrage a déduit des observations de M. Schleiden, et des siennes, avec autant de clarté que de pénétration, les conséquences les plus générales qui doivent servir à une théorie de l'organisation et de l'accroissement des êtres organisés. Nous en donnerons ici les traits principaux.

Les dernières découvertes concernant le physiologie des plantes ont déjà eu pour résultat de démontrer que la formation du tissu cellulaire, des fibres, des vaisseaux spiraux, se réduit à celle des cellules. L'origine des cellules vient d'être éclaircie par une découverte importante de M. Schleiden (Archiv. de Müller, 1838, p. 137). Son point de départ est le noyau de cellule de R. Brown, que M. Schleiden nomme, pour cette raison, cytoblaste. Sa couleur est le plus ordinairement jaunâtre, sa structure intérieure granuleuse ; Schleiden a même découvert dans l'intérieur du cytoblaste, un corpuscule, le corpuscule du noyau, qui apparaît tantôt sous la forme d'une tache, tantôt sous celle d'un globule creux. Les cytoblastes se forment librement à l'intérieur des cellules dans une masse de petits globules muqueux ; aussitôt qu'ils ont atteint tout leur accroissement, il s'élève à leur surface une vésicule très petite, transparente, la jeune cellule, qui fait saillie au-dessus du cytoblaste, comme un verre de montre au-dessus de celle-ci.

Dans la Chorda dorsalis, dont j'ai démontré (dit M.J. Müller), il y a longtemps, la structure celluleuse, M. Schwann a trouvé les noyaux des cellules : chaque cellule de la Chorda dorsalis, du Pelobates fuscus, a son cytoblaste lenticulaire, appliqué contre la paroi intérieure de la cellule ; on aperçoit dans ce petit corps lenticulaire une, rarement deux ou trois taches bien circonscrites. Dans l'intérieur des cellules de la Chorda dorsalis, se forment, comme chez les plantes, de jeunes cellules libres.

La structure primitive des cartilage est, d'après Schwann, entièrement celluleuse. A l'extrémité des cartilages des rayons branchiostèges des poissons, on voit de petites cellules polyédriques, serrées les unes contre les autres, dont les parois sont extrèmement minces.

Ces cellules ont un noyau rond, grenu. Vers le milieu du rayon, on voit les cloisons des cellules s'épaissir de plus en plus. Si l'on avance encore plus vers la base du rayon, on cesse d'apercevoir la séparation des cellules, et il ne reste plus que l'apparence d'une substance homogène, dans laquelle on ne trouve plus que de petites cavités isolées ; seulement, autour de chaque cellule on aperçoit un anneau qui indique la trace de la véritable paroi celluleuse ; d'où il résulte que toute la substance intermédiaire des cavités celluleuses, ne peut pas être formée par les parois des cellules, mais que la substance intercellulaire contribue ici essentiellement à la formation du cartilage. On pouvait déjà apercevoir cette substance intercellulaire, à l'époque où les parois des cellules se touchaient encore ; elle apparaissait sous la forme d'un triangle situé entre trois cellules contiguës. La formation du cartilage repose ici en partie sur l'épaississement des parois des cellules, en partie sur la substance intercellulaire. Dans les cartilages des animaux supérieurs, on n'a pas observé l'épaississement dans les parois des cellules. La masse principale du futur cartilage paraît appartenir à la matière intercellulaire, qui renferme plusieurs générations de cellules cartilagineuses.

On a pu observer sur les cartilages branchiaux du têtard du Pelobates fuscus, un mode de développement des cellules analogue à celui des plantes. Ces cellules renferment, les unes de simples noyaux, les autres des cellules plus petites pourvues également de noyau à leur paroi interne, et dépassant peu en grosseur celle de ce noyau ; d'autres enfin contenant des cellules encore plus grandes que ces dernières ; en sorte qu'on peut trouver ici tous les degrés de passage.

Le mode de formation du cartilage a lieu, à ce qu'il paraît, sans la participation des vaisseaux, d'une manière analogue à l'accroissement des plantes.

Quant aux corpuscules rayonnés (corpuscula radiata) des os, qui deviennent apparents après l'ossification, le mode de production de leurs canaux n'est pas encore bien clair. Suivant qu'on regarde les corpuscules cartilagineux comme les cavités des cellules, dont les parois épaissies et fondues les unes dans les autres avec la substance intercellulaire, constitueraient le cartilage ; ou, suivant que l'on considère ces corpuscules comme les cellules tout entières ; tandis que la substance intermédiaire des cavités des cellules ne serait autre chose que la substance intercellulaire ; ces rayons seraient, d'après Schwann, ou bien de petits canaux pénétrant des cavités celluleuses dans les parois épaissies des cellules, ou des prolongements des cellules dans la substance intercellulaire. Dans le premier cas, ces petits canaux seraient comparables aux canalicules poreux des cellules des plantes ; dans le second cas, ils répondraient aux prolongements de ces dernières. M. Schwann regarde cette dernière opinion comme la plus vraisemblable.

Outre la formation des jeunes cellules dans l'intérieur de cellules déjà existantes, Schwann distingue encore, dans les animaux, la production de nouvelles cellules en dehors de celles-ci, dans une substance sans structure, disposée à la formation cellulaire, le cytoblastème. Ordinairement c'est le noyau qui paraît se développer le premier, et autour de celui-ci, la cellule.

Dans beaucoup de tissus animaux les nouvelles cellules apparaissent en dehors des cellules déjà formées. Dans un cas, le cytoblastème est intérieur, dans l'autre extérieur.

Les observations de Schwann sur l'ovule considéré comme cellule, ont donné les résultats suivants :

Les premiers rudiments de l'embryon se composent en partie de petites cellules sans noyaux, en partie de noyaux celluleux pâles, renfermant des nucléolules.

M. Schwann partage en cinq classes les tissus de l'organisme animal, sous le rapport de leur composition originelle et cellulaire ; ce sont : 1° des cellules indépendantes et isolées, nageant dans des liquides, ou situées simplement les unes près des autres et mobiles ; 2° des cellules indépendantes (selbstständig), tenant fortement les unes aux autres, de manière à constituer un tissu ; 3° des tissus dans lesquels les parois, mais non les cavités des cellules, sont fondues les unes dans les autres ; 4° des cellules fibreuses, celles qui s'allongent suivant un ou plusieurs sens, pour former des faisceaux de fibres ; 5° des cellules dans lesquelles les parois et les cavités se sont fondues les unes dans les autres.

A LA PREMIERE CLASSE - appartiennent les corpuscules sanguins dont Schultz a démontré la nature vésiculeuse, dont le noyau reste appliqué contre les parois, quand ils sont distendus par l'eau, ainsi que le remarque Schwann, et dont le contenu est la matière colorante rouge. Les corpuscules lymphatiques, muqueux et purulents appartiennent encore à cette classe : tous sont des cellules avec noyau.

LA DEUXIEME CLASSE - renferme le tissu corné (épithélium de revêtement, ongles, plumes), le pigment et le tissu du cristallin. Les cellules sont indépendantes, quoique leurs parois disparaissent quelquefois.

1. Epithélium. Il se compose, le plus souvent, des cellules rondes avec un noyau situé à leur surface interne et avec un ou deux nucléoles. Par leur réunion, elles prennent la forme polyédrique. Dans la peau extérieure du têtard de la Grenouille, Schwann a vu aussi deux noyaux dans la cellule, et une cellule d'épithélium, avec noyau dans une grande cellule, ce qui n'a pas lieu dans les Mammifères, d'après Henle. Les cellules d'épithélium sont susceptibles de prendre deux autres formes qui dérivent de la forme globuleuse primitive ; ou bien elles s'aplatissent, le noyau reste au milieu de l'une des surfaces, ou bien ces cellules aplaties se tirent en longueur, comme Henle l'a vu pour l'épithélium des vaisseaux ; les jeunes cellules naissent au-dessous des anciennes, et diminuent en hauteur à mesure qu'elles approchent de la surface (Henle) où les cellules s'allongent en cylindre, on l'a observé dans la muqueuse intestinale.

2. Cellules du pigment - 3. Ongles - 4. Plumes - 5. Cristallin. Les fibres du cristallin proviennent de cellules découvertes par Werneck (Voyez archives de Meyer Ahrens, 1838, 259). Dans le cristallin du poulet, après huit jours d'incubation, on ne trouve pas encore de fibres, mais seulement des cellules rondes, pâles, dont quelques-unes renferment un noyau. A une époque plus avancée, quelques cellules plus grandes en renferment une ou deux plus petites. Dans les embryons de porc de 3 1/2 pouces de longueur, la plupart des fibres du cristallin sont déjà formées ; une partie est encore inachevée, et il existe en outre un grand nombre de cellules rondes qui attendent leur changement. Les fibres terminées forment une boule au centre de la lentille. Les fibres les plus rapprochées sont des prolongements creux de globules. Plus tard ces fibres se garnissent de bords dentelés comme cela se voit dans les cellules dentelées des plantes.

TROISIEME CLASSE - 1. Cartilage. (Voyez plus haut) 2. Dents.

QUATRIEME CLASSE - 1. Tissu cellulaire (tissu conjonctif). L'origine du tissu cellulaire est le cytoblastème sans structure ; il se produit dans son intérieur des cellules rondes avec noyau, qui se changent en cellules fibreuses, fusiformes, renfermant un corpuscule rond ou ovale (noyau), dans lequel on distingue encore un ou deux points foncés. Le noyau est appliqué contre la paroi de la cellule. Ces cellules, en s'amincissant à leurs extrémités, se changent en fibres. Les pointes de ces cellules fusiformes donnent des fibres qui, quelquefois, produisent des branches, et finissent par se tranformer en un faisceau de fibres excessivement défiées.
2. Tissu des tendons les fibres tendineuses dérivent de cellules de la même manière que les fibres du tissu cellulaire.
3. Tissu élastique......
CINQUIEME CLASSE - Voici quel est le type de formation de cette classe : il existe d'abord des cellules (a) rondes ou cylindriques ; ou bien (b) stelliformes. Dans le premier cas, les cellules primitives, se placent les unes à la suite des autres, et se soudent les unes aux autres, par leur point de contact. Puis les cloisons sont résorbées, de sorte que les cellules primitives se changent en cellules secondaires. Celles-ci croissent comme les cellules simples. Tel paraît être le mode de formation des muscles et des nerfs.
Dans le second cas, les cellules stelliformes se rencontrent par leurs prolongements, se soudent, les parois sont résorbées, d'où résulte un réseau de canaux.

*

Nous donnerons, en terminant, et toujours d'après J. Müller, une esquisse des principaux résultats auxquels Schwann est arrivé.
Les parties élémentaires les plus différentes des animaux et des plantes ont un mode commun de développement : leur origine est toujours une cellule. On voit d'abord une substance qui offre aucune structure et qui se trouve, soit dans l'intérieur des cellules, soit entre des cellules déjà existantes. C'est dans cette substance que se forment les cellules, d'après des lois déterminées, et ces cellules se développent de différentes manières, pour former les parties élémentaires des organismes. Dans chaque tissu il ne se forme de nouvelles cellules que dans les points où pénètrent des éléments nutritifs nouveaux ; d'où la différence entre les tissus qui contiennent des vaisseaux et ceux qui en sont privés. Dans les premiers, le fluide nourricier se répand dans tous les sens : ici les nouvelles cellules apparaissent dans toute l'épaisseur du tissu. Dans certains tissus privés de vaisseaux, le fluide nourricier n'est amené que par la face inférieure, interne ou adhérente, comme cela a lieu pour l'épiderme. Dans les cartilage, lorsqu'ils sont encore sans vaisseaux, les nouvelles cellules cartilagineuses ne paraissent qu'à la surface et s'y rangent en cercle.
Il est facile de voir que les cellules sont des petits organes dans lesquels résident les forces qui président à la résorption et à la sécrétion. Sur toutes les surfaces absorbantes on trouve une couche de semblables cellules, qui constituent l'épithélium, elles entourent les villosités et sont comparables aux cellules des spongioles dans

> *les radicules des plantes. Dans les canaux excréteurs des glandes on trouve aussi, d'après les recherches de Henle et de Purkinje, une couche de cellules d'épithélium ; la masse du foie tout entière et même le tissu des glandes sans canaux excréteurs (thymus, etc.) sont aussi formés de cellules renfermant un noyau.*
> *D'après Schwann, toutes les cellules excercent sur le cytoblaste une action chimique à distance (metabolische) qui détermine les sécrétions. Les vaisseaux conduisent le liquide qui doit être modifié ; les cellules qui composent les canaux des glandes sont les éléments modificateurs.*
> *Quant à la théorie des cellules dont Schwann a déjà donné les principes pour servir de base à une théorie des fonctions végétatives des êtres organisés, je renvoie (dit J. Müller) à l'ouvrage lui-même."*

Comme l'indique déjà le titre de l'ouvrage, la recherche de Schwann ne vise pas uniquement à mettre en évidence une même unité anatomique chez tous les êtres vivants malgré la diversité extraordinaire des formes mais il se propose avant tout d'expliquer les caractères généraux de leur physiologie par une même unité fonctionnelle. La cellule n'est plus définie par la membrane mais par le contenu, une masse cytoplasmique contenant un noyau. Ces unités sont à la fois le support des activités plastiques et des activités métaboliques des êtres vivants. Le développement est la conséquence de leur accroissement et de la formation d'autres unités : d'autres fonctions comme la motricité sont liées à une différenciation du contenu. Les activités métaboliques ne s'expliquent pas uniquement par la composition de la matière vivante mais aussi par son organisation : par exemple, les sécrétions ne résultent pas d'un simple exsudat tissulaire comme on l'affirmait couramment à cette époque mais sont des produits de l'activité cellulaire. Chez les animaux, elles peuvent donner naissance à des substances interstitielles solides (cartilage, os) ou liquides (lymphe) mais celles-ci une fois isolées ne manifestent plus d'activités vitales. Il admettait la nature cellulaire de l'œuf sans avoir élucidé les mécanismes de sa formation et du développement de l'embryon.

La théorie de Schwann se distingue à la fois de certaines constructions spéculatives qui négligent la confrontation systématique avec l'expérience et de certaines démarches inductives, qui se limitent à l'établissement de faits généraux à partir de la comparaison des données, en vue de rendre le savoir communicable. Elle est avant tout anticipation orientée par une problématique : "peut-on expliquer le vivant à partir d'une même unité fonctionnelle", problématique qui conduit à un nombre illimité d'inférences susceptibles d'être soumises au contrôle expérimental. Elle présente les deux caractères d'une théorie scientifique opérationnelle. D'une part, elle a été confirmée par la confrontation avec l'expérience : au lieu de s'alourdir d'hypothèses contreforts plus ou moins contradictoires, elle a gagné en cohérence et en simplicité grâce au rejet de certaines erreurs initiales comme celle de la formation libre de cellules à partir d'un blastème fondamental ou celle de la formation des vaisseaux par soudure et creusement de cellules, comme pour les laticifères. D'autre part, comme nous aurons l'occasion de le montrer plus loin ("Le possible devient nécessaire"), la théorie cellulaire a stimulé la recherche biologique et favorisé un développement quasi explosif de la biologie générale, à la fois par les idées qu'elle véhiculait et le renouvellement des techniques et méthodes de recherche qu'elle a provoqué. Nous attribuons de façon un peu arbitraire l'origine de la théorie cellulaire à Schwann malgré son caractère inachevé et les erreurs qu'elle véhiculait parce que sa publication marque le début d'un mouvement qui construit progressivement la biologie générale sur des bases cellulaires.

La théorie de Schwann marque aussi une évolution intéressante dans les rapports entre science et philosophie. A cette époque, les deux domaines étaient souvent confondus. Des articles scientifiques étaient souvent publiés dans des revues de philosophie ; par exemple encore en 1851 Clarke publia son étude microscopique de la moelle épinière dans "*Philosophical Transactions*". L'adoption d'un point de vue vitaliste ou mécaniste paraissait souvent une condition nécessaire de l'explication scientifique. Schwann qui, selon l'expression de Florkin, était *un rationaliste mystique* a échappé à ce dilemme en s'éloignant des Philosophes de la Nature pour adopter la position de Kant qui distingue deux points de vue complémentaires, celui de l'explication scientifique qui ne porte que sur les données accessibles à l'expérience et qui relève d'un point de vue mécaniste et celui de la signification des phénomènes observés qui définit les problèmes et les objets spécifiques de la biologie. L'explication réductionniste de la science porte sur des problèmes spécifiques au vivant, comme la reproduction, qu'il faut préalablement définir à partir de leur finalité : le maintien ou l'extension de la vie. Il est possible de faire deux lectures de la théorie suivant qu'on se place d'un point de vue mécaniste ou finaliste. Le deuxième point de vue insiste sur le fait que la cellule est un donné actuellement non réalisable par l'homme et qui possède des propriétés permettant le maintien de son activité et sa reproduction. Kuss de Strasbourg, en 1846, emploie l'expression "*le mystère de la cellule*" :

> "*Il est temps que la physiologie cesse d'emprunter uniquement aux phénomènes d'endosmose et d'exosmose l'explication des actes qui appartiennent essentiellement aux corps vivants pour en baser enfin l'étude sur celle des éléments essentiellement vivants, c'est-à-dire cellulaire*" [1].

---

1 M. Klein, Sur les débuts de la théorie cellulaire en France. Thalès, Année 49-50, p. 33.

A l'opposé, les mécanistes comme Haeckel voyaient dans la cellule une étape de la complexification de la matière vivante, due uniquement à des actions matérielles, la vie était définie comme le "mode d'existence des corps albuminoïdes" (Engels) ou plutôt comme le produit d'une interaction entre des molécules ordonnées. Les préalables philosophiques en général inconscients jouent un grand rôle dans l'orientation des recherches scientifiques (cf p. 45 et 56). La fécondité de la théorie cellulaire tient en partie au fait qu'elle a constamment permis aux points de vue mécaniste et finaliste de se confronter sur un terrain expérimental et de renouveler la formulation des questions et l'interprétation des données ; elle a pu éviter ainsi les pièges de la dogmatisation et se renouveler.

Le problème des rapports entre cellule et organisme se pose constamment : l'organisme est-il une association de cellules ou se décompose-t-il en cellules ? La pensée de Schwann est floue sur ce point qui ne pouvait pas être étudié de façon expérimentale à son époque. Mais il a évité le piège des analogies sociales qui identifient les rapports cellule-organisme à ceux des rapports individu-société. Or cette confusion des deux domaines a souvent provoqué des discussions idéologiques ayant entravé pendant un temps le développement de la théorie cellulaire. Les philosophes de la nature faisaient un tout de la communauté au même titre qu'ils considéraient l'organisme comme un tout. A l'opposé, Virchow considérait l'organisme comme une association de cellules et en déduisait la supériorité de la société démocratique ce qui lui valut des ennuis après l'échec de la Révolution de 1848 [1]. Canguilhem [2] signale que l'hostillité d'Auguste Comte à la théorie cellulaire était due en partie au fait qu'il craignait sa transposition à la société, la réduction de celle-ci à une simple association d'individus.

L'achèvement de la formulation

Les travaux de Schwann avaient suscité un mouvement et développé une logique qui permirent très vite de rectifier certaines erreurs graves et de confirmer certaines affirmations qui au premier abord paraissaient hasardeuses.

Les inexactitudes relatives à l'origine des cellules furent dissipées. A l'époque de Schwann il était difficile d'observer la division des cellules et des observations particulières avaient conduit à des théories contradictoires : division des cellules végétales, formation

1 cf. Hughes, p. 46.

2 Canguilhem, *La théorie cellulaire*, 1946.

de cellules-filles à l'intérieur d'une cellule mère à partir du noyau, différenciation de cellules à l'intérieur d'un blastème inorganisé. La polarisation des recherches sur ce problème et les progrès de la microscopie permirent de multiplier les observations de divisions cellulaires chez des cellules végétales (Nageli, 1845 et Hofmeister 1849) et dans un nombre croissant de tissus animaux en particulier chez les œufs en segmentation (Remak, 1952). Virchov étendit cette observation aux cellules pathologiques et formula l'aphorisme *"omnis cellula a cellula"* en 1855. Peu après, les travaux de Pasteur 1859 portèrent un coup très dur aux théories de la génération spontanée des microbes. Le rapprochement des deux domaines fit de l'autoreproduction des cellules un caractère essentiel des systèmes vivants.

La nature unicellulaire des Protozoaires fut établie. Pendant longtemps, on avait regroupé sous le terme d'infusoires tous les animaux microscopiques de l'eau, qu'il s'agisse de Protozoaires, de Rotifères, d'algues ou de vers. L'étude microscopique des Infusoires vrais et d'autres Protozoaires révélait une grande complexité et une surprenante analogie de fonctions avec les Métazoaires (mouvements ciliés, capture de proies). D'où des tentations multiples pour retrouver aussi les mêmes appareils : appareil digestif ou génital. Citons celle d'Ehrenberg en 1838 qui fut contredite par Dujardin ; ce dernier avait repéré un contenu homogène, le sarcode identifié par la suite au cytoplasme cellulaire. En 1845 Von Siebold formula de façon explicite l'hypothèse qu'il fallait considérer les Protozoaires comme des unicellulaires.

Vers 1850, les différentes propositions qui définissent la théorie cellulaire avaient été formulées explicitement à partir des bases expérimentales en général exactes et l'ensemble des biologistes utilisant le microscope (embryologistes, biologistes, botanistes, professeurs de médecine) ont eu à se situer par rapport à elle.

L'accueil fait à la théorie

En Allemagne, en dehors de certains milieux médicaux, l'accueil fut en général favorable, souvent enthousiaste. La théorie servit de cadre conceptuel à la plupart des traités d'histologie ou d'anatomie comparée qui se multiplièrent ces années-là : Henlé "*Anatomie générale*" 1841 ; Gerlach "*Histologie*" 1848. Reicher et Remak "*Histologie*" 1850, Leydig "*Histologie comparée*" 1857 ; Virchow "*Pathologie cellulaire*" 1859.

La floraison de traités, surprenante pour l'époque, montre que la théorie avait stimulé un effort intense de recherche et permis de regouper une masse considérable de données éparses. Pendant plusieurs décades, les cytologistes furent amenés à inventer des techniques et à stimuler le développement des instruments pour pouvoir répondre aux questions posées par la théorie. Leurs recherches permirent l'achèvement de la formulation et furent le point de départ d'une grande partie des découvertes de biologie générale qui se multiplièrent après 1860.

En Grande Bretagne, la théorie rencontre des réticences considérables dans les milieux médicaux dans la mesure où l'emploi du microscope risquait de bouleverser les méthodes de diagnostic. Un exemple cité par Hughes [1] illustre ces obstacles :

> "*H. Ackland fit suivre en 1845 ses cours de médecine par des démonstrations pratiques de microscopie : au fond de l'amphithéâtre, des microscopes proposaient des illustrations de la conférence en alternance avec des plateaux de café. Quelques professeurs vinrent de temps en temps mais ne purent s'adapter à ce nouvel instrument. Le docteur Og traversa complètement la préparation avec l'objectif du microscope au cours de la mise au point, le docteur Kidl déclara qu'il ne pouvait pas croire à l'exactitude de ce qu'il voyait et que même si ces observations étaient exactes, il ne pensait pas que Dieu veuille que nous connaissions cela.*

Par ailleurs, par son caractère d'anticipation, la théorie cellulaire heurtait la tradition culturelle empiriste caractéristique de la pensée anglo-saxonne. Pour Huxley (1853) :

> "*Les cellules ne sont pas des instruments mais des indicateurs ; elles ne produisent pas davantage les phénomènes vitaux que les coquillages regroupés en lignes régulières le long de la plage ne sont les instruments par lesquels la force de gravitation de la lune agit sur les océans*" [1].

Pour lui l'explication des activités vitales doit être attribuée aux forces moléculaires du protoplasme.

En France, la théorie cellulaire fut récusée par le seul professeur titulaire d'une chaire d'histologie, Ch. Robin. G. Canguilhen [2] a montré que la position de ce dernier était largement influencée par l'hostilité d'Auguste Comte à la théorie cellulaire. Il la qualifiait de : "*fantastique théorie issue d'ailleurs, d'un système évidemment métaphysique de philosophie générale*", alors que pour lui une théorie scientifique doit fournir les cadres qui permettent de décrire des faits généraux au lieu de raisonner sur des faits hypothétiques. Pour Robin la cellule végétale n'était qu'une forme d'organisation parmi d'autres comme les fibres et les substances amorphes. Après avoir été un micrographe brillant, il cesse de perfectionner ses

---

1 Hughes, opus cité, p. 132.

2 Canguilhem, opus cité.

techniques et de renouveler ses hypothèses de travail. La théorie cellulaire ne pénètre dans l'enseignement médical qu'après la création d'une chaire d'histologie concurrente au Collège de France (1875) et sa mort en 1879. De même, la théorie cellulaire ne fut pas abordée au lycée; en 1860, Milne Edwards reproduisait presque intégralement son texte de 1840 qui ne faisait pas allusion à l'organisation cellulaire :

> "*Les principaux tissus organiques des animaux sont au nombre de quatre, savoir : les tissus musculaire, nerveux, cellulaire et utriculaire.*
>
> *Le* tissu musculaire *constitue ce qu'on nomme vulgairement la* chair *des animaux : il est l'agent producteur de tous leurs mouvements, et consiste toujours en fibres susceptibles de se raccourcir. Quelquefois ces fibres sont, pour ainsi dire, disséminées dans la substance des organes ; d'autres fois elles sont rassemblées en masses, et forment des* muscles*; mais, quelle que soit leur disposition, on les distingue toujours par leur faculté contractile, et dans le corps de l'homme, de même que chez la plupart des animaux, on les rencontre partout où il y a des mouvements à exécuter.*
>
> *Le* tissu nerveux *est une matière molle et ordinairement blanchâtre, qui constitue le cerveau et les nerfs et qui est le siège de la faculté de sentir ; en traitant des fonctions de relation, nous aurons l'occasion d'en étudier les propriétés et les usages.*
>
> *Le* tissu conjonctif *ou* tissu cellulaire, *que l'on nomme ainsi à cause de sa texture aréolaire et spongieuse, est, de tous les matériaux constitutifs de nos organes, le plus universellement répandu. Dans quelques animaux des plus simples, il paraît former la presque totalité du corps, et, dans ceux qui ont, ainsi que l'homme, la structure la plus compliquée, ce tissu existe en couches plus ou moins épaisses entre tous les organes ; il remplit les interstices que ces parties laissent entre elles, et se rencontre aussi dans l'épaisseur de leur substance, où il sert à réunir les diverses portions dont elle se compose, comme, à leur surface, il sert à unir les divers appareils de l'économie ; il est, en quelque sorte, la gangue de tous les organes, et, en se modifiant de diverses matières, il donne naissance aux membranes et à une foule d'autre tissus ; enfin c'est toujours dans son épaisseur que se dépose la graisse. Ce tissu est une substance blanchâtre, demi-transparente et très-élastique, qui se compose de filaments et de petites lamelles plus ou moins consistants et réunis irrégulièrement, de façon à laisser entre eux ces lacunes ou cellules de grandeurs variables. Ces cellules n'ont que des parois incomplètes et ne sont séparées les unes des autres que par une espèce de feutrage spongieux ; aussi communiquent-elles toutes ensemble, et livrent-elles un passage facile aux fluides qui tendent à les traverser ; enfin, elles sont toujours imbibées d'un liquide aqueux chargés de particules albumineuses et connu sous le nom de sérosité.*

> *Enfin, le* tissu utriculaire, *est composé de cellules à parois propres qui ressemblent à de petites vessies accolées entre elles, soit directement, soit par l'intermédiaire d'une matière organique amorphe : tantôt ces vésicules sont arrondies et remplies de matières particulières, de graisse par exemple, et d'autres fois elles s'aplatissent et se dessèchent de façon à présenter l'apparence de petites lamelles, ainsi que cela se voit à la surface de la peau.*
>
> *Les autres tissus organiques qui concourent avec les précédents à former les diverses parties du corps des animaux sont les membranes désignées par les anatomistes sous les noms de* membranes séreuses *et* muqueuses, *les diverses variétés du* tissu fibreux, *les* cartilages, *le* tissu osseux, *etc. ; mais, suivant toute apparence, ces tissus ne sont que des modifications du tissu utriculaire ou du tissu connectif, qui tantôt, comme dans les membranes séreuses, s'étend en grandes lames minces et lisses, tantôt, comme dans le tissu osseux, se charge de produits organiques particuliers et se solidifie par le dépôt de matières minérales dans les mailles de sa substance. Quant à l'étude plus approfondie de ces tissus, elle trouvera sa place dans la suite de ce cours*" [1].

Par contre l'université de Strasbourg joua un grand rôle dans la diffusion de la théorie grâce au zoologiste Lereboullet et au physiologiste Kuss. La traduction de Schwann par Lereboullet parut en 1842. Il tenta en vain d'introduire l'enseignement de la théorie cellulaire dans son cours [2].

> "*C'était à l'époque où la découverte de Schwann sur la composition cellulaire des organes commençait à porter ses fruits. Dans toutes les universités allemandes on était à l'œuvre, dans l'espoir d'ajouter un nouveau chapitre à la science. L'histologie était en pleine évolution sur le sol germanique et avait pris un rang distingué dans l'enseignement universitaire. Un silence absolu régnait dans les écoles françaises ; mon savant collègue ... avait suivi avec ardeur toutes les découvertes nouvelles, il avait acquis une grande habitude du microscope ; il prétendait ne pas laisser à l'Allemagne toute l'initiative et tenta d'intercaler dans son cours de zoologie une série de leçons sur l'histologie. Déjà de nombreux étudiants en médecine se donnaient rendez-vous à ce cours, auquel des recherches nouvelles donnaient un grand relief, quand le professeur fut averti qu'il dépassait les latitudes de son programme et qu'il eût à s'y conformer. Ce savant dut courber la tête devant cet avertissement administratif ; le professeur dut se rappeler qu'avant d'être homme de la science, il était fonctionnaire ; il dut se résigner à faire de*

---

1 Milne Edwards, *Cours élémentaire d'Histoire naturelle-Zoologie*, Masson, 1863.

2 Klein dans *Thales* opus cité p. 30.

l'histologie dans son cabinet pour lui ... mais à la bannir avec soin de sa chaire et de ses leçons publiques".

L'hostilité à la théorie cellulaire était due dans l'ensemble à 2 facteurs : d'une part certains se refusaient à la mise en œuvre de techniques nouvelles qui bouleversaient les conditions d'accès au savoir ; d'autres réagissaient en fonction d'un *a priori* philosophique, empiriste et positiviste.

Le possible devient nécessaire : interdépendance entre le développement de la théorie cellulaire et la construction des concepts de la biologie générale (1860-1900).

Au cours de cette période la théorie cellulaire orientait deux démarches complémentaires : approfondir les connaisances sur l'organisation et le développement des cellules, expliquer les fonctions générales des être vivants en termes de biologie cellulaire. Ce sont souvent les mêmes savants, sur un même matériel et parfois au cours d'une même communication qui ont précisé un point de l'organisation cellulaire et fait progresser les notions de biologie générale. Ce sont les progrès des techniques cytologiques réalisés par les protagonistes de la théorie cellulaire qui ont permis ou facilité les découvertes relatives à la fécondation, au développement, aux sécrétions, etc.

Evolution des conditions de la recherche

La multiplication des chaires universitaires a entraîné une accélération des publications, une concurrence entre laboratoires débouchant sur les querelles de priorité. Le développement des antagonismes nationaux accentue cette tendance. Suivant la formule de Delage [1]...

"Il s'agit de lutter pour la suprématie ... Laisserons-nous s'accréditer, ce que l'on voudrait bien faire croire, que les races latines ne sont pas à la hauteur de ces grandes tâches ?

Il était important de disposer des instruments les plus performants et de perfectionner les techniques. La création des laboratoires marins a considérablement augmenté le champ des recherches

1 Delage, opus cité, p. 7

microscopiques ; ils se développèrent à partir de 1850 (fondation de Roscoff par Lacaze-Duthiers).

Les derniers perfectionnements du microscope optique classique furent réalisés au cours de cette époque : invention des objectifs apochromatiques (1881), de l'objectif à immersion homogène (1878), du diaphragme et du condenseur. On aboutit à un pouvoir séparateur de 1/4 de micron très proche de la limite théorique de celui-ci en lumière naturelle ; pendant 70 ans les performances du microscope sont restées inchangées. La production des instruments implique une activité de recherche importante illustrée par l'entreprise industrielle Zeiss. Elle fut fondée en 1884 par la coopération du physicien Abbé, du chimiste Schott inventeur des nouveaux verres et de l'industriel Zeiss. Les grands cytologistes allemands Hertwig et Flemming purent utiliser ces microscopes dès leur création, à un moment où le perfectionnement des techniques était nécessaire à l'avancement de la recherche.

Pour pouvoir utiliser le pouvoir séparateur des nouveaux microscopes, il fallait améliorer les conditions de l'observation : réaliser des préparations minces et transparentes, augmenter les contrastes tout en évitant les artéfacts par les procédures de fixation coloration. Les techniques d'inclusion et de coupe se substituèrent progressivement aux dilacérations et aux macérations : les microtomes datent de 1870-1882, l'inclusion à la paraffine fut mise au point au laboratoire marin de Naples en 1880. Elles entraînèrent des gains de temps considérable : juste avant leur mise au point il fallait 60 jours de travail pour faire une série complète de coupes transversales d'Amphioxus. Les techniques de fixation firent l'objet d'une recherche critique mentionnée dans les communications scientifiques, les produits les plus utilisés furent les agents coagulants faibles (acide osmique, etc.) et les composés des métaux lourds. Les colorants se diversifièrent : aux colorants naturels, carmin à partir de 1850, hématoxyline à partir de 1862 s'ajoute progressivement la gamme des colorants de synthèse en particulier des dérivés de l'aniline (fuchsine, éosine, 1878) ; les conditions précises de leur emploi - choix du colorant et détermination de la concentration favorable - pour une observation donnée furent progressivement mises au point. La description de ces tâtonnements tient souvent une place importante dans les communications scientifiques lorsqu'ils ont rendu la découverte possible et reproductible. Les procédures de déshydratation et de montage des préparations datent aussi de la même époque.

L'invention de cet ensemble cohérent de techniques exige environ 3 décades. Comme elles sont devenues familières aujourd'hui on a tendance à oublier l'investissement en temps et énergie qui a été demandé aux savants. Une motivation puissante était nécessaire ; elle procédait souvent du fait que la résolution d'un problème important butait sur des difficultés d'observation. Or les problèmes de ce type étaient posés habituellement par les partisans de la théorie cellulaire ; l'explosion de découvertes de cette période ne résulte pas automatiquement des progrès technologiques mais elle est orientée par le dynamisme d'une problématique cohérente. Plusieurs lacunes dans le perfectionnement des techniques conduisirent à des plafonnements des découvertes à long terme. On fut amené progressivement à négliger le perfectionnement des observations sur le vivant indispensables à la critique des données observées après fixation. Dans ce domaine, le seul progrès fut l'emploi des colorants vitaux (bleu de méthylène et rouge neutre) appliqué d'abord par Pfeffer en 1886. D'autre part, on ne pouvait pas expliquer de façon précise l'effet des fixateurs et des colorants : provoquait-on des modifications de la structure physique des colloïdes comme celles que l'on réalisait sur des systèmes artificiels et dans ce cas quelle information pouvait-on déduire sur la structure du protoplasme [1], la coloration est-elle due à l'adsorption par des surfaces ayant une réalité physique, traduit-elle la présence d'une substance chimique donnée ? Il se produisit à l'époque un divorce durable entre cytologistes et biochimistes : les premiers étudiaient des formes sans contenu et les derniers à l'instar de Liebig ne sauront pas se servir du microscope. Le cas de Pasteur, chimiste sachant se servir du microscope montre combien cette disjonction est regrettable.

Evolution des conceptions relatives à la cellule

Delage [2] a exprimé en 1894 l'impression causée par la multiplication des découvertes relatives à la cellule sous cette forme

> *"Les personnes adultes qui n'ont pas suivi les progrès récents de la science se représentent la cellule comme une petite masse de cytoplasme entourée par une membrane et contenant un noyau ; son protoplasme est homogène ; elle se reproduit par division en s'étirant comme un sablier .... Cette conception est celle qui a été enseignée dans leur jeunesse aux personnes arrivées à l'âge moyen de la vie. Elle est fausse dans la plupart des points et entièrement insuffisante pour tous. Il est impossible de suivre les progrès de la biologie générale sans savoir à fond et plus exactement ce qu'est la cellule et quelles sont ses fonctions".*

---

1 Voir chapitre *"Fécondation"*.

2 Delage, opus cité. p. 20.

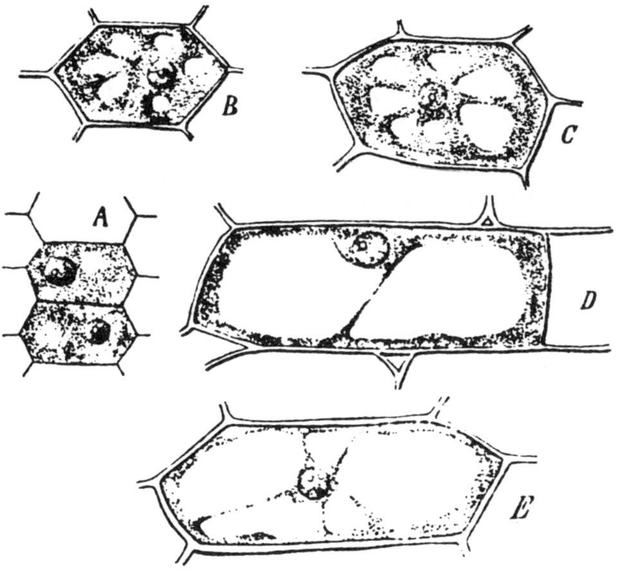

Fig. 11: *La représentation de la cellule vers 1900 (d'après M. Duval,* Précis d'histologie, *1897).*

Ces propos un peu naïfs car ils masquent certaines incertitudes, montrent cependant l'évolution considérable des idées 40 ans après l'interdiction de la théorie.

La première vague de découvertes se rapporte au noyau. Avec Schwann le noyau était devenu le repère principal de l'existence de la cellule mais vers 1850 le pouvoir séparateur des microscopes et les techniques employées ne permettaient pas de suivre sa permanence dans de nombreux cas : il paraissait s'estomper très souvent dans les tissus en division active - œuf en segmentation, albumen... -, sa présence dans les gamètes était discutée. Cependant des observations bien conduites dans des cas favorables confortaient de plus en plus l'idée de la permanence du matériel nucléaire au cours des divisions successives des cellules embryonnaires.

Entre 1870 et 1880 les figures de mitose purent être décrites dans les 2 règnes sur du matériel favorable, elle put même être observée in vivo dans son déroulement effectif. Le perfectionnement des techniques et des microscopes permirent les synthèses de Strasburger pour les végétaux (1875) et de Remak pour les animaux (1880). Ils établirent que la mitose était la forme générale de la division cellulaire et qu'elle était caractérisée par une succession définie de stades communs aux 2 règnes. Leur description correspond dans l'ensemble aux descriptions actuelles à part les points suivants : l'origine du fuseau était discutée, on attribuait la formation des chromosomes à la fragmentation d'un spirème (erreur reproduite par certains manuels jusqu'en 1930) et les avis divergeaient sur les modalités de la division des chromosomes : la thèse de la fissuration longitudinale défendue par Remak eut de la peine à s'imposer [1]. Les premières numérations de chromosomes furent réalisées à partir de 1880 sur l'Ascaris, le Lis, la Salamandre, certains Orthoptères ; mais dans d'autres cas les résultats obtenus étaient incertains à cause de la petitesse des chromosomes et de leur grand nombre (Echinodermes). Le maintien des chromosomes au cours des divisions successives, en particulier chez Ascaris mégalocéphale conduisirent Rabl en 1885 à postuler leur permanence durant l'interphase. Mais cette hypothèse n'était pas admise par des biologistes de renom comme Hertwig d'autant plus que la constance de leur nombre était niée par de nombreux botanistes (Strasburger).

A partir de 1880 l'intérêt des chercheurs se porta de plus en plus sur le cytoplasme. Pour les fondateurs de la théorie cellulaire le cytoplasme était une masse gélatineuse homogène qui devait son activité métabolique, sa mobilité à sa seule composition chimique. Mais l'isolement des espèces chimiques montra que la simple présence des molécules ne suffissait pas pour provoquer les activités cellulaires ; d'ailleurs un léger écrasement de la cellule suffisait pour provoquer le mort. D'où l'idée de chercher une organisation propre au cytoplasme ou des organites intermédiaires entre celui-ci et les molécules organiques. A côté de systèmes purement spéculatifs sur lesquels nous reviendrons, 2 approches différentes furent employées. L'une consiste à proposer des structures générales du cytoplasme : on cherche à rapprocher des structures obtenues par des méthodes de fixation - coloration déterminée de structures observées exceptionnellement in vivo ou de celles obtenues à partir de milieux colloïdaux artificiels (Bütschli, 1889). Mais on aboutit à l'affrontement de théories multiples - structure réticulaire, fibrillaire, alvéolaire, granulaire - Duval [2] écrit qu'à partir de 1875 la plupart des cytologistes distinguaient dans le cytoplasme une armature spongieuse et un liquide gélatineux. En fait aucune ne put réellement s'imposer, en particulier à partir des recherches de Fischer et Hardy (1894) qui montrèrent le rapport entre le fixateur et la forme de l'artéfact produit. L'autre approche consiste à repérer

---

1 Voir chapitre *"Fécondation"*.

2 Duval, opus cité. p. 30.

différentes inclusions spécifiques dans une masses amorphe. Les botanistes distinguaient déjà des inclusions inertes résultant de l'activité du cytoplasme comme les vacuoles et les inclusions participant au protoplasme actif comme les chloroplastes. Les premières purent être étendues au règne animal grâce à l'emploi des colorants vitaux ; elles servaient d'indicateurs pour l'étude de la plasmolyse et de la turgescence ; ces recherches n'eurent qu'une portée limitée mais induirent beaucoup de spéculations simplistes sur les échanges cellulaires. En dehors des chloroplastes aucun élément spécifique du cytoplasme actif ne fut identifié avec certitude au cours de cette période. Le terme de microsomes désignait des éléments divers, souvent des artéfacts. En 1886 Altman décrivit une procédure de fixation coloration évitant la dissolution ou la vacuolisation des mitochondries ; mais sa découverte fut contestée à cause du manque de spécificité des techniques donnant lieu à des artéfacts et aussi à cause de l'interprétation théorique qu'il proposait : il faisait des mitochondries des micro-organismes colonisés par la cellule. En 1898 seulement Benda proposa une technique non contestable de mise en évidence du chondriome. Le centrosome était connu mais sa permanence était discutée. Des observations très ponctuelles du corps de Golgi et de l'ergastoplasme ne donnèrent pas lieu à une généralisation. En somme les connaissances morphologiques relatives au cytoplasme ne pouvaient pas expliquer les fonctions qu'il était censé assumer.

Développement d'une biologie générale fondée sur la théorie cellulaire

L'interaction entre la construction des concepts de la biologie générale et les progrès de la connaissance de la cellule sera limitée à quelques exemples ponctuels tirés de l'étude de la fécondation, du développement de l'organisme, de l'hérédité, de la physiologie générale.

Un certain nombre de travaux avaient établi vers 1860 que la fécondation ne résultait pas du simple contact des gamètes mais qu'elle était liée à la pénétration d'un ou plusieurs spermatozoïdes. Mais les recherches étaient bloquées depuis cette date par deux diffilcultés : les tentatives pour suivre la destinée du spermatozoïde après le contact avec l'ovule étaient restées infructueuses ; l'expulsion des globules polaires était plus ou moins imbriquée avec la fécondation selon les exemples étudiés et on ne disposait pas de critères pour dissocier ces deux processus indépendants. C'est grâce à l'appui de la théorie cellulaire que Hertwig put aborder le problème de façon originale [1]. En s'appuyant sur l'hypothèse de la nature cellulaire des gamètes proposée par Kölliker en 1845 et Gegenbauer en 1861, il fut amené à focaliser son attention sur le comportement des noyaux. La première partie de son mémoire de 1875 consiste à décrire la technique qui permet de les repérer dans les conditions où ils échappaient à l'observation par les procédures traditionnelles, (ac osmique, carmin dilué). Il établit ainsi la continuité du noyau de l'ovule alors que la nature de la vésicule germinative (noyau de l'ovule à l'issue de la maturation) était discutée et que la néo-formation du noyau de l'ovule était couramment admise. D'autre part, il suivit la migration du noyau mâle depuis son apparition à la périphérie à la suite du mélange des gamètes jusqu'à la rencontre du noyau femelle et la caryogamie ; ces observations n'avaient été faites que de façon incidente par les techniques antérieures. Il n'observa pas la pénétration de la tête du spermatozoïde mais il la postula à partir de certains indices. Elle fut observée directement quelques mois plus tard par Fol. Peu de temps après, Hertwig et Giard interprétèrent l'expulsion des globules polaires comme une division cellulaire inégale distincte du phénomène de fécondation.

A partir de 1880, l'attention des chercheurs se porta principalement sur les chromosomes. Les mécanismes de la réduction chromatique furent décrits dans les 2 règnes mais jusqu'à la la fin de la période les descriptions de la méiose sont encore floues. Dans quelques cas favorables (Ascaris par exemple) on décrit la juxtaposition des chromosomes des deux parents au cours de la fécondation. La théorie cellulaire permit aussi un renouveau des études d'embryologie et d'histologie. Avant 1850 l'embryologie descriptive était fixée sur l'étude des feuillets. Les clivages observés dans certains œufs, en particulier dans les œufs de Batraciens (Prevost et Dumas, 1824) donnaient lieu à des interprétations divergentes, par exemple à celle du cloisonnement mécanique d'une matière homogène. Le rôle exclusif de la division cellulaire dans la segmentation et la formation des feuillets fut établi entre 1840 et 1861 en particulier grâce aux travaux de Kölliker. Dans certain cas on put repérer de façon précise le développement d'une lignée cellulaire par exemple dans le cas de la segmentation spirale décrit par Rabl en 1879 chez la Planorbe. L'origine de la lignée germinale donne lieu à des discussions très vives car elle posait de façon aiguë le problème du rapport entre la division cellulaire et la différenciation des tissus. Un certain nombre de recherches visèrent à définir deux types de division cellulaire, l'une caractérisée par une disjonction qualitative des parties, l'autre

---

1 Hertwig, opus cité.

par une multiplication quantitative d'unités semblables. Elles ne débouchèrent que sur les découvertes ponctuelles comme celle de l'hétérogénéité cytoplasmique de l'œuf d'Ascidie (Van Beneden 1884) qui n'apportaient pas une contribution définitive au débat entre préformation et épigénèse.

Par contre les études embryologiques et le développement des techniques permirent de caractériser les différents types de tissus par le mode de différenciation des cellules ou la production de substances interstitielles par celles-ci. L'étude du tissu nerveux fut particulièrement difficile : les neurones furent mis en évidence par la méthode de Golgi (imprégnation au chromate d'argent) et leur articulation par contiguïté établie par Ramon y Cajal en 1884. Une fois de plus les adversaires de la théorie cellulaire livrèrent un combat d'arrière-garde en défendant la théorie des réseaux anastomosés. Le remarquable traité d'histologie de M. Duval (1897) qui a orienté l'enseignement de la discipline pendant un demi-siècle se réfère constamment à la théorie cellulaire pour préciser l'origine des éléments, le rapport entre leur organisation et leur physiologie.

Les travaux de Mendel (1865) se situent en marge du mouvement qui a conduit au développement de la théorie cellulaire. Il a certes employé le terme de cellule pour désigner les gamètes mais il s'agissait d'une référence verbale : la cellule de Schwann ne lui était d'aucun secours car son contenu homogène évoquait une hérédité-mélange en rapport avec une matière vivante continue alors que le modèle de Mendel était fondé sur une combinatoire de particules discontinues et indépendantes. Sa problématique était plus proche des problèmes pratiques que celle des autres biologistes et sa démarche intellectuelle était probablement inspirée par sa formation de physicien : il se donne un modèle déductif qui lui permet de "calculer" les résultats soumis au contrôle expérimental [1].

A partir de 1880 le problème de l'hérédité devient une préoccupation majeure des cytologistes : ils cherchaient dans l'organisation cellulaire le support permettant d'expliquer la transmission des caractères héréditaires. Beaucoup cherchent à expliquer celle-ci par la présence de particules représentatives des différents types de cellules ou des caractères élémentaires de l'individu ; comme l'étude microscopique ne permettait pas de les identifier ils étaient obligés d'inventer des organites invisibles intermédiaires entre les molécules et la cellule. Delage cite les gemmules de Darwin, les micelles de Nägeli, les idioblastes de Hertwig, les déterminants de

---

1 Voir chapitre *"Chromosome"*.

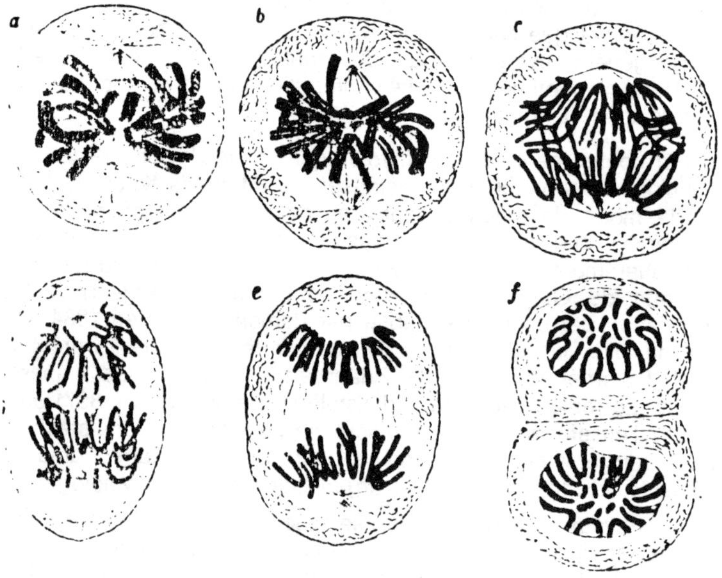

Fig. 12: *Figures caryocinétiques réelles non schématiques (d'après C. Rabl, 1896).*

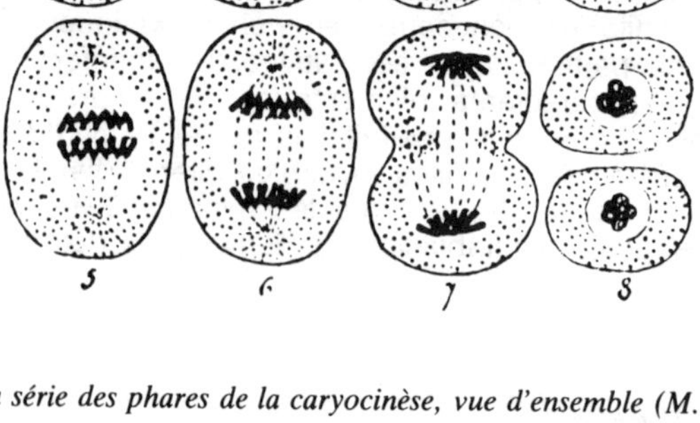

Fig. 13: *La série des phares de la caryocinèse, vue d'ensemble (M. Duval, 1897).*

Weismann ..., d'autres comme Delage pensaient que l'interaction cytoplasme milieu suffisait pour expliquer une cascade de différenciations à partir d'un support relativement simple. Cette débauche de théories purement spéculatives nous surprend chez des savants qui ont laissé une œuvre scientifique importante à la postérité ; elle ne doit pas masquer le fait qu'elle a permis le renouvellement des idées qui ont conduit à la redécouverte des lois de Mendel. L'hypothèse de l'hérédité des caractères acquis cessa d'être une évidence pour les biologistes (alors que les manuels d'agronomie la véhiculèrent encore pendant près d'un siècle) - pour des raisons en grande partie théoriques : ségrégation précoce de la lignée germinale, permanence des chromosomes considérés comme le support de l'hérédité par un nombre croissant de chercheurs. Weismann fut l'un des artisans de ce renversement ; le développement de la cécité réduisit son activité scientifique à une réflexion théorique souvent contestée. La critique de Radl : "il faut attribuer à son influence le nivellement de la pensée biologique rattachant tous les problèmes à des manifestations cellulaires" (il aurait dû ajouter "et à la théorie de l'évolution") constitue en réalité un hommage car il fut l'un des artisans du mouvement qui en un demi-siècle permit aux biologistes de dépasser les recherches pointillistes et les cloisonnements disciplinaires pour construire la biologie générale.

Une physiologie générale basée sur la cellule se développe parallèlement à la physiologie de l'organisme. Elle part du problème suivant : comment peut-on expliquer les fonctions générales des êtres vivants alors que les appareils qui les réalisent changent avec le groupe systématique ou peuvent même ne pas exister (le cas de la respiration est significatif). Pour échapper au vitalisme les physiologistes avaient souvent proposé des explications traduisant un mécanisme naïf que le recours à la théorie cellulaire permit de remettre en question. M. Duval [1] cite les exemples suivants :

> *"Dans les culs-de-sac de la glande mammaire on décrivait sur la glande à l'état de repos, une couche de cellules épithéliales ; puis on croyait avoir constaté que, dès l'entrée dans la glande en état de sécrétion, cet épithélium disparaîtrait et que le lait serait produit par une sorte d'exsudation à travers la membrane hyaline sur laquelle repose cet épithélium. Or il est reconnu aujourd'hui que la sécrétion est fonction de l'épithélium des culs-de-sac glandulaires, que ce sont des cellules épithéliales qui élaborent les principes du lait et que étudier l'acte intime de cette sécrétion c'est suivre les transformations successives de ces cellules. De même pour l'absorp-*

---

1 Duval, opus cité p. 15.

tion par la surface intestinale : on a longtemps admis que l'épithélium intestinal n'y prendrait aucune part, qu'il se desquamerait et tomberait au moment où elle se produit, et on croyait faire des expériences imitant l'acte intime de l'absorption lorsqu'on étudiait le passage de liquides divers à travers des membranes inertes, parfois à travers des cloisons de terre poreuse. Aujourd'hui c'est à l'intervention active de cet épithélium qu'on attribue l'acte de passage et toutes les recherches, non encore complètement menées à bonne fin, sur l'acte intime de l'absorption, ont pour objet la transformation, la vie de ces cellules épithéliales".

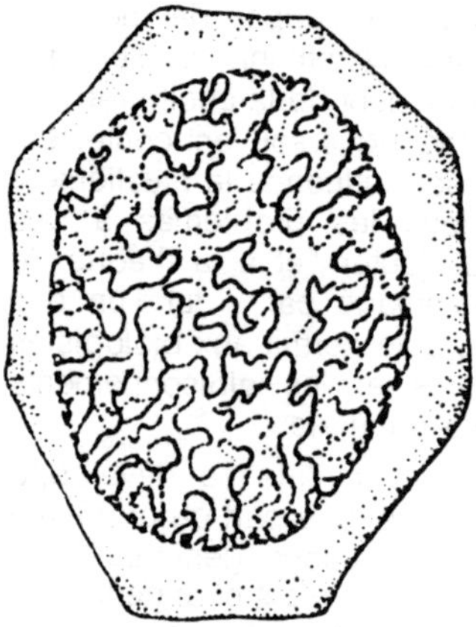

Fig. 14: *Cellule épithéliale de la région buccale d'une larve de Salamandre (d'après Flemming 1895).*

Verworn [1] dans son traité de "*Physiologie générale*" a développé en 1894 ce point de vue de façon systématique :

"C'est à la cellule qui nous ramène toujours l'étude de chaque fonction de l'organisme. C'est dans la cellule musculaire que se trouve le problème du mouvement du coeur, de la contraction musculaire ... Si la physiologie prend à tâche d'expliquer les phénomènes vitaux et généraux, elle n'atteindra ce résultat qu'en devenant physiologie cellulaire".

Il a cherché à explorer l'ensemble des phénomènes vitaux élémentaires par l'observation microscopique, la micro-dissection, l'action des excitants sur un matériel cellulaire. Il travaillait surtout sur les Protistes dont il disait "on les croirait spécialement créés par

---

1 Verworn, opus cité. p. 58.

la Nature pour les physiologistes". Son ouvrage déclencha une polémique qui s'est souvent renouvelée depuis entre ceux qui abordent la physiologie d'un point de vue cellulaire et ceux qui définissent les fonctions par rapport à l'organisme soit parce qu'il constitue un niveau d'intégration autonome, soit parce que l'apparente simplicité des fonctions chez les formes élémentaires crée plutôt des obstacles que des facilités : "L'étude de la contraction du muscle nous fournit plus d'informations sur le mouvement que l'étude de la déformation des pseudopodes des amibes" (Foster).

Bilan des recherches de cette période

A la fin de la période l'adhésion à la théorie était presque générale ; il était difficile de comprendre la fécondation, le cycle de développement, la différenciation des tissus sans se référer à elle. La plupart des traités de biologie, d'histologie, de zoologie ou de botanique se basaient sur elle. Pour la France nous avons déjà cité Delage et Duval ; il faut ajouter les leçons sur la cellule de Henneguy (1896). Dès cet époque le consensus de la société scientifique crée un certain manque de réflexion critique. L'enthousiasme pour les découvertes réalisées masque l'existence de certains obstacles et le fait qu'ils ne peuvent pas être surmontés par la simple accumulation quantitative des résultats de recherche suivant les directions déjà amorcées. Verworn n'hésitait pas à écrire : "Nous connaissons actuellement la structure de la cellule jusque dans les plus fins détails". Or les fonctions ne pouvaient être expliquées à partir des formes mises en évidence : elles étaient simplement attribuées aux structures à partir d'arguments souvent discutables. Les connaissances sur le cytoplasme n'expliquant pas le métabolisme ; il ne suffit pas de postuler la permanence des chromosomes pour expliquer l'hérédité, etc. Delage après avoir donné une liste exhaustive des problèmes non résolus affirme que la théorie cellulaire fournit le point de départ de recherches opérationnelles à condition de respecter certaines règles méthodologiques évoquées ci-dessous.

Une minorité d'opposants ne partageaient pas ce point de vue. Ils ont été peu écoutés car ils ont fait peu de découvertes et leur apport est avant tout critique. Ils ont souligné avec raison que les Protistes n'étaient pas nécessairement des être vivants primitifs mais ils ont eu tort de les qualifier d'a-cellulaires alors qu'ils constituaient un matériel très favorable aux études de biologie cellulaire. Ils ont eu raison d'attirer l'attention sur l'existence des plasmodesmes (ponts cytoplasmiques entre cellules), des syncytiums et des plasmodes mais ces observations condamnent simplement les théories purement associannistes de l'organisme.

La consolidation de la théorie conduit à une réorientation qui implique une réflexion épistémologique. Les citations des traités indiqués ci-dessus montrent clairement le changement de statut de la théorie au cours de la période évoquée : elle n'apparaît plus comme une anticipation permettant de centrer un grand nombre de recherches sur un problème général concernant l'ensemble des êtres vivants mais comme une synthèse ayant pour objet l'organisation des connaissances en vue d'une explication ou de la communication du savoir. Cette évolution entraîne-t-elle un vieillissement de la théorie, une perte de son pouvoir d'innovation au profit de sa fonction didactique ?

En fait la question se posait autrement : Quelle forme doit prendre la théorie pour être un instrument de recherche ? Le biologiste risque de se perdre dans ses monographies ou autres recherches de détail si son questionnement ne se situe pas dans une problématique générale "s'il ne vise pas à expliquer les grandes manifestations de la vie dans la cellule, dans l'individu, dans l'espèce" (Delage). Mais quelle est l'articulation entre les faits et la théorie ? Ce problème reste souvent implicite ; mais une polémique entre Delage et Weismann a permis de l'expliciter ; elle montre l'importance des prises de position philosophiques et des traditions culturelles nationales dans la démarche scientifique. Pour Delage [1] la théorie était fondée sur une induction permettant de dégager un *fait général* à travers le foisonnement des situations particulières si caractéristique de la biologie. Il pose les deux règles suivantes :

1) faire le moins d'hypothèses possibles et se tenir uniquement à des aspects généraux que l'on a quelque chance de pouvoir élucider ;

2) en choisissant une hypothèse, voir uniquement le point de départ et non le but ; se laisser porter par l'induction portant sur le faits d'expérience ou d'observation et "jamais par la nécessité d'expliquer ceci et cela".

Pour Weismann [2] "une théorie n'est pas un coffre ... elle nous propose des thèmes de recherche soumis à la vérification ... seules les représentations cadrées avec précision peuvent être réfutées..."

Cette opposition résulte en partie des traditions culturelles ; on retrouve la même divergence dans les pratiques des services de renseignements des deux pays. Le point de vue de Delage traduit aussi l'influence profonde de la philosophie positiviste sur les scientifiques, en particulier en France. Le grand chimiste Berthelot, directeur de l'enseignement supérieur avait refusé d'introduire la notation chimique basée sur la théorie atomique et d'abandonner la

1 Delage, opus cité. p 15.

2 Weismann, opus cité.

notation en équivalents car il n'admettait pas la référence à des atomes hypothétiques ; il retarda de ce fait les progrès de la recherche en chimie organique. Les déficiences de ce point de vue apparaissent aussi en ce qui concerne le jugement suivant porté par Delage.

> *"En ce qui concerne Darwin et Weismann leur but dépasse la portée de l'intelligence humaine. On ne peut reprocher de ne pas l'atteindre, mais ils ne doivent pas s'étonner si on refuse de les suivre".*

Weismann propose une approche plus acceptable par les scientifiques d'aujourd'hui mais il ne se donne pas les instruments permettant d'éviter le dérapage de la théorie vers des spéculations sans prise sur le réél.

Il est possible de proposer la conclusion suivante : Vers 1900 la théorie cellulaire n'avait pas épuisé son potentiel d'innovation comme on le dit parfois ; elle ne se préparait pas une retraite paisible comme instrument didactique. Elle était arrivée à un stade de développement où une réflexion épistémologique était nécessaire. L'absence de celle-ci pesa lourdement sur l'évolution de la théorie au cours des décades ultérieures.

La reconnaissance officielle de la théorie au cours de la période 1900-1940 : stabilisation ou régression ? Changements dans le contexte institutionnel, évolution des représentations et des attitudes intellectuelles.

La reconnaissance officielle de la théorie cellulaire peut-être située en France avec la création du PCN (1902) : la propédeudique des études de médecine et de sciences naturelles débute par l'enseignement de la cellule. Il en résultera une modification des représentations relatives à ce domaine et cette évolution entraînera paradoxalement un déclin du dynamisme de la recherche.

La recherche sera assurée par une nouvelle génération restée étrangère à la prodigieuse fermentation qui avait donné lieu naissance à la théorie. Delage avait décrit l'effort nécessaire pour participer à sa construction "le labeur énorme que je me suis imposé pour me mettre au point" mais il ne le demanda pas à ses élèves. En devenant une discipline matérialisée par des enseignements spécifiques et des laboratoires spécialisés, la cytologie occupe un territoire défini dans l'ensemble du savoir biologique. Elle participe au cloisonnement des disciplines symbolisé par la spécialisation des chaires et tend à perdre de vue sa fonction initiale, établir un point de rencontre entre les différents domaines de la biologie. A la problématique des fondateurs de la théorie succède insidieusement une problématique nouvelle déterminée par les techniques et la répartition des tâches entre laboratoires. Il s'agit le plus souvent d'approfondir la connaissance morphologique d'un objet relevant de l'observation microscopique, de communiquer les résultats par un dessin aussi précis que possible et éventuellement de lui attribuer des propriétés comme on attribue un rôle à un acteur. Le réalisme de cette approche empêche le questionnement qui conduit au changement de paradigme et aux révolutions scientifiques. Les domaines étrangers à cette problématique - génétique, microbiologie, et surtout biochimie - constituent des domaines autonomes non intégrés dans l'enseignement officiel et la formation des chercheurs. F. Jacob a décrit avec humour les rapports entre les différents laboratoires à cette époque.

L'enseignement a encore renforcé cette tendance en faisant de la cellule un objet pédagogique. La présentation du savoir sous une forme pseudo-inductive, l'orientation des travaux pratiques par une observation étroitement guidée et débouchant sur un dessin développèrent l'idée que la cellule était un objet découvert grâce au perfectionnement des techniques et aux procédures d'observation comparée permettant de dégager des faits généraux. Le système scolaire français centralisé et hiérarchisé a facilité l'emprise du courant positiviste. Les savants ou philosophes étrangers à ce courant - Cuénot, Duhem, Bachelard ... - restèrent en province -. La première chaire de génétique fut seulement créée en 1946. Les textes officiels véhiculaient des représentations empiristes parfois naïves ; on trouve encore la phrase "c'est l'objet qui détient la vérité" dans les instructions officielles de 1957 relatives à l'enseignement des sciences à l'école élémentaire. L'enseignement secondaire était dominé par la distinction entre les faits et les théories ; la théorie cellulaire était réduite à une présentation de faits et la théorie de l'évolution faisait l'objet du dernier chapitre du programme. Au lieu d'être sensibilisés à des problèmes les jeunes esprits étaient familiarisés avec des certitudes.

Le contexte institutionnel semble expliquer les faits suivants : l'amélioration des techniques se situe principalement dans le prolongement des techniques cytologiques déjà existantes et les véritables innovations sont souvent focalisées dans certains laboratoires ; dans l'ensemble elles progressèrent lentement et ne furent vraiment opérationnelles qu'au cours de la période suivante. On peut regrouper les innovations techniques autour des problèmes suivants : - Comment utiliser au mieux le pouvoir séparateur des microscopes ? Au cours de la période précédente les chercheurs avaient porté leurs efforts de façon trop exclusive sur les méthodes de fixation-coloration ; elles avaient donné lieu à des critiques souvent corrosives (Hardy, 1894 ; Lison, 1902). Il apparut nécessaire de mieux caractériser ce qu'on voyait, d'expliquer l'action du réactif pour réaliser l'ambition de Bulliard et Champy : "Chaque observation histologique est une petite expérience dont les résultats doivent être sévèrement critiqués : effet de l'hypertonie, de la température, du pH, de la rapidité de fixation..." D'autre part on éprouva la nécessité de mieux articuler l'observation *in vivo* et l'observation de la cellule morte ; la première repose sur l'emploi des colorants vitaux qui se précisa et sur les cultures de tissus. Cette technique fut inventée par Harrison en 1907 et pratiquée par Carrel à partir de 1912 mais elle ne se répandit pas dans les laboratoires de cytologie.

Comment augmenter le pouvoir séparateur ? la seule possibilité non encore exploitée était l'examen en lumière ultra-violette. Cette lumière exigeait des systèmes optiques en quartz qui ne purent être réalisés qu'à partir de 1920. Un nombre réduit de laboratoires se lancèrent dans cette technique qui permit d'observer les plus grands des virus ou de localiser et de doser les acides nucléiques au cours de la période suivante. — Comment situer au niveau cellulaire les manifestations biochimiques caractéristiques des êtres vivants ? la biochimie avait permis d'identifier de nombreux constituants, de repérer certains produits du métabolisme intermédiaire et les enzymes qui catalysent la réaction, d'ébaucher la construction de certains cycles métaboliques mais ces manifestations n'étaient pas expliquées par une organisation cellulaire statique. Les techniques de repérage de certains constituants furent inventées : dosages microchimiques, emploi d'isotopes naturels (plomb, deutérium) dosage des acides nucléiques au microscope à ultra violet couplé avec un photomètre... D'autre part, les procédures de centrifugation furent appliquées pour isoler certains constituants cellulaires, déterminer leur composition chimique et leur activité à l'intérieur de systèmes simplifiés ; on passa de la centrifugation déjà pratiquée par Miescher en 1870 pour isoler les noyaux à l'ultra-centrifugation (Claude et Benda en 1934). Mais l'ensemble de ces techniques fut appliqué de façon très ponctuelle, progressa très lentement et ne donna que des résultats limités au cours de cette période.

Les apports de cette période

Dans la plupart des domaines on assiste à une progression quantitative des savoirs suivant les directions déjà définies au cours de la période précédente. Il apparaît certes des champs conceptuels nouveaux par leur contenu et par la démarche intellectuelle par exemple en génétique ou en microbiologie mais ils restent circonscrits par le cloisonnement disciplinaire et ne conduisent pas à un remodelage global de la théorie pendant la période considérée. La connaissance de l'organisation de la cellule progressa surtout à l'intérieur des cadres déjà construits. Les recherches relatives au noyau portèrent surtout sur les chromosomes en particulier leur évolution au cours du cycle de développement. En 1902 Sutton fit le bilan de 20 années de recherches portant sur la méiose et la fécondation (Strasburger, Guignard, Overton, Flemming, etc.) en posant les principes suivants : les chromosomes gardent leur individualité morphologique au cours des divisions cellulaires - la garniture chromosomique est faite de couples de chromosomes homologues qui se séparent à la méiose et se reforment à la fécondation - la ségrégation des chromosomes d'origine paternelle et maternelle d'un couple donné est indépendante des autres couples ; chaque gamète reçoit de façon aléatoire des chromosomes provenant de l'un ou l'autre parent. L'existence des hétérochromosomes caractéristiques du sexe et la détermination chromosomique du sexe furent énoncées avec précision par Wilson en 1905 après plusieurs ébauches de formulation. Les chromosomes géants des glandes salivaires de Diptères découverts en 1881 étaient restés une curiosité de zoologiste jusqu'en 1930 lorsque Painter postula que leur morphologie traduisait de façon visible la disposition linéaire des gènes. Des études ultérieures portèrent sur le repérage des caractères chromosomiques des espèces et sur les altérations chromosomiques déterminant certaines mutations. A partir de 1930, on tenta de distinguer in situ les deux types d'acides nucléiques par la réaction de Feulgen mais la recherche débouche sur des conclusions erronées. Les dosages des acides nucléiques au microscope à cellule photoélectrique centrèrent l'attention sur l'acide nucléique des chromosomes et sur le rôle d'organites riches en acides nucléiques dans la synthèse des protéines. Mais ces travaux trop ponctuels et parfois entachés d'erreurs ne donnèrent pas lieu à une synthèse cohérente qui impliquait une révolution scientifique.

Les idées sur le cytoplasme évoluèrent progressivement. On renonça de plus en plus à le décrire comme une structure hétérogène régulière pour le considérer comme une masse homogène ou hyaloplasme renfermant un certain nombre d'inclusions spécifiques, les unes inertes, résultant de l'activité du cytoplasme (vacuoles), les autres vivantes, assumant une activité métabolique précise. Le Le problème se ramenait donc à caractériser les différentes familles d'inclusions et à déterminer leur rôle. A partir de 1900 les publications sur ces organites se multiplièrent mais les résultats furent décevants dans l'ensemble. Le cas du corps de Golgi est particulièrement significatif : les chercheurs pourchassèrent ce *fantôme* pendant 50 ans ; il se présentait sous des formes différentes suivant l'origine et le mode de fixation ; il était souvent imbriqué avec d'autres constituants sous forme d'artéfact. Encore en 1954 les chercheurs participant à un colloque ne purent se mettre d'accord sur la réalité des structures attribuées au corps de Golgi [1]. L'ergastoplasme posa les mêmes problèmes. Le chondriome fut le

1 Hughes, opus cité. p 125 à 127.

constituant cytoplasmique dont tous les chercheurs admettaient la réalité grâce à la mise au point de méthodes de fixation coloration spécifiques. Les recherches sur le cytoplasme n'apportèrent aucune contribution nouvelle au problème auquel doit répondre la théorie cellulaire : comment cette organisation peut-elle expliquer les propriétés du vivant ?

La distinction entre une membrane squelettique propre aux végétaux et une membrane cytoplasmique commune aux 2 règnes fut reconnue de façon générale au début de cette période. Du fait des difficultés d'observation elle était surtout mise en évidence par micro-chirurgie. Les théories visant à expliquer sa perméabilité sélective se compliquèrent de plus en plus. L'activité physiologique qui entretient celle-ci ne put être étudiée mais on la rattacha à la polarisation électrique de la membrane d'abord découverte chez le neurone et la fibre musculaire.[1]

L'apparition de champs conceptuels nouveaux se fit de façon discrète au cours de cette période. La théorie chromosomique de l'hérédité se développe à l'intérieur d'un milieu scientifique séparé des autres cytologistes. L'évolution des idées signalée au cours de la période précédente avait permis vers 1900 la redécouverte des lois de Mendel et la reprise de l'étude expérimentale de l'hérédité par hybridation. De rares généticiens se contentèrent de traduire les lois par des modèles purement formels (Bateson) ; la plupart cherchèrent à expliquer les lois à partir d'un invariant cellulaire suffisamment complexe pour accueillir toutes les données ; au cours de la décade précédente on avait remarqué que les chromosomes remplissaient ces conditions. La théorie chromosomique de l'hérédité qui fut construite de 1910 à 1933, en particulier par Morgan et Painter, établit une correspondance systématique entre les différentes lois de l'hybridation (groupes de caractères liés, liaison des caractères mesurée par le taux de recombinaison, hérédité liée au sexe ...) et les caractères correspondants des chromosomes (nombre de paires, éloignement des gènes, chromosomes sexuels, chromosomes mutants ...) : la garniture chromosomique concrète observée dans les glandes salivaires des larves de Diptères recouvre la carte des gènes purement formelle, construite avec les données numériques de l'expérimentation. Mais un fossé profond séparait les généticiens des cytologistes : non seulement le raisonnement hypothético-déductif et mathématique des premiers les éloignait du mode de pensée inductif des autres biologistes mais ces derniers étaient surpris par les méthodes de travail elles-mêmes : peut-on trouver des lois générales en travaillant sur un très petit nombre d'espèces, sur des souches rigoureusement sélectionnées et dans des conditions

1 Voir chapitre *"Neurone"*.

de laboratoire éloignées du milieu naturel ? La génétique fut exclue du champ conceptuel des cytologistes alors que le problème de l'hérédité avait obsédé la génération précédente [1].

Les microbes deviennent un objet de recherche fondamentale. L'orientation de plus en plus morphologique de la biologie cellulaire aurait dû buter sur un obstacle important : comment expliquer que les bactéries puissent manifester les propriétés des cellules vivantes alors qu'elles étaient en apparence dépourvues de la plupart des éléments de la panoplie cellulaire ? On masquait le problème en les qualifiant de primitives ; la plupart des traités les définissaient de façon négative : formes dépourvues de noyaux, de plastes, de sexualité. Vers la fin de la période une série de recherches différentes montrèrent que leur étude ne relevait pas seulement des sciences appliquées mais intéressait la biologie générale. Elles constituent un matériel particulièrement favorable pour l'étude des cycles métaboliques, en particulier ceux de la fermentation et de la respiration. Elles permirent d'isoler un certain nombre de diastases concernant les réactions communes à tous les organismes vivants et sans lesquelles la biologie moléculaire n'aurait pas pu se développer. Enfin l'emploi du microscope à ultraviolet et des méthodes histochimiques substituèrent la détection des acides nucléiques à l'observation optique des chromosomes : les bactéries et les virus perdirent leur caractère aberrant avant de devenir en peu de temps le matériel le plus favorable pour les études de génétique et de certains métabolismes (synthèse des protéines).

Bilan de la période

A la fin de cette période on peut constater le paradoxe suivant : d'une part la théorie cellulaire a reçu une consécration officielle par son introduction dans l'enseignement supérieur et secondaire, d'autre part un certain nombre de chercheurs ou d'historiens des sciences la mettent toujours en question ; les critiques sont même plus violentes car la théorie semble avoir perdu une partie de son dynamisme et de son attrait. Les arguments n'ont pas changé depuis 1900. Dobell en 1911 nie que les Protozoaires et même l'œuf fécondé puissent être assimilés à des cellules ; il refuse qu'on leur attribue le qualificatif d'êtres vivants primitifs et qu'on les assimile à des simples matériaux des organismes pluri-cellulaires. Il conclut [2] :

---

1 Voir chapitre *"Chromosome"*.

2 Hughes, opus cité p. 138.

"La théorie cellulaire doit disparaître ; elle n'a pas cessé seulement d'être valable, elle est réellement dangereuse". Les critiques de J. Grey (1931) sont moins catégoriques : "Il est hors de doute que l'unité de vie la plus naturelle, la cellule ... est simplement une nécessité mécanique pour les formes de vie suffisamment complexes". Le thème de la formation libre des cellules à partir d'une matière fondamentale a été repris à plusieurs reprises en particulier par Nageotte et Mme Lepechinskaïa (1945) [1] ; leurs observations n'ont pas été confirmées.

Plusieurs historiens des sciences ont exprimé le même point de vue. Radl [2] écrivait en 1930 : "On dirait que la piste de tous les problèmes du vivant serait cachée dans la cellule, comme si le microscope pouvait nous révéler tous les ressorts inconnus de l'existence". Canguilhem réagit de manière plus nuancée (1952) : "Aujourd'hui les obstacles à l'omnivalence de la théorie cellulaire sont presque aussi importants que les faits qu'on lui demande d'expliquer". Hughes se demande si la théorie cellulaire comme toute théorie scientifique n'avait pas épuisé son potentiel d'innovation après avoir posé les problèmes et stimulé les recherches (1959).

En fait, en se constituant en discipline, la cytologie avait progressivement perdu de vue le problème qui inspirait la recherche. Suivant l'expression de Firquet "on observait l'image très claire d'une momie". On cherchait à approfondir ainsi certains domaines et à augmenter quantitativement les connaissances sans changer les paradigmes et les méthodes qui orientaient la recherche, sans se rendre compte que l'objectif terminal s'éloignait au fur et à mesure que la cytologie progressait. Certes de nouvelles directions de recherche étaient engagées par certains laboratoires ; elles impliquaient des techniques étrangères à la discipline et étaient fondées sur une problématique qui heurtait l'esprit positiviste et empiriste de la majorité des biologistes. De ce fait leur fécondité n'était pas reconnue par la communauté des spécialistes travaillant sur la cellule. Le renouvellement des idées ne pouvait être assuré par le développement interne de la discipline ; il fallait que le cytologiste perde sa spécificité pour atteindre son objectif initial. C'est l'ébranlement provoqué par la Seconde Guerre mondiale qui changea profondément les conditions de la recherche et permit ainsi le renouvellement de la problématique et les procédures de découverte.

---

1 Lepechinskaïa - Origines des cellules à partir de la matière vivante. In : *Orientations des théories médicales en URSS*, p 131 à 152, 1945, ou *Questions Scientifiques 2*, La Nouvelle Critique, 1953.

2 Radl, opus cité.

Le renouveau de la théorie cellulaire depuis 1945.

L'évolution de la théorie ne peut être comprise que si on la situe par rapport à la transformation du contexte institutionnel ; le changement du rapport entre science et société n'a pas seulement permis un développement quantitatif des découvertes mais il a entraîné une évolution de la pensée scientifique elle-même.

Peu avant la Seconde guerre mondiale les responsables politiques et les décideurs sont arrivés à la conviction que la recherche scientifique était un facteur essentiel de la puissance des nations et du développement économique. Pour obtenir ce résultat il ne suffisait pas d'augmenter les crédits mais il fallait orienter et coordonner la recherche. Le CNRS fut fondé en France en 1939. L'évolution s'accentua dans l'après guerre du fait de la course aux armements, du développement de l'énergie nucléaire - le commissariat à l'énergie atomique fut fondé en 1946 -, des investissements énormes exigés par l'exploration de l'espace. La recherche est devenue une fonction essentielle dans une société moderne et elle absorbe près de 3 % du produit national des pays développés.

La distinction entre recherche fondamentale et recherche appliquée tend à s'estomper. les obstacles rencontrés par cette dernière sont souvent liés à un retard de la recherche fondamentale. De ce fait des instituts comme la NASA sont amenés à contrôler une part importante de celle-ci, par exemple en confiant des contrats à des universités ou instituts de recherche. L'activité de ces organismes sera déterminée par des besoins définis à l'extérieur plutôt que par la problématique commandée par la logique interne de la discipline. Par exemple un spécialiste des Araignées fera des recherches sur les Scorpions pour bénéficier d'un contrat important avec la Défense Nationale qui s'intéresse à ces animaux à cause de leur résistance aux radiations. En France 50 % des crédits globaux de la recherche relèvent du Ministère de la Défense. Les ressources d'un grand nombre de laboratoires dépendent davantage de contrats temporaires que de ressources propres permanentes et gérées librement.

Les nouvelles conditions de travail présentent des avantages indéniables pour la recherche fondamentale. La définition des grandes orientations de la recherche par un conseil scientifique crée des confrontations et des contacts interdisciplinaires qui facilitent le renouvellement des problèmes et des techniques alors que le chercheur isolé tend à progresser de façon rectiligne comme un mineur sur le front de taille. Le travail en équipe permet de faire concourir des compétences complémentaires à la résolution d'un même problème ; le dynamisme de l'équipe joue un rôle important dans l'invention. Le rapprochement avec la recherche industrielle a permis de rationaliser le travail matériel des chercheurs ; ils sont débarrassés des tâches répétitives confiées à des techniciens ou automatisées (mesures, calculs, recherche documentaire). Le développement des techniques lourdes a complètement transformé l'allure de nombreux laboratoires qui ressemblent à des usines ; de plus l'invention décisive se situe quelquefois au niveau de la mise au point de ces appareils.

Cependant la liaison étroite entre science et société crée aussi des difficultés. La diffusion des résultats est parfois retardée à cause du caractère secret de certaines recherches. La pression des besoins peut empêcher certaines recherches commandées par la logique de la découverte ; certains domaines de connaissances risquent de se développer à l'intérieur de leur bulle sans pouvoir communiquer avec les domaines voisins faute d'instruments de synthèse. La recherche exclusive du pouvoir sur la nature risque d'occulter un caractère nécessaire du savoir scientifique, le besoin gratuit d'expliquer, de construire des modèles cohérents qui ne présentent pas nécessairement une utilité immédiate. La course aux crédits, la concurrence systématique entre laboratoires, la centration systématique de la recherche sur des buts pratiques risquent de transformer la science en une technologie raffinée comme la science chinoise traditionnelle. Pour gagner du temps on travaillera toujours sur le même type de matériel, sur les mêmes lignées animales ou sur les mêmes souches microbiennes au risque de scléroser un domaine de recherche.

Il en résulte une modification de l'image de la science chez l'homme de la rue et même chez les chercheurs. A la représentation d'une vérité scientifique stable se développant par addition de nouveaux contenus s'est substituée l'image d'un savoir provisoire et parcellaire étroitement lié à des pratiques sociales qui lui donnent sa signification. L'accent est mis sur le processus de l'invention et non sur les procédures de confrontation, de contrôle et de réorganisation qui définissent le savoir reconnu sur lequel il faut s'appuyer pour faire de nouvelles découvertes.

L'image du savant présentée par l'école et les médias a changé. Autrefois on trouvait dans la plupart des écoles la gravure représentant Pasteur dans son laboratoire ; elle visait a inspirer le respect pour les savants, ces bienfaiteurs de l'humanité. Actuellement, la télévision scolaire présente un jeune chercheur décontracté qui quitte son laboratoire pour jouer au baby-foot.

L'explosion des moyens de la recherche concerna d'abord les sciences physiques. De ce fait, la recherche en biologie connut une évolution qui lui était propre. Dans un premier temps elle connut une rénovation extraordinaire comme science fondamentale.

Elle est caractérisée par le développement de la biologie moléculaire (et aussi de l'écologie). A partir de 1960-1970 la biologie apparut de plus en plus comme un pouvoir ; cette période est caractérisée par l'essor des biotechnologies au sens large du terme. Pour les deux périodes cette étude se limitera aux aspects qui permettent de comprendre l'évolution de la théorie cellulaire.

Après la Seconde Guerre mondiale de nombreux postes de recherche fondamentale sont créés principalement en dehors des universités. Institut Pasteur, INSERM, INRA, ORSTOM ... La centration de l'activité sur des problèmes entraîna deux modifications importantes dans les modalités du travail : la constitution d'équipes de recherche et le décloisonnement des laboratoires. Elles favorisèrent un renouvellement rapide et profond des techniques et contribuèrent à l'évolution de la manière de poser les problèmes de recherche. Le renouvellement des techniques n'est pas venu uniquement de l'extérieur : augmentation des crédits, transferts de technologies empruntées à la physique ou à l'industrie ; il est souvent lié aux nouvelles méthodes de travail qui permettent la mise au point rigoureuse d'une procédure adaptée au problème à résoudre. Celle-ci résulta parfois de la simple combinaison de techniques diverses déjà connues mais appliquées séparément dans des laboratoires différents. L'exemple du dénombrement des chromosomes est significatif. Avant 1940 celui-ci n'avait été réalisé que un nombre limité d'espèces ; les résultats étaient parfois contestés, ils étaient inexacts pour l'espèce humaine. La procédure inventée par Tijo et Levan (1956) est fondée sur l'articulation des techniques suivantes : culture de cellules, transfert en milieu hypotonique, méthode spécifique de fixation : à la suite de cette mise au point la numération chromosomique est devenue une activité courante de laboratoire médical. Les techniques sont devenues opérationnelles dans des conditions très diverses. Le microscope à contraste de phase inventé par Zernicke en 1938 reste pendant plusieurs années un gadget de physicien ; sa vulgarisation en tant que secret technique livré par les Allemands lui valut la considération des biologistes [1] ; grâce à son emploi l'étude de la cellule vivante connut de nouveaux développements. Le microscope à ultraviolet de construction difficile fut relativement peu utilisé entre 1920 et 1940 ; son couplage avec une cellule photoélectrique fit de lui un instrument de mesure permettant de suivre la localisation et la concentration des acides nucléiques ; ultérieurement la liaison avec les techniques immunologiques permit d'utiliser l'instrument pour le repérage de protéines spécifiques. L'usage du microscope électronique en biologie exigea 15 années de recherche pour la mise au point des méthodes spécifiques de fixation, de coupe et de préparation conduisant à des donnés exploitables. Les

---

1 Hughes, opus cité. p. 18.

procédures de culture des tissus furent peu pratiquées pendant plus de 3 décades à cause des servitudes qu'elles imposaient aux laboratoires traditionnels et de la difficulté à résoudre certains problèmes — les premières cultures de cellules végétales furent réussies par White et Gautheret en 1939.

A partir de 1940 elles devinrent une technique de laboratoire utilisée dans les recherches fondamentales ou appliquées les plus diverses : étude expérimentale de la différenciation cellulaire et de la cancérisation, culture des virus, recherches des anomalies chromosomiques, clonage de cellules ayant fait l'objet d'une expérimentation préalable (fusion, manipulation génétique), développement d'une plante à partir d'une cellule haploïde ... La séparation des organites cellulaires par ultra-centrifugation négligée jusqu'en 1934 ne déboucha sur des techniques susceptibles de fournir sans artéfact un constituant cellulaire donné qu'à partir de 1940. L'emploi des isotopes radioactifs se répandit grâce à l'activité des centres de recherches atomiques. Il permet de localiser les molécules actives intervenant dans le métabolisme et de suivre leur évolution. Beaucoup de nouvelles techniques ont un caractère commun : elles substituent une mesure à l'observation directe.

L'élaboration de nouvelles techniques fut accompagnée et orientée par le renouvellement des idées. Il porta en particulier sur la nécessité d'articuler étroitement biochimie et cytologie pour faire une description dynamique de la vie cellulaire. Cette évolution réalisée discrètement à partir de 1910 à déjà été évoquée : l'étude statique des organites cellulaires ne donnait guère de renseignements sur la réalisation des fonctions ; inversement après avoir isolé de nombreuses espèces chimiques dont près de 2000 enzymes l'ensemble des biochimistes arriva à la conclusion que la composition de la matière vivante ne suffisait pas pour expliquer les manifestations de la vie mais qu'il fallait l'attribuer à une disposition ordonnée des molécules. Mais il était nécessaire de traduire cette conception par une problématique précise, définir les procédures et les techniques dans une situation concrète. Les recherches portant sur le rôle des acides nucléiques dans la biosynthèse des protéines et la transmission de l'information génétique furent le point de départ de la biologie moléculaire ; la recherche de la localisation précise d'une substance chimique se substitue à l'observation des formes, chromosomes ou nucléoles par exemple. Or les mêmes acides nucléiques se trouvaient chez les Bactéries comme chez les Eucaryotes ; dans les deux groupes l'activité des acides nucléiques est étroitement liée à la protéosynthèse comme cela fut établi vers 1950 par Casperson et l'école de Stockholm. Désormais, les Bactéries devinrent un matériel privilégié de recherches. A partir de 1960 l'exemple paradigme qui servira à définir une propriété générale des cellules sera souvent constitué par une Bactérie alors qu'il désignait toujours un Eucaryote avant 1940.

Depuis une vingtaine d'années on assiste au développement des biotechnologies que l'on peut caractériser comme une tentative pour agir de façon rationnelle sur des objets vivants en vue d'un but pratique ; la rationalité s'appuie en particulier sur l'exploitation des données de la recherche fondamentale. Le statut de la biologie a changé aux yeux de l'opinion publique ; elle n'apparaît plus comme un savoir inoffensif qui vise à comprendre mais comme un pouvoir qui permet à l'homme de transformer la nature et de se transformer lui-même. L'imbrication des recherches fondamentales et appliquées tend encore à s'accentuer. Il est difficile de savoir si la nouvelle orientation de la recherche se traduit avant tout par la mise en œuvre des principes de la biologie moléculaire qui offrent un potentiel d'innovation énorme à des biotechnologies déjà anciennes ou si elle conduit à un nouveau renouvellement des paradigmes et des théories. Mais ont peut constater dès maintenant que le rôle de la biologie comme instrument de formation reste toujours aussi faible. Nous aurons à nous demander dans le cas de la théorie cellulaire si cette situation résulte simplement d'une tradition culturelle ou si elle repose sur un fondement épistémologique : la pensée biologique se limite-t-elle à la simple mise en œuvre des méthodes de la physique ou de la chimie à une catégorie particulière d'objets ou présente-t-elle des aspects spécifiques qui doivent être reconnus par l'institution scolaire ?

La réorientation des connaissances au cours de cette période

Les représentations relatives à la cellule évoluèrent très rapidement au cours de cette période. La connaissance du noyau progressa principalement à partir des études biochimiques portant sur les acides nucléiques. La localisation respective de l'ADN et de l'ARN fut définitivement établie en 1942 à partir des méthodes microscopiques permettant de localiser les acides nucléiques, de la destruction sélective de l'un des deux acides par des enzymes spécifiques et par l'emploi de réactions de coloration caractéristiques de l'ADN. La correspondance entre le cycle de l'ADN établi par les méthodes biochimiques (transcription, réplication) et le cycle chromosomique (mitose et méiose) fut précisée par Taylor en 1957 grâce à l'emploi des isotopes radioactifs. La découverte de la structure spatiale de l'ADN par Watson et Crick en 1953 conduisit à un long travail de mise en correspondance entre des modèles d'ADN reconstruits à partir de données expérimentales et les images de chromosomes résultant de l'observation microscopique ; les deux domaines se sont considérablement rapprochés. Les différentes étapes de la biosynthèse des protéines ont été établies principalement sur du matériel bactérien (Bacille de *coli*) : transcription de l'ADN en ARN messager (Jacob et

Monod 1961), traduction de l'information de l'ARN donnant lieu à un polypeptide au niveau du ribosome.

Les connaissances relatives au cytoplasme se sont beaucoup renouvelées depuis 1940. La conjugaison de l'ultracentrifugation, des observations au microscope optique et électronique, des études cytochimiques (autoradiographie et immunofluorescence) a permis de répondre à un grand nombre de problèmes non résolus. Les différents organites du cytoplasme ont pu être séparés ; l'étude de leur structure a fait apparaître des éléments communs - importance des doubles membranes - et des unités d'organisation spécifiques comportant par exemple une disposition ordonnée d'enzymes comme les unités d'oxydation des mitochondries. Dans le cytoplasme optiquement vide on met en évidence une ultra-structure, le cytosquelette, qui se rattache au centrosme. A l'issue de ces recherches un nouveau problème se pose : l'étude morphologique atteint son terme théorique puisqu'elle arrive jusqu'au niveau de la macromolécule et elle rejoint l'étude biochimique qui construit des modèles de macromolécules ou des systèmes ordonnés de molécules. Or cette rencontre ne permet de saisir actuellement que des aspects limités de la biologie cellulaire ; les modèles actuels expliquent de plus en plus les mécanismes mais non les flux et les régulations. L'un des obstacles est connu : pour connaître on est obligé de transformer des ensemble dynamiques en structures statiques ; par exemple un réseau de circulation devient le cytosquelette. La membrane cytoplasmique est présentée actuellement comme une double membrane portant des molécules protéiques réceptives (antigènes, hormones ...) et des protéines organisées en pompes ioniques (Na+, K+,...). La perméabilité sélective n'est plus expliquée exclusivement par l'action de facteurs physiques sur une barrière mais par des activités cellulaires (excrétion d'enzymes, endocytose). Ici encore il est difficile de construire des modèles dynamiques qui expriment les modifications de la membrane au cours de ses différentes activités : les schémas représentent le plus souvent des compartiments séparés en rapport avec une fonction donnée. D'autre part la membrane cytoplasmique est un artisan essentiel de l'individualité biologique par son action sur les antigènes.

L'explication cellulaire des fonctions biologiques prend une forme nouvelle. Au cours des périodes précédentes on avait soit défini des phénomènes biologiques comme la fécondation, la croissance au niveau cellulaire, soit attribué des fonctions comme la respiration à la cellule sans les expliquer de façon effective, c'est-à-dire sans les ramener à des déterminismes relatifs aux constituants cellulaires. Les techniques développées depuis 1940 ont permis de réduire un certain nombre de manifestations des fonctions vitales aux propriétés de systèmes définis. Nous nous limiterons à la découverte du rôle des acides nucléiques dans la biosynthèse des protéines et les mécanismes de l'hérédité. Une évolution préalable des idées a été nécessaire sur deux points importants. D'une part il a fallu modifier la problématique de la génétique, centrer les recherches sur l'étude des mutations et non sur celle de l'hybridation. Ce changement de perspective a fait des bactéries un matériel de choix pour les recherches en génétique ; l'effet d'une mutation est directement observable si l'on adapte le schéma un peu simpliste mais fécond "un gène détermine une enzyme" ; de plus le généticien peut opérer en peu de temps sur des populations énormes. D'autres part il fallait trouver une molécule ou une association de molécules suffisamment complexe pour porter l'information génétique et capable d'autoreproduction. L'attention des généticiens avait été focalisée sur l'ADN en particulier à la suite de l'expérience d'Avery (1944) qui, reprenant une expérience ancienne de Griffith, réalisa la transformation d'une souche atténuée de Pneumocoques en une souche virulente par la simple addition de l'ADN provenant de cette dernière. La découverte de la structure de l'ADN caractérisée par le schéma de la double hélice permettant l'autoreproduction et la complexité de la molécule (Crick et Watson 1953) orienta définitivement les généticiens vers l'hypothèse que l'ADN était le support de l'information génétique. Depuis cette date les recherches se sont orientées vers 2 directions complémentaires ; détermination des différentes étapes de la biosynthèse des protéines et établissement du code génétique. Il n'y a pas lieu de résumer un enchaînement de découvertes décrits dans tous les livres de biologie ; nous ne retiendrons que quelques aspects ponctuels qui permettent de mieux comprendre l'évolution de la théorie cellulaire. Les découvertes ont été faites le plus souvent sur du matériel bactérien et par des procédures bio-chimiques. Les acides nucléiques ne sont pas seulement le support de l'information mais le robot qui assure l'assemblage des autres aminés ; ce deuxième aspect est moins bien connu car les procédures de schématisation occultent le problème. Les mécanismes sont identiques pour l'ensemble du monde vivant si bien qu'une expérience portant sur les gènes d'Eucaryotes peut utiliser des enzymes de restriction d'origine bactérienne pour des manipulations réalisées in vitro. Mais une schématisation rigide et dogmatique, en particulier dans la transposition des résultats aux Eucaryotes, masque certains problèmes. Pourquoi l'information génétique ne s'exprime-t-elle qu'à un moment donné, en un endroit donné ? Quel est le mécanisme de coordination des biosynthèses des protéines qui conduit à une organisation fonctionnelle et non à un amas de matière ? Une discipline en pleine extension, la génétique du développement tente de reprendre ces problèmes en situant les problèmes de l'embryologie causale au niveau cellulaire. De façon générale on est amené à compliquer le modèle de gène des Eucaryotes pour dépasser son caractère statique et rigide. Certains se demandent même si le code génétique fondé sur l'ADN est le seul utilisé dans le monde vivant.

Evolution du statut de la théorie cellulaire au cours de cette période

D'après ce qui précède l'apport massif de connaissances nouvelles a aussi entraîné un remodelage de la théorie que l'on peut caractériser à partir de 4 questions différentes :
1) La cellule est-elle un objet ou un modèle ? La cytologie permet-elle de découvrir un objet dont nous pouvons affirmer la réalité en affinant les données de la perception, en "écartant le rideau" qui nous empêchait de le voir ? Faut-il admettre au contraire que les cytologistes opèrent à la manière des physiciens lorsqu'ils construisent des modèles comme celui de l'atome ? Ces derniers sont des outils de la pensée qui expliquent le connu, permettent de faire des prévisions et des calculs ; ils sont constamment remaniés et abandonnés lorsqu'ils cessent d'être féconds. Cette question surprend non seulement l'homme de la rue pour qui la cellule est un objet attesté par les média mais aussi beaucoup de biologistes marqués par une forte tradition empiriste et pour qui les définitions scientifiques désignent nécessairement des choses. Chez les étudiants, les représentations de la cellule sont souvent restées sur ce plan ; on a souvent montré que la conception réaliste de la cellule-panoplie n'était pas opérationnelle parce qu'elle contribuait au cloisonnement disciplinaire au lieu d'être un instrument de synthèse.

Les manuels ne répondent pas à cette question mais l'iconographie semble traduire une évolution des idées. Les traités du début du siècle étaient illustrés surtout par des dessins d'après nature très précis. Au contraire, un traité récent comme celui de A.L. Gallien [1] ne comporte pratiquement que des schémas symboliques qui sont en général des reconstitutions à partir de données provenant de techniques différentes ; de plus ils ne représentent souvent qu'un compartiment ou qu'un système cellulaire en rapport avec une seule fonction (cycle d'endocytose, biosynthèse des protéines). Faut-il en tirer la conclusion suivante : le développement de la biologie moléculaire a entraîné une rupture dans l'histoire de la théorie cellulaire ; elle marquerait le passage d'une conception réaliste de la cellule-objet à la conception nominaliste d'un modèle cellulaire servant de support à l'explication ? Dans ce dernier cas le niveau d'intégration cellulaire ne représente pas une émergence fondamentale mais un système commode pour étudier les échanges de matière, les flux d'énergie et le traitement de l'information.

En fait, la cellule n'est pas une simple construction de l'esprit

---

1 Gallien *Biologie cellulaire* opus cité.

comme la notion d'énergie en physique. Certes, il est nécessaire de rompre avec le réalisme naïf qui tend à se fonder sur des cas particuliers et des artéfacts, qui fige les systèmes dynamiques en formes statiques. Mais il ne faut pas oublier la question fondamentale sur laquelle repose la théorie cellulaire : caractériser un système complexe ayant une organisation spatiale et dont le fonctionnement explique toutes les manifestations du vivant. La biologie se développe en construisant progressivement par approximations successives l'objet qu'elle postule sans le connaître au départ. La connaissance progresse par l'alternance de démarches réalistes fondées sur l'observation et de procédures que l'on peut rattacher au raisonnement sur les modèles. On cerne de plus en plus un réel qui nous déroute car il est le produit d'une très longue histoire que nous ignorons en grande partie.

2) Quel rapport y a-t-il entre les différents niveaux d'intégration qui caractérisent le vivant : cellule et organisme ? (le cas de l'écosystème ne sera pas envisagé). A plusieurs reprises, nous avons signalé l'affrontement des deux points de vue opposés : pour certains l'organisme est une république de cellules autonomes et coordonnées ; pour d'autres l'organisme représente une unité fondamentale, unité qui peut éventuellement se subdiviser en cellules, celles-ci étant de formations subordonnées. Le deuxième point de vue est exprimé sous une forme moins extrême par la théorie de l'emboîtement des niveaux d'intégration : l'émergence des caractères spécifiques de l'organisme résulterait du mode de différenciation et d'association des cellules ; celles-ci ne seraient que des briques avec lesquelles on peut construire des cathédrales ou des cages à poules.

Pourquoi se poser cette question ? Les chercheurs ne se préoccupent guère des rapports entre les différents niveaux d'intégration et choisissent celui qui convient le mieux à leur type de recherche. Mais la coexistence pacifique entre les deux points de vue n'est pas une solution satisfaisante. D'une part, ils peuvent devenir conflictuels lorsqu'il s'agit de répartir des crédits ou d'autres moyens ; par exemple, dans le domaine des recherches relatives aux hormones ou aux régulations nerveuses faut-il favoriser celles qui portent sur la physiologie cellulaire ou celles qui s'appuient sur la physiologie de l'organisme ? D'autre part, la référence à un seul type d'organisation empêche de prendre la distance critique qui permet l'invention : par exemple seul le point de vue cellulaire permet de donner une définition générale de la fécondation mais il tend à masquer l'extraordinaire diversité des phénomènes qui permettent sa réalisation effective.

Le problème de la subordination des niveaux d'intégration semble être un problème mal posé. Au cours du développement individuel comme au cours du développement des espèces, l'être vivant se définit d'abord par la cellule-individu. Chez les Eucaryotes seulement, cellule et organisme sont distincts mais en interaction : toute fonction générale des êtres vivants manifeste les propriétés de l'organisation des cellules ; inversement l'activité cellulaire ne se comprend que par référence à l'organisme. Pour définir les rapports entre concepts il ne faut pas se référer à la subordination mais à la bifurcation telle qu'elle est définie par R. Tom : le concept de cellule organisme engendre simultanément ceux de cellule et d'organisme. Le vrai problème est celui du développement ; pendant les périodes précédentes, on a cherché en vain comment des cellules issues de divisions en apparence équationnelles pouvaient se différencier pour donner des ensembles cohérents ; la découverte de la régulation ou de la reconstitution d'un organisme à partir d'une cellule en culture a encore compliqué la recherche d'une solution. Actuellement, on dispose de quelques informations sur la génétique des programmes de développement même si les biologistes sont encore incapables de savoir comment l'organisme se construit à partir de la cellule-œuf (F. Jacob) [1].

De même la diversité des formes vivantes s'explique par interaction cellule-organisme. La structure de l'ADN fait de chaque individu un être unique sauf s'il est issu d'un clonage ; mais les facteurs qui orientent la diversification - sélection naturelle, hybridation ... - opèrent au niveau des individus dans le cadre de l'écosystème.

3) La théorie cellulaire se situe-t-elle dans le courant réductionniste ou actualise-t-elle un point de vue intégrationniste ? Il ne s'agit pas d'analyser le rôle des représentations philosophiques dans la découverte individuelle des savants, de déterminer par exemple si les conceptions mécanistes de Monod ou de Changeux ont orienté leur travail scientifique, mais de préciser le statut épistémologique de la théorie, d'expliciter les postulats qui sous-tendent les formulations et les problématiques.

La biologie moléculaire a renforcé le courant réductionniste de manière importante : elle réalise in vitro des activités bio-chimiques de plus en plus complexes, elle construit des modèles physiques qui permettent des prévisions exactes, elle donne un pouvoir considérable à l'homme, en particulier celui de modifier le patrimoine héréditaire. Nous sommes loin des modèles purement analogiques du siècle dernier ou des systèmes spéculatifs non réfutables par l'expérience. La théorie cellulaire intègre tous ces aspects, elle est mécaniste si on la réduit à un simple corpus conceptuel. Mais elle présente un aspect dynamique qui la rattache au courant intégrationniste tel que le définit F. Jacob. Tant que le vivant sera un donné que

---

1 F. Jacob opus cité p. 14-15 et p. 321.

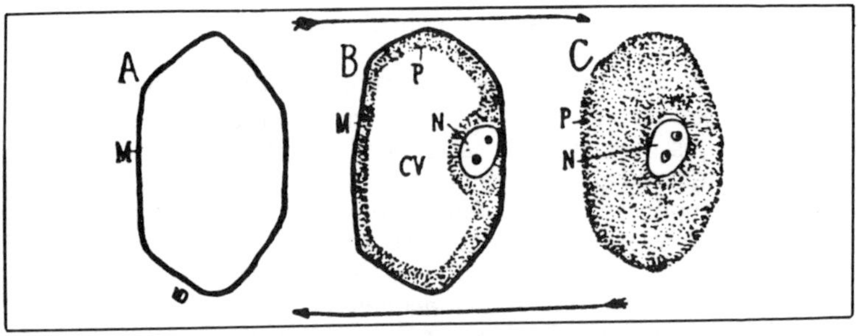

Schéma de la cellule. En allant de gauche à droite (flèche supérieure) on a successivement les trois stades historiques de la cellule : A. Cellule selon Malpighi. - B. Cellule selon Schwann. - C. Cellule selon M. Schultze. - En allant de droite à gauche (flèche inférieure), on a les trois stades évolutifs de la cellule : C. Cellule jeune formée d'une masse de protoplasma sans enveloppe. - B. Cellule avec une enveloppe (membrane cellulaire) et un contenu liquide. - A. Squelette de cellule végétale morte, réduite à sa membrane cellulaire.
M. Membrane cellulaire. - N. Noyau. - P. Protoplasma (utricule primordial). - CV. Cavité cellulaire. — (D'après M. Duval, Précis d'histologie, *1897.)*

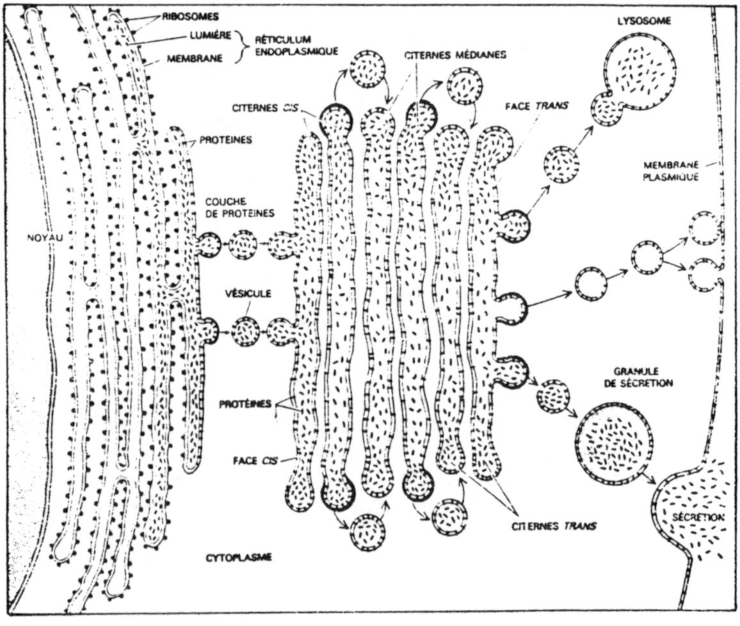

*Appareil de Golgi (Schéma fonctionnel) (*Pour la Science, *novembre 85).*

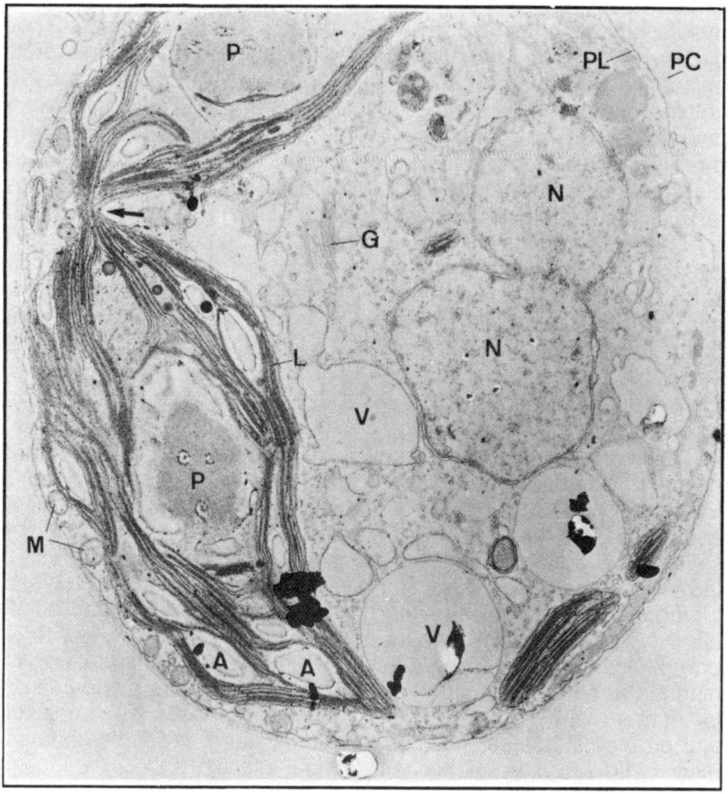

Cellule vue au microscope électronique (F. Lints, Génétique, *OILB et Technique et Documentation-Lavoisier, 1981).*

Fig. 15-17: *Evolution de l'illustration des manuels entre 1900 et 1980.*
Observations : *Vers 1900, le schéma représente une simple généralisation des dessins d'après nature. En 1980, le schéma synthétise des données obtenues par des techniques différentes (p. ex. le microscope électronique). Il est avant tout symbolique : délimitation des compartiments, disposition des macromolécules. D'ailleurs, la photographie accompagnée de légendes remplace presque complètement le dessin d'après nature.*

l'homme ne peut pas fabriquer il sera nécessaire de partir des manifestations globales de la vie, de leur finalité apparente pour découvrir des champs conceptuels nouveaux et pour les interpréter en termes de biologie cellulaire ; au cours des dernières décades cette évolution a été réalisée pour la génétique, l'immunologie, la neurologie. Chaque étape enrichit la théorie d'éléments imprévisibles. Une théorie physique se développe au contraire à l'intérieur d'un champ clos, d'une problématique homogène jusqu'à une révolution scientifique et l'ensemble des éléments peut être regroupé en un modèle déductif unique. Comme à l'époque de Schwann la biologie cellulaire est le lieu de rencontre entre deux points de vue complémentaires qui tendent a s'affronter lorsqu'ils deviennent impérialistes. L'opposition de point de vue se manifeste de façon très concrète par les différences de problématique et de méthode qui séparent la biologie de terrain et celle de laboratoire. Malheureusement la littérature nous livre surtout des réflexions polémiques sans approndissement épistémologique suffisant.
4) La théorie a-t-elle surtout une fonction pédagogique pour transmettre une certaine organisation du savoir ou est-elle d'abord un instrument prospectif destiné à orienter et stimuler la recherche ? Au cours des périodes précédentes la théorie a perdu progressivement sa fonction anticipatrice pour devenir un outil didactique. Elle a largement contribué à transformer l'histoire naturelle en science biologique par les possibilités d'explication et de synthèse qu'elle offrait. Cet aspect est toujours aussi important : il suffit de lire les programmes et les manuels de tous les niveaux ou de se référer aux média. Par contre la fonction prospective de la théorie n'apparaît pas toujours à première vue dans des articles relatant des recherches car leur problématique se situe souvent au niveau d'un simple compartiment cellulaire. Cependant une lecture attentive fait apparaître de multiples références implicites à la cellule par exemple lorsqu'il s'agit d'inventer des systèmes simplifiés à partir d'éléments hétéroclites d'origines très diverses ou de prendre en compte la régulation des transferts et des flux indispensable au maintien de la vie.

Le vrai problème concerne à la fois la fonction didactique et la fonction prospective de la théorie : comment éviter la dérive dogmative du savoir, la régression du concept scientifique en stéréotypes verbaux et iconiques inopérants ? Des recherches en didactique qu'il n'y a pas lieu d'évoquer ici montrent que ce processus est en train de se reproduire de nos jours. Il ne concerne pas seulement l'homme de la rue mais aussi la communauté scientifique ; nous avons eu l'occasion de montrer à quel degré les chercheurs étaient marqués par la formation reçue et le climat intellectuel de leur milieu. Le danger est aggravé de nos jours par deux données nouvelles. L'évolution rapide des connaissances pertube la transposition didactique qui conduit au savoir enseigné ; la bibliographie de certains traités se limite parfois aux deux dernières décades et ne mentionne plus les paradigmes qui conduisent à la construction d'un savoir scolaire cohérent. De plus la notion de cellule est enseignée de plus en plus tôt sous une forme qui ne permet pas de réinvestir les connaissances dans des pratiques concrètes pour expliquer leur signification et leur champ de validité : au lieu de mettre en question les obstacles induits par les représentations sociales, l'enseignement tend à les consolider. Il semble possible de pallier en partie à ces difficultés en abordant certains aspects de la théorie cellulaire dans une perspective historique. Elle permet de s'appuyer sur des observations ou des expériences accessibles aux élèves, de situer leur interprétation en fonction d'une problématique et d'un corpus scientifique caractéristiques de l'époque et d'expliciter le changement de statut de ces données dans le contexte de la science d'aujourd'hui.

Pour en savoir plus

Canguilhem G., *Connaissance de la vie,* Vrin Paris, 1980. Chapitre "La théorie cellulaire" 1946.

Galien Cl.-L., *Biologie cellulaire,* PUF, Paris 1983.

Guyenot E., *Les sciences de la vie au 17è et 18è siècle,* Albin Michel, Paris 1941.

Hughes A., *A History of Cytology,* Abelard-Schuman, London 1959.

Jacob F., *La logique du vivant,* NRF, Paris 1970.

Klein M., *Sur les débuts de la théorie cellulaire en France,* Thalès, tome 6, PUF, Paris 1951.

Klein M., *Regards d'un biologiste,* Hermann, Paris "A la recherche de l'unité élémentaire des organismes vivants : Histoire de la théorie cellulaire". Conférence du Palais de la Découverte, 1959.

de Kruif P., *La guerre contre les microbes,* Marabout Université (texte original de 1923), 1953.

Radl E., *History of Biological Theories,* New-York, Hatfield, Oxford 1946.

Singer C., *Histoire de la biologie,* Payot, Paris 1934.

Quelques points de repères

Leeuwenhoeck (1632-1723) - *Opera omnia,* 4 vol., Leyde 1715-1719.

Hooke (1635-1703) - *Micrographia,* 1667.

Dutrochet (1776-1847) - *Mémoires pour servir à l'histoire anatomique et physiologique des végétaux et des animaux,* 1837.

Schleiden (1804-1881) - *Beiträge zur Phytogenesis* (trad. Franç. in *Ann. J. Nat. Bot,* 11, 1839, p. 242-252, 363-370).

Schwann (1810-1882) - *Mikroscopische Untersuchungen,* Berlin 1839.

Virchov (1821-1902) - *Pathologie cellulaire,* 1859.

Hertwig (1849-1922) - *Traité d'embryologie,* 1900 (trad. franç.).

Delage (1854-1920) - *L'hérédité et ses grands problèmes de la biologie générale,* Paris 1903 (2ème éd.).

2

Le concept de fécondation

Le concept de fécondation n'a que 100 ans, et encore !

Aujourd'hui, les mécanismes de la production sexuée sont dans leurs grandes lignes bien établis : on sait que tout être vivant (plante ou animal) provient d'un oeuf. Celui-ci est le produit de deux éléments reproducteurs : le spermatozoïde fourni par le père et l'ovule par la mère, chacun apportant une moitié équivalente d'informations génétiques. La fécondation qui constitue le phénomène central de cette fabrication est devenue un fait d'observation bien établi, on peut même dire une évidence.

Pourtant, les grandes lignes de cette évidence n'ont été acquises [1] que depuis un siècle ; autour de l'année 1885, quand Hertwig proposa une nouvelle "théorie" de la fécondation, et qu'un certain consensus se fit dans le monde scientifique pour l'admettre, du moins dans ses grandes lignes.

Pour en arriver à ce niveau de formulation - car ce concept évoluera encore très largement - il fallut une suite de travaux multiples

---

1 L'idée d'information génétique, par exemple, aujourd'hui introduite dans le concept a moins de 40 ans. Pour Hertwig "des substances nucléaires" peu précisées transmettent "les caractères héréditaires". Hertwig proposait encore dans ses premiers textes, une hypothèse très vague sur le noyau: "...Il en découle que le noyau, que jusqu'ici on devait décrire comme un organe constant mais énigmatique et d'importance inconnue, joue un rôle prépondérant dans la vie des cellules. Il semble être dans la cellule l'organe propre de la fécondation et de l'hérédité et renferme une substance (idioplasme de Nageli), plutôt soustraite aux phénomènes de nutrition de la cellule".

et variés, suscités par d'innombrables constructions conceptuelles proches entre elles comme celles de Van Beneden, Strasburger et Auerbach qui se déroulèrent dans les années 1870 -1880.

Mais il a fallu d'abord dépasser de grands obstacles épistémologiques. En effet, on connaît le spermatozoïde depuis la fin du XVIIe siècle avec Louis de Hamm, Van Leeuwenhoek et Swammerdam qui en revendiquent chacun la découverte. De même, des chercheurs se sont faits une certaine idée de l'ovule depuis cette même période [1]. Or, on a mis deux siècles pour expliquer leur rôle complémentaire.

Pourtant, à la lecture des textes du XVIIIe siècle, on ne peut pas dire que ce thème n'ait pas hanté les esprits. Seulement pour cette période, J. Roger [2] a recensé 535 articles sur le sujet, nous mêmes [3], dans un travail sur le XIXe siècle, avons trouvé 37 travaux sur la rencontre spermatozoïde-ovule entre 1820 et 1850 d'une part, et 77 études sur l'interaction de ces deux éléments entre 1870 - 1880, d'autre part.

En fait, ce thème est au centre de toutes les discussions. Durant trois siècles, des tentatives diverses eurent lieu pour essayer de saisir le principe de la naissance des êtres vivants ! De multiples idées furent ainsi écrites sur le sujet. Mais, quel gachis, quel imbroglio ! Du moins, aux lumières du recul que nous permet l'histoire, et à travers... la grille actuelle que nous maîtrisons de ce savoir. Que de fausses pistes, de luttes, de querelles, de controverses obscures et d'objections implicites !

> *"Conception :. Par le coit il y a frottement accompagné de contraction convulsive dans toutes les parties qui environnent le vagin ; gonflement du clitoris, des nimphes, du plexus, des lèvres, puis émission, mais non toujours, ni dans toutes les femmes, d'une liqueur muqueuse, et gluante, qui vient de différentes sources : Voilà pour l'extérieur, au dedans, trompes se gonflent, rougissent, se roidissent : le morceau déchiré s'élève, et s'adapte à l'ovaire.*
> *Si après le coit la femme éprouve une espèce de grouillement, qui ressemble assez à de la colique, pour qu'elle s'y méprenne, et si ce mouvement est accompagné d'un peu de chaleur aux parties naturelles, elle se trompera rarement, lorsqu'elle se croira grosse (l'observation a été faite plusieurs fois par un habile médecin). Elle peut être grosse sans avoir éprouvé ces deux symptômes : frémissement le long de la trompe, et espèce d'évanouissement.*

---

1 Voir dans l'introduction (Volume 1), la question de l'ovule.

2 J. Roger : *Les Sciences de la vie dans la pensée française du XVIIIe siècle.*

3 A. Giordan, J. Pochon, V. Host : Contribution à l'histoire du concept de fécondation au XIXe siècle *Cahiers d'histoire des Sciences* CNRS n° 10, Paris 1984.

Soranus à l'exemple d'Hypocrate reconnaissait si une femme était stérile ou féconde. Leur secret consistait à lui mettre dans le vagin, le soir, lorsqu'elle se couche, une gousse d'ail pelée, et enveloppée de laine. Si le matin en s'éveillant elle a dans la bouche l'odeur de cet aromate, il la tient pour habile à concevoir.
Selon le même médecin, un signe très certain, et point trompeur que la femme est enceinte d'un garçon, c'est lorsque le pouls du bras droit est plus fréquent, plus fort, plus grand, que celui du bras gauche, et réciproquement que la femme porte une fille quand le pouls gauche réunit ces qualités." (Diderot Encyclopédie*).*

Néanmoins au travers de ce cheminement chaotique, des modélisations successives furent produites et dépassées, qui rendirent possible l'étape actuelle.

Il était alors très intéressant, d'un point de vue épistémologique, de s'interroger sur l'histoire de cet acquis culturel pour en percevoir, d'une part, les formulations successives, les problèmes posés et les solutions apportées, d'autre part les ressorts et les obstacles qui ont favorisé ou inhibé cette évolution. C'est d'ailleurs la structure que nous retiendrons pour développer ce chapitre.

Les épigénistes

Aussi loin que l'on puisse remonter dans le temps, on peut schématiquement distinguer deux grands courants d'idées fonctionnant en parallèle.

Pour le premier, les deux parents interviennent conjointement dans cette *fabrication*, chacun apportant une semence particulière dont le mélange produit l'enfant : on les appelle habituellement les épigénistes.

Pour le second, un seul parent fournit le *principe* essentiel de la génération ; ce dernier existe le plus souvent en préalable à la fécondation, d'où le nom de préformiste. Ce dernier mouvement, à son tour, peut être divisé en 2 composantes : les ovistes qui supposent que l'enfant est déjà préformé dans l'ovule, et les animalculistes, qui au contraire pensent que ce dernier est préexistant dans le spermatozoïde qu'on appelait alors *animalcule*. De là, d'interminables controverses naquirent entre épigénistes et préformistes et même entre ovistes et animalculistes. Ces conflits ne furent pas inutiles. Au contraire, de part et d'autre, ils obligèrent à mettre en avant des arguments, à clarifier les problèmes, et surtout à produire de nouvelles structurations pour dépasser ces contradictions. Mais voyons schématiquement ces différentes idées, les éléments successifs du débat, et l'évolution des concepts qui en a résulté.

Les théories épigénistes - car, on va le voir, elles sont très diverses - font intervenir deux *semences* provenant des deux parents, d'où le nom souvent aussi donné de théories de la *double semence.* Maupertuis par exemple, les décrit ainsi :

> *"Les Anciens croyèrent que le fœtus était formé du mélange des liqueurs que chacun des sexes répand. La liqueur séminale du mâle, dardée jusque dans la matrice, s'y mêlait avec la liqueur séminale de la femelle, et d'après ce mélange, les Anciens ne trouvaient plus de difficultés à comprendre comment il en résultait un animal. Tout était opéré par une faculté génératrice"* [1].

Mais quelles sont ces idées dans le détail ? En particulier quelles sont ces semences qui interviennent et quels rôles jouent-elles dans la réalisation de l'enfant ?

Empédocle d'Agrigente, par exemple, croit que la femme sécrète une semence comme le mâle [2]. La fonction génératrice appartient ainsi aux deux parents, mais certaines parties du fœtus, les parties nobles, l'esprit, dérivent du sperme paternel, les autres, les poils, les chairs et l'aspect, de la semence maternelle. De même, Démocrite pense que les femmes élaborent, comme les hommes, une semence dans des organes spéciaux comparables aux testicules, l'enfant ressemble à celui qui en fournit le plus, ou qui a une semence plus efficace. Pour Hippocrate, les deux sexes produisent également une substance qui est élaborée dans toutes les parties du corps, spécialement dans la tête d'où elle gagne les reins, en descendant par le mœlle épinière. Les deux semences se mêlent dans la matrice et s'épaississent sous l'influence de la chaleur du corps de la mère, recevant ainsi l'esprit de cette chaleur et permettant le développement de l'enfant en donnant vie au mélange [3].

Aristote, dans une certaine mesure partage cette conception [4] :

> *"Preuve par les faits. — Ainsi donc nous avons dit que, comme le sperme, le flux menstruel est un résidu. Pour le prouver, on*

---

1 Maupertuis : *La Vénus Physique*, Aubier, Paris 1980 (rééd.).

2 La semence femelle semble être pour lui, ce qu'on appelle aujourd'hui les sécrétions vaginales.

3 Source P. Manuli.

4 Aristote. *De la génération des animaux.* Les Belles lettres (trad. P. Louis), Paris 1961.

pourrait citer certains faits relatifs aux animaux. Les gras ont moins de sperme que les maigres, nous l'avons dit plus haut. La raison c'est que la graisse est un résidu comme le sperme, c'est du sang dont la coction est achevée, mais sa formation n'est pas la même que celle du sperme. Il est rationnel, dans ces conditions, que si la sécrétion passe à produire la graisse, le liquide séminal soit moins abondant, comme on le voit chez les non sanguins par les céphalopodes et les crustacés : c'est à l'époque de la reproduction qu'ils sont les meilleurs. Car du fait qu'ils n'ont pas de sang et qu'ils ne produisent pas de graisse, l'analogue de la graisse est sécrétée chez eux sous forme de résidu spermatique.
Ce qui indique aussi que la femelle n'éme' pas de sperme comme le mâle et que le produit n'est pas formé du mélange des deux comme certains l'affirment, c'est que souvent la femelle conçoit sans avoir éprouvé du plaisir pendant le coït : et quand, au contraire, son plaisir n'a pas été moindre, et que mâle et femelle ont marché du même pas, il n'y a pas génération si l'écoulement de ce qu'on appelle les menstrues ne se produit pas convenablement. Voilà pourquoi la femelle ne conçoit pas en l'absence complète des règles, ni d'ordinaire pendant les règles quand l'écoulement continue, mais après les règles. Car dans le premier cas, la force qui vient du mâle et réside dans le sperme n'a pas la nourriture ni la matière pour pouvoir former l'être vivant, dans le second elle est entraînée par le flux."

Toutefois, la part des deux sexes lui paraît très inégale. Comme l'indique le texte ci-dessous, le mâle avec sa semence apporte ainsi la *cause efficiente*, le principe du mouvement qui engendre la forme comme un artiste modèle la matière par le travail de ses mains, la contribution de la femme est représentée par ses règles qui ne s'écoulent plus pendant la grossesse et restent dans la matrice pour fournir la matière première à l'embryon.

"Ainsi donc chez les êtres vivants où la femelle et le mâle ne sont pas distincts, la semence est une espèce d'embryon. J'appelle embryon le premier mélange d'une femelle et d'un mâle. Et c'est d'ailleurs pourquoi d'une seule semence naît un seul corps, par exemple d'une seule graine une seule tige, comme d'un seul œuf un seul animal : car les œufs à deux jaunes sont deux œufs. Au contraire dans les espèces où la femelle et le mâle sont distincts, il est possible que d'une seule semence naissent plusieurs animaux, ce qui suppose une différence de nature entre la semence des végétaux et celle des animaux. La preuve en est que d'un seul coït naissent plusieurs produits dans les espèces qui peuvent mettre au monde plus d'un petit. D'où il est clair aussi que la semence ne vient pas de tout le corps. Car d'une part les éléments détachés de la même partie du corps n'auraient pas tout de suite une existence séparée, d'autre part, s'ils entraient ensemble dans l'utérus, ils ne pourraient pas s'y séparer. Mais tout se passe comme il est rationnel, puisque le mâle fournit la forme et le principe du mouvement, la femelle le corps et la matière. C'est comme dans la coagulation du lait : le lait est un corps, et le suc de figuier ou la présure fournit le principe

coagulant ; ce qui vient du mâle produit la même action, en se morcelant dans la femelle. La raison pour laquelle le partage se fait tantôt en beaucoup de parcelles, tantôt en un petit nombre tantôt ne se fait pas, sera donnée ultérieurement. Mais comme ce sperme ne présente aucune différence spécifique il lui suffit, pour engendrer plusieurs produits, de convenir à la matière où il se divise, c'est-à-dire de ne pas être en trop petite quantité pour pouvoir en opérer la coction et la coagulation, ni trop abondant au point de la dessécher. Si au contraire ce principe coagulant conserve son unité il n'en sort qu'un produit unique."

Cette idée de la double semence se retrouve également chez Epicure et chez Lucrèce. Elle prend une forme plus élaborée avec Galien. Disséquant des singes, Galien trouve des glandes génitales. Il les appelle "testicules femelles" ou "*didymes*" et imagine alors qu'ils sécrètent, comme les testicules, une semence qui, s'écoulant par les canaux de la matrice [1], se mêle à la semence produite par le mâle lors de l'accouplement. Cependant, pour Galien, la semence femelle serait "*moins chaude, plus humide*" que la semence mâle, elle joue ainsi un moindre rôle dans la fonction du fœtus.

Ce sont ces idées que l'on retrouve chez la plupart des philosophes ou médecins du XVIe siècle, comme Ambroise Paré, Bacon, Van Helmont. Van Helmont par exemple, conçoit encore un modèle où la femelle fournit la matière et le mâle, l'esprit qui l'anime. De même, pour Descartes [2], la semence des animaux

"*étant fort fluide et produite ordinairement par la conjonction des deux sexes, semble n'être qu'un mélange confus des deux liqueurs, qui servent le levain l'une à l'autre, se réchauffant en sorte que quelques-unes de leurs particules, acquérant la même agitation que le feu, se dilatent, et pressent les autres, et par ce moyen les disposent peu à peu en la façon qui est requise pour former les membres*". Il ajoute (d'ailleurs), "*ces deux liqueurs n'ont point besoin pour cela d'être fort diverses, car comme on voit que la vieille pâte peut faire enfler la nouvelle et que l'écume que jette la bière suffit pour servir de levain à d'autre bière, ainsi il est aisé de croire que les semences des deux sexes se mêlant ensemble servent de levain l'une à l'autre*".

---

1 Galien prétend avoir vu "une femme rendre avec plaisir une humeur épaisse par l'irritation des parties génitales". Par la suite, Avicenne décrit des pollutions nocturnes féminines.

2 R. Descartes, *Les traités de l'Homme et de la fécondation du fœtus* (mis à jour après sa mort par Clerselier), Amsterdam, 1680.

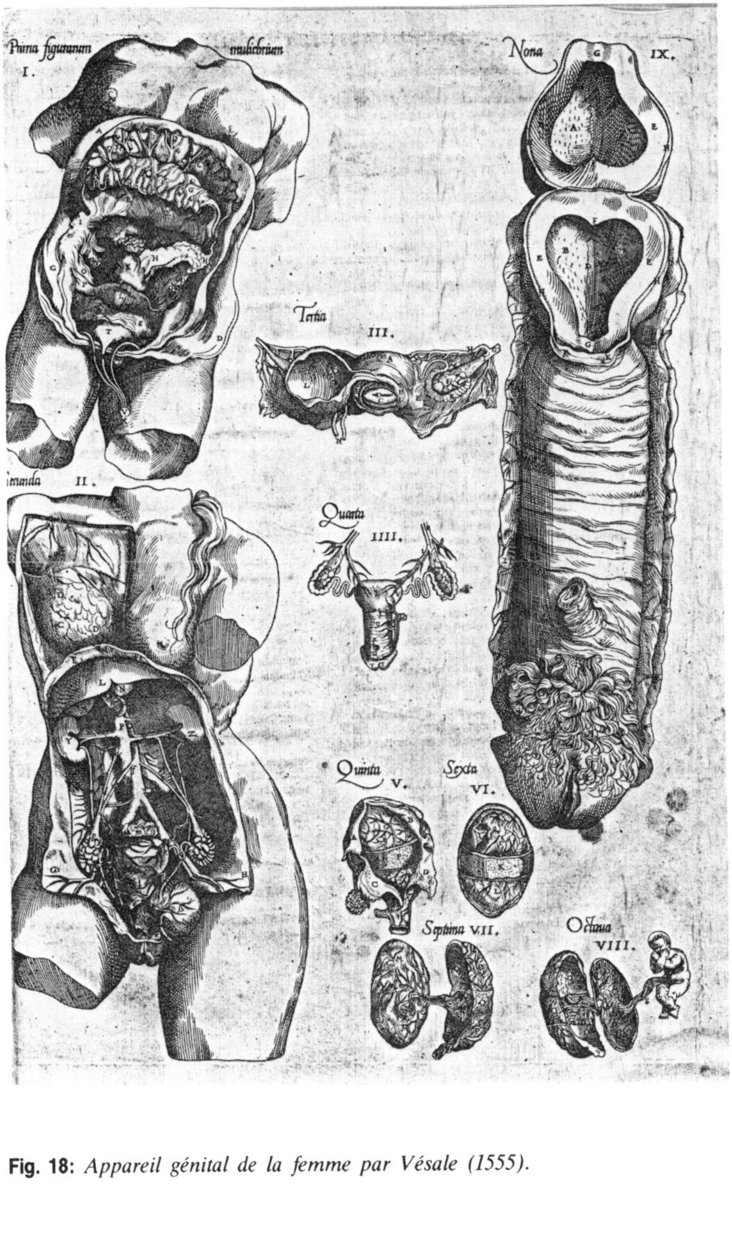

Fig. 18: *Appareil génital de la femme par Vésale (1555).*

Toutefois, le premier qui réaborde cette question par l'angle de l'observation fut le médecin anglais Harvey. Après s'être appliqué à l'étude du développement de l'œuf de poule, il entreprend de "*percer le mystère de la génération*" des animaux vivipares.

Pour lui, tous les animaux dérivent d'un "œuf", car, reprenant presque à la lettre les idées d'Aristote, il définit l'œuf comme une ébauche première "dont la partie principale constitue l'animal et dont le reste forme l'aliment dont il s'engendre" et il ajoute aussitôt :

> "*La chose est reconnue et évidente que tous les fœtus, même ceux de l'homme; sont issus d'une conception, c'est-à-dire de quelque ébauche première... Ce qui dans la génération spontanée est appelé primordium, dans les plantes graine (semen) et dans les ovipares œuf (ovum)..., est représenté dans la génération des vivipares par la conception première (conceptus primus)*" [1].

Ainsi, Harvey suppose que les êtres vivants ne sont pas issus de rien, qu'il y a toujours quelque substance matérielle, matière inorganique en putréfaction, œuf ou utérus, aux dépens duquel se forme l'embryon. Toutefois cette conception ne sous-entend nullement que l'œuf est nécessairement une partie provenant d'un organisme maternel, ou est produit dans un ovaire.

Pour démontrer cette idée, Harvey s'efforce de saisir les premiers stades du développement, et pour cela il se donne pour tâche quotidienne de disséquer daines et biches du parc royal, aussi bien "à l'époque où les femelles sont en rut et reçoivent le mâle" que lorsqu'elles "conçoivent et portent les jeunes fœtus dans l'utérus".

Comme premier résultat de ses observations, Harvey conclut que les ovaires, que l'on appelait toujours *testicules*, ne jouent aucun rôle dans la reproduction. Il ne les a vus "ni se gonfler, ni changer d'aspect, soit avant l'accouplement, soit après..." Il n'y a donc aucun indice, ajoute-t-il, "qu'ils soient d'une utilité quelconque, soit pour le rapprochement des sexes, soit pour la génération". De plus, si

---

1 Le *conceptus primus* est pour Harvey une sorte de sac ou de besace qui, "se remplit d'une substance aqueuse, gluante, ressemblant à du blanc d'œuf", et il ajoute : "Puisque ce conceptus possède la matière et la constitution de l'œuf, puisqu'il répond à la définition de l'œuf donnée par Aristote, puisqu'il se montre le primordium du futur fœtus, pour toutes ces raisons, je l'appelle l'œuf de ces animaux". En réalité, il s'agit d'une embryogénèse en cours : le soi-disant œuf est formé par le chorion et le sac amniotique, dans lequel se trouve un fœtus.

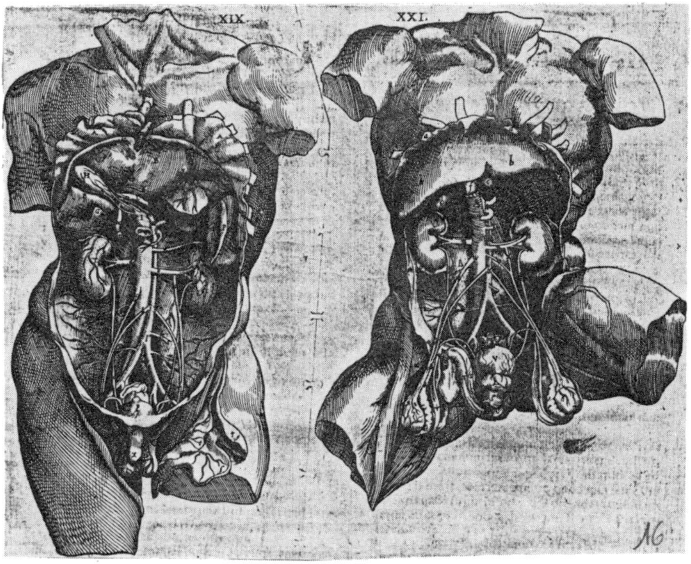

Fig. 19: *Dissection de l'appareil urogénital masculin par Vésale (1555).*

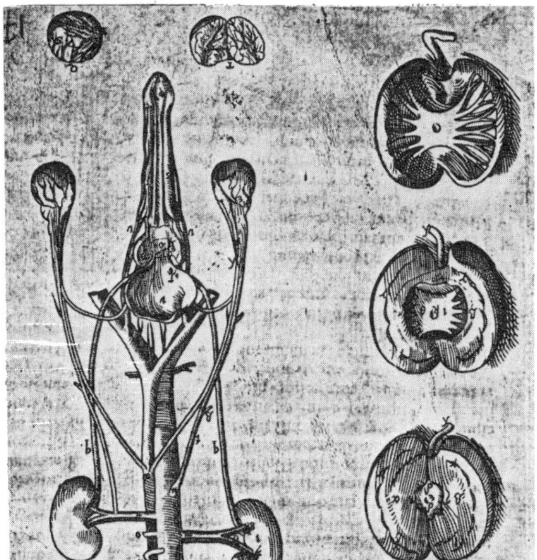

Fig. 20: *Appareil urogénital mascu-. lin par Vésale (1555).*

Harvey [1] méconnaît complètement l'importance des ovaires, ses idées sur la fécondation ne furent pas plus heureuses. Jamais il ne réussit à apercevoir trace de matière sexuelle mâle dans l'utérus, où selon lui le "sperme ne pénètre pas".

Pour lui, la fécondation s'opère par une imprégnation de tout le corps de la femelle, comme une sorte de contagion, "de même que l'aimant communique au fer sa vertu magnétique, c'est le corps tout entier de la femme qui est fécondé". Toutefois, seule la matrice peut faire la conception, et il ajoute pour compléter son analogie que de même que les idées conçues uniquement par le cerveau ressemblent aux objets extérieurs, le fœtus, qui est l'idée de la matrice, ressemble à son père.

Ce sont des idées assez proches dans leur point central, "le mélange de deux semences", que développeront au XVIIIe siècle un théoricien brillant, Buffon [2] et un esprit original, Maupertuis. Pour le premier, les animaux s'accroissent par l'adjonction de particules universellement répandues dans la nature, "les molécules organiques". Sous l'influence d'une "force pénétrante", elles s'introduisent dans les "moules intérieurs" que constitue chaque partie du corps (qui n'admet que les molécules qui lui correspondent). Lorsque le développement est achevé, les molécules en surplus, venant de chaque organe, sont envoyées dans les testicules et les vésicules séminales des mâles, dans les "testicules" des femelles, où elles se rassemblent et constituent les semences respectives. Celles-ci contiennent donc la somme des molécules différentes, transformées à l'image des parties qui les ont élaborées, ébauches en quelque sorte de tous les organes du corps.

L'origine de la semence mâle ne pose pas de problème ; celle des femelles, pour Buffon, sort de l'ovaire appelé, significativement, testicule : c'est une humeur sembable à celle d'un œuf qui "est éjaculée dans l'acte vénérien" pour se mélanger ensuite à la semence du mâle, et le développement résulte simplement des actions spécifiques des diverses sortes de molécules.

Dans ce modèle, la présence des *animalcules spermatiques* est

---

1 On considère souvent Harvey comme un oviste. Si l'on entend par là que la reproduction dépendait pour lui, plus de la mère que du père, l'affirmation est sensiblement exacte. Mais si l'on considère que l'idée essentielle de l'ovisme est la génération par des œufs formés dans un ovaire, les idées de Harvey n'ont aucun rapport avec celles des ovistes. G. Harvey *Exercitationes de generatione animalium*, Londres, 1651, Exercit. 62 (De generatione viviparum).

2 Buffon : *Les Animaux*, 1748.

reconnue dans les semences des mâles, mais leur rôle est, à la limite, secondaire. Pour Buffon, de même que dans les infusions végétales, "les molécules organiques s'assemblent pour former des animalcules, de même dans la semence humaine, elles se joignent pour donner les soi-disant vers spermatiques, qui ont des parties organisées mouvantes, existant aussi bien dans la semence mâle que femelle", et l'observation parut confirmer cette proposition.

> "*VINGT-SIXIEME EXPERIENCE. - Pendant que j'étais occupé à cette observation, l'on disséquait une chienne vivante, qui était en chaleur depuis quatre ou cinq jours, et que le mâle n'avait point approchée. On trouva aisément les testicules qui sont aux extrémités des cornes de la matrice ; ils étaient à peu près gros comme des avelines. Ayant examiné l'un de ces testicules, j'y trouvai un corps glanduleux, rouge, proéminent, et gros comme un pois ; ce corps glanduleux ressemblait parfaitement à un petit mamelon, et il y avait au dehors de ce corps glanduleux une fente très visible, qui était formée par deux lèvres, dont l'une avançait en dehors un peu plus que l'autre. Ayant entr'ouvert cette fente avec un stylet, nous en vimes dégoutter de la liqueur que nous recueillimes pour la porter au microscope, après avoir recommandé au chirurgien de remettre les testicules dans le corps de l'animal qui était encore vivant, afin de les tenir chaudement. J'examinai donc cette liqueur*

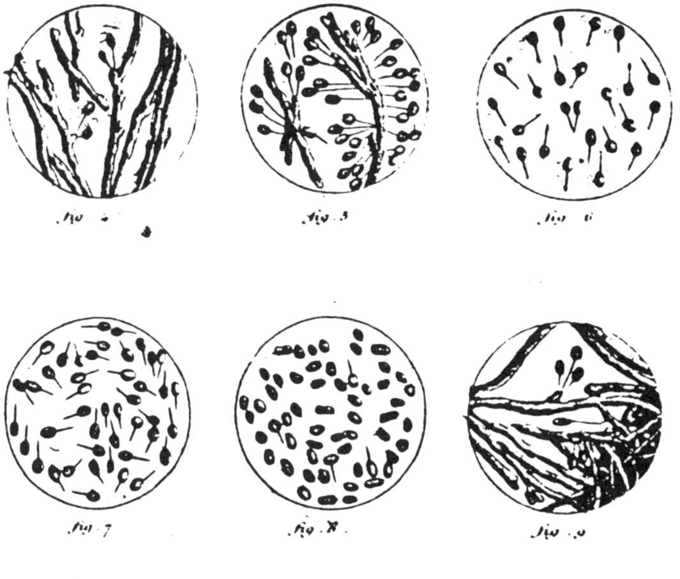

Fig. 21: *Molécules organiques dessinées par Buffon. (Les schémas 7 et 8 représentent des spermatozoïdes de l'homme et de la femme.)*

au microscope, et du premier coup d'œil j'eus la satisfaction d'y voir des corps mouvans avec des queues, qui étaient presque absolument semblables à ceux que je venais de voir dans la liqueur séminale du chien.

M.M. Needham et Daubenton, qui observerent après moi, furent si surpris de cette ressemblance, qu'ils ne pouvaient se persuader que ces animaux spermatiques ne fussent pas ceux du chien que nous venions d'observer ; ils crurent que j'avais oublié de changer le porte objet, et qu'il avait pu rester de la liqueur du chien, ou bien que le cure dent avec lequel nous avions ramassé plusieurs gouttes de cette liqueur de la chienne pouvait avoir servi auparavant à celle du chien. M. Needham prit donc lui-même un autre porte-objet, un autre cure-dent, et ayant été chercher de la liqueur dans la fente du corps glanduleux, il l'examina le premier et revit les mêmes animaux, les mêmes corps en mouvement, et il se convainquit avec moi, non-seulement de l'existence de ces animaux spermatiques dans la liqueur séminale de la femelle, mais encore de leur ressemblance avec ceux de la liqueur séminale du mâle. Nous revimes au moins dix fois de suite, et sur différentes gouttes, les mêmes phénomènes ; car il y avait une assez bonne quantité de liqueur séminale dans ce corps glanduleux, dont la fente pénétrait dans une cavité profonde de près de trois lignes."

Ne soupçonnant pas qu'il s'agissait sans doute de spermatozoïdes mâles, introduits au cours d'un accouplement préalable et qui s'étaient élevés dans les voies génitales de la femelle, Buffon - cette observation va dans son sens - croit trouver dans ses expériences une confirmation de ses théories et la double semence, et de l'hérédité. Il insiste dans la suite du texte sur le fait que les enfants ressemblent, à la fois, au père et à la mère et doivent donc, en quelque manière, dériver des deux parents.

Maupertuis, dans la "*Vénus Physique*" [1], reprend cette idée de la double semence : le fœtus est pour lui "formé du mélange des liqueurs que chacun des sexes répand". Ce qui fait aux yeux de Maupertuis la valeur de ce système, c'est que seul il explique la ressemblance héréditaire avec les deux parents, dont il relate de nombreux exemples. Pour lui, les enfants ressemblent tantôt au père et tantôt à la mère ou aux deux. De même, l'observation de ces

1 Maupertuis : La *Vénus Physique* : (Paru à Leyde en 1744 sous le titre Dissertation à l'occasion de la venue d'un nègre blanc). Ce texte à été écrit, suite à la venue à Paris d'un "Nègre blanc", tel qu'on l'appelait, qui fut montré dans tous les salons. Cet épisode fut le point de départ d'un ensemble de discussions passionnées sur les problèmes de la génération et l'hérédité. Son cas ne pouvait alors pas être facilement résolu ; c'était ce qu'on appelle aujourd'hui un "noir albinos".

animaux "mipartis" (qui naissent de deux espèces différentes), comme c'est le cas pour les mulets, le conduit à l'idée que les deux parents "ont également part à la formation de l'enfant". Certes, il a conscience d'un certain nombre de limites à cette conception dont nous parlerons par ailleurs. Toutefois Maupertuis se refuse à proposer une nouvelle théorie : "Je connais trop, dit-il, les défauts de tous les systèmes... pour en adopter aucun".

Son projet est autre, il veut renouveler l'explication en proposant une nouvelle argumentation.

> *Dans cette obscurité sur la matière dont le fœtus est formé du mélange des deux liqueurs, nous trouvons des faits qui sont peut-être plus comparables à celui-là, que ce qui se passe dans le cerveau. Lorsque l'on mêle de l'argent & de l'esprit de nître avec du mercure & de l'eau, les parties de ces matières viennent d'elles-mêmes s'arranger pour former une végétation si semblable à un arbre, qu'on n'a pu lui en refuser le nom.*
> *Depuis la découverte de cette admirable végétation, l'on en trouva plusieurs autres : l'une dont le fer est la base, imite si bien un arbre, qu'on y voit non-seulement un tronc, des branches & des racines ; mais jusqu'à des feuilles & des fruits.*

Maupertuis tente alors une explication pour comprendre ce phénomène :

> *Ces forces tout incompréhensibles qu'elles sont, semblent avoir pénétré jusques dans l'Académie des Sciences où l'on pèse tant les nouvelles opinions avant que de les admettre. Un des plus illustres Membres de cette Compagnie, dont nos sciences regretterons longtemps la perte ; un de ceux qui avait pénétré la plus avant dans les secrets de la nature, avait senti la difficulté d'en réduire les opérations aux lois communes du mouvement, & avoit été obligé d'avoir recours à des forces qu'il crut qu'on reçevoit plus favorablement sous le nom de Rapports, mais Rapports qui font que toutes les fois que deux substances qui ont quelque disposition à se joindre l'une avec l'autre, se trouvent unies ensemble ; s'il en survient une troisième qui ait plus de rapport avec l'une des deux, elle s'y unit en faisant lâcher prise à l'autre.*
> *Je ne puis m'empêcher d'avertir ici, que ces forces & ces rapports ne sont autre chose que ce que d'autres Philosophes plus hardis appellent Attraction.*

C'est donc la force d'attraction (ou de gravitation) qu'il fait intervenir dans la génération des êtres vivants.

> *Pourquoi, si cette force existe dans le Nature, n'auroit-elle pas lieu dans la formation du corps des animaux ? Qu'il y ait dans chacune des semences, des parties destinées à former le cœur, la tête, les entrailles, les bras, les jambes ; & que ces parties aient chacune un plus grand rapport d'union avec celle qui pour la formation de l'animal doit être sa voisine, qu'avec tout autre : le fœtus se*

formera ; & fût-il encore mille fois plus organisé qu'il n'est , il se formeroit.
On ne doit pas croire qu'il n'y ait dans les deux semences, que précisement les parties qui doivent former un fœtus, ou le nombre de fœtus que la femelle doit porter : chacun des deux sexes y en fournit sans doute, beaucoup plus qu'il n'est nécessaire. Mais les deux parties qui doivent se toucher, étant une fois unies, une troisième qui auroit pu faire la même union, ne trouve plus sa place, & demeure inutile. C'est ainsi, c'est par ces opérations répétées, que l'enfant est formé des parties du père & de la mère, & porte souvent des marques visibles qu'il participe de l'un & de l'autre.

Ainsi, Maupertuis, pour tenter de fonder l'épigénisme, propose un modèle basé sur une théorie en train de s'implanter : la mécanique newtonienne. Pour lui, une certaine attraction à distance se réalise entre les éléments des spermes, et cette attraction devient l'idée explicative d'une construction ordonnée de l'enfant [1]. C'est sans doute sur ce point que ces idées, comme celles en tous les épigénistes, ne convainquirent pas sur les mécanismes de production de l'enfant. En particulier, une question sans cesse posée est celle du passage de l'état semence, perçue alors comme amorphe, à l'état d'être vivant très structuré, et dont l'organisation semblait se complexifier de jour en jour à mesure que les travaux au microscope se développaient [2].

Les préformistes ovistes ou le système des œufs.

Une histoire bien linéaire pourrait faire penser qu'avec les épigénistes l'on est sur la bonne voie : les deux parents interviennent par l'apport d'éléments complémentaires, qu'il ne reste plus qu'à corriger quelques détails, comme la confusion entre de banales sécrétions et une prétendue semence femelle. Bref, que la découverte de l'ovule, tout comme celle du spermatozoïde déblaieraient ces erreurs.

---

1 Il admet que les liqueurs séminales renferment des parties destinées à former le cœur, la tête, les entrailles, les bras, les jambes, etc., qui s'uniraient par le jeu de l'attraction pour donner naissance au fœtus.

2 Il faut préciser que cette idée d'"attraction universelle" pour laquelle Maupertuis jouera un rôle considérable en introduisant Newton sur le continent, a eu d'énormes difficultés pour s'implanter, car il était alors difficile de concevoir que des actions se déroulent à distance, sans effets visibles.

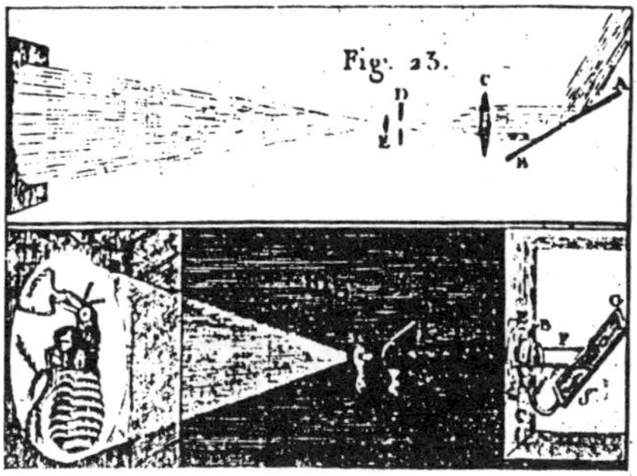

a

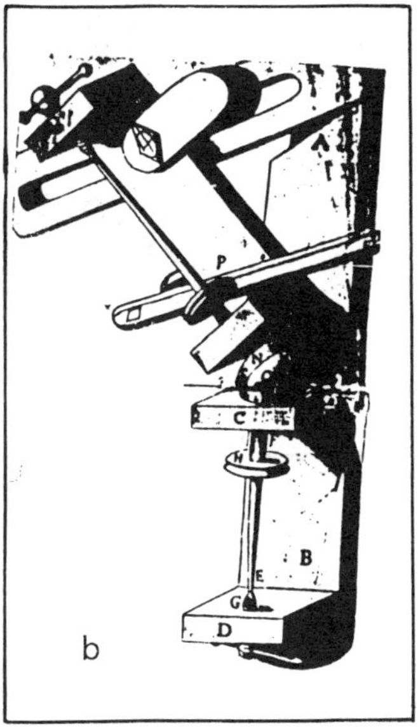

b

Fig. 22: *a) Microscope solaire (Nollet, leçons de physique expérimentale) - b) Machine à polir les verres de Hooke (Micrographia, planche I, 1667).*

Hélas, les choses ne furent pas aussi simples dans la construction des idées. Le concept d'ovule, tout comme celui de spermatozoïde dont nous avons déjà vu une utilisation avec Buffon vont au contraire compliquer les choses en lançant les recherches sur des fausses pistes inspirées par une théorie qui s'installe vers le XVIIe siècle : la préformation des germes.

Le premier type de ces *systèmes* s'appuie sur l'ovule, élément central du dispositif; on l'appelle l'*ovisme* ou *système des œufs*. Il s'agit d'un ensemble de théories d'après lequel "*l'œuf*" (l'ovule), engendré par l'organisme maternel, représente à titre exclusif l'élément reproducteur. C'est lui, et lui seul, qui donne naissance au fœtus. Cette conception est renforcée par la croyance, basée sur certaines observations, que le fœtus est déjà tout formé, avant la fécondation, à l'intérieur de l'œuf, lorsque celui-ci se trouve encore dans l'ovaire.

Dans ce cadre de pensée, c'est la mère seule qui participe

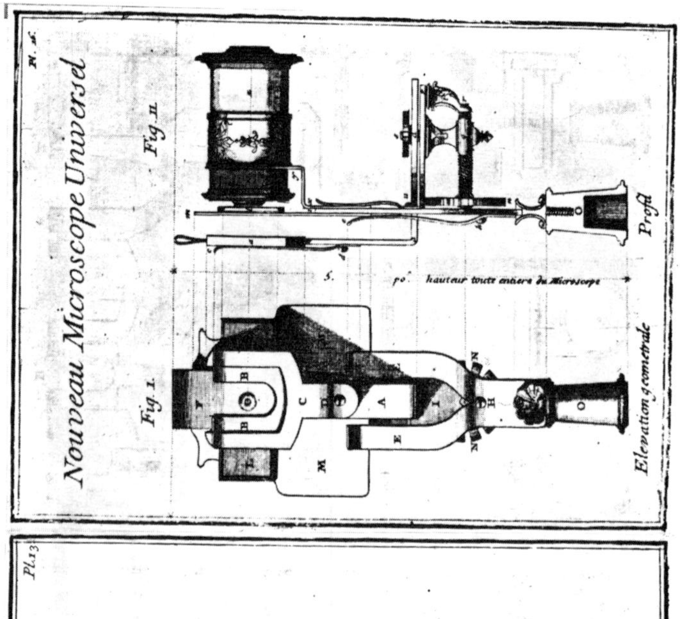

Fig. 23: *Porte loupe et nouveau microscope dit "universel" utilisés par Joblot pour ses observations (1718).*

effectivement à la génération. Quant au mâle, dont il est difficile de nier la participation au mécanisme reproducteur, on considère qu'il n'intervient que par une action stimulante dont les modalités sont diverses suivant les auteurs. Certains vont même jusqu'à imaginer que de la semence mâle, une partie du moins, la plus subtile : la vapeur séminale ou *aura seminalis,* s'élève jusqu'à l'œuf et exerce sur lui une sorte d'activation. Grâce à elle, le fœtus préformé sort de son état de sommeil et commence à s'accroître et à se développer [1].

La première expression de ce préformisme semble être celle d'un médecin italien Joseph de Aromatari qui assimile l'œuf des animaux ovipares à la graine des plantes dans laquelle on peut reconnaître un germe. Mais c'est à Nicolas Sténon (1638 - 1687) que revient le mérite d'avoir soupçonné la véritable nature des *testicules* des femelles vivipares, organes dont depuis Galien, on avait fait des producteurs de semence. Sténon en 1667 constate en disséquant une femelle de chien de mer, l'existence de véritables ovaires renfermant des œufs, et il, en conclut aussitôt : *la viviparité résulte du développement des œufs dans les utérus des femelles* [2].

Sténon cherche d'ailleurs à vérifier son hypothèse, en étudiant des ovaires de vaches, de brebis, de lapines, de chiennes et même des ovaires de femmes. Partout, il retrouve ces vésicules que Vésale, Fallope, Castro, Coiter, Riolan avaient déjà décrites sous différents noms et qui sont pour lui de véritables œufs, "car ils se coagulent par la chaleur comme des œufs de poule" [3].

---

1 Cette conception, selon laquelle la semence mâle ne contribue nullement directement à la formation de l'embryon, s'apparente étroitement aux idées d'Aristote. Pour ce dernier, en effet, c'est la semence femelle qui fournit à la fois la matière formatrice du fœtus et la nourriture nécessaire à son accroissement. La semence mâle intervient seulement en communiquant à cette matière le principe du mouvement, qui la met en forme. De même l'idée d'une structure est également une idée fort ancienne qui fut remise au goût du jour par Fabrice d'Acquapendente.

2 Aristote avait déjà fait cette observation. Il avait reconnu l'existence d'animaux intermédiaires entre les ovipares et les vivipares, tels que les poissons cartilagineux ou la vipère. Aristote écrivait même que l'œuf s'accole à la paroi utérine, chez les Sélaciens et que le jeune est nourri par la mère grâce à cette placentation après l'épuisement de ses réserves. Toutefois Aristote n'eut pas l'idée de développer cette découverte pour les animaux vivipares, et l'espèce humaine.

3 Ces nouvelles observations de Sténon ne parurent qu'en 1675. Toutefois, en 1671, Théodore Kerkring publiait, de son côté, un mémoire dans lequel il décrivait des œufs qu'il avait trouvés dans les ovaires ou *"magasins à œufs"* des femmes. Il en avait fait cuire et leur avait trouvé un goût désagréable. Il avait remarqué que ces œufs ou vésicules se rencontrent, non seulement "chez les femmes que le lien conjugal rend fécondes, mais chez les jeunes filles, de même que les poules pondent des œufs, alors qu'elles ignorent l'approche du coq". Il est évident, d'après les figures publiées, que Kerkring a pris pour des gros œufs de simples kystes. Il a de même décrit un œuf trouvé dans la matrice, trois à quatre jours après la conception. La dimension de l'œuf, l'état du fœtus avec une tête paraissant déjà bien formée, montrent l'influence de ces idées préconçues sur l'observation directe effectuée.

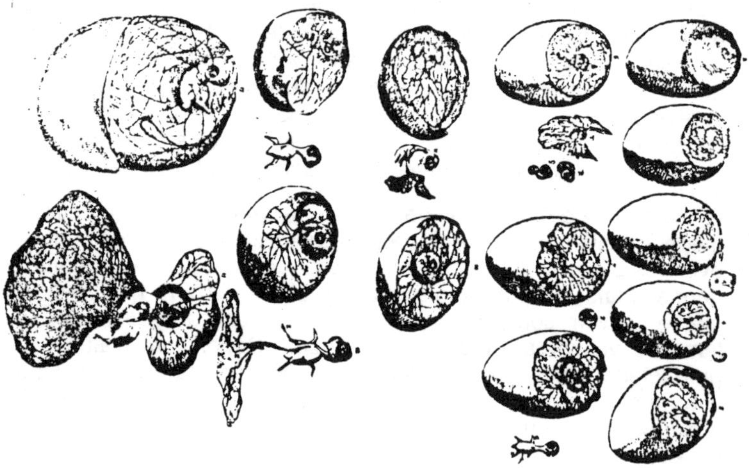

Fig. 24: *Description du développement de l'œuf de poussin par Fabricio d'Acquapendente (vers 1620).*

Dès ce moment, cette théorie ne fait que se développer. Malpighi [1], De Graaf, Réaumur, Swammerdan, ainsi que le philosophe Malebranche, en furent ses partisans, et Vallisneri pouvait écrire :

> "*Dans l'ovaire de la première femme étaient contenus des œufs qui non seulement renfermaient en petit tous les enfants qu'elle a faits ou qu'elle pouvait faire, mais encore toute race humaine, toute sa postérité, jusqu'à l'extinction de l'espèce. Que si nous ne pouvons concevoir ce développement infini et cette petitesse extrême des individus contenus les uns dans les autres à l'infini, c'est... la faute*

---

1 "Il faut reconnaître, dit-il, que les linéaments du poulet préexistent dans l'œuf et qu'ils ont une origine antérieure à la naissance comme celle qui existe, de la même manière, dans les œufs des végétaux". Malpighi : *De formatione pulli in ova,* 1669.

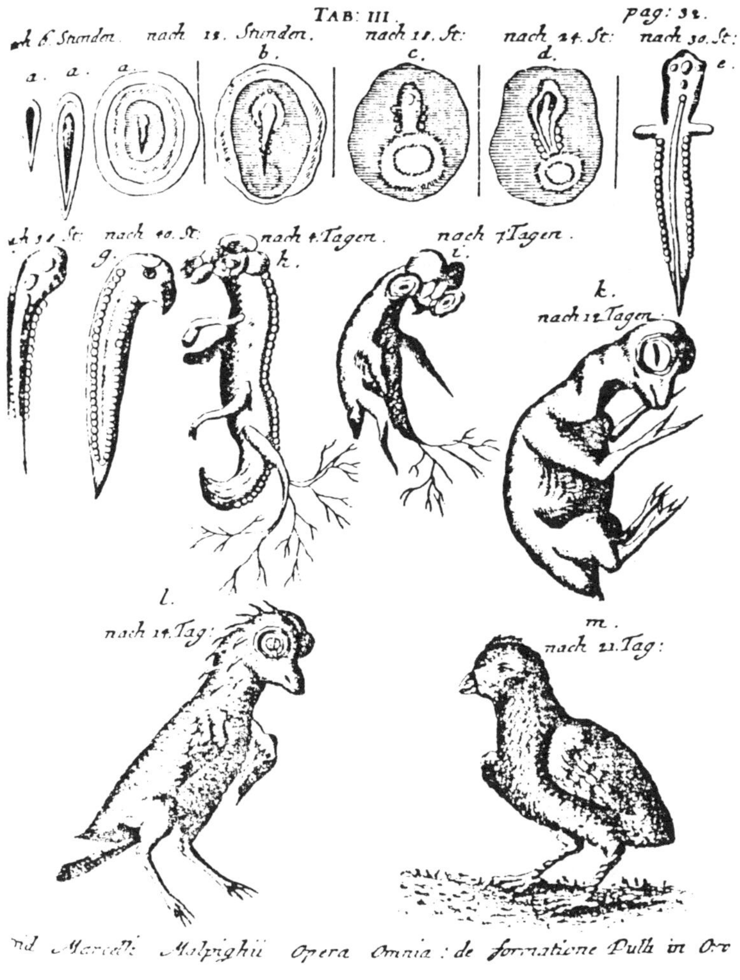

Fig. 25: *Description du développement de poulet par Malpighi (1672).*

de notre esprit, dont nous reconnaissons tous les jours la faiblesse ; il n'en est pas moins vrai que tous les animaux qui ont été, sont et seront, ont été créés tous à la fois, et tous renfermés dans les premières femelles."

Au XVIIIe siècle, cette idée ne cesse de s'amplifier avec les travaux méthodiques d'Haller [1], de Spallanzani et la théorisation de Bonnet [2] pour qui la fécondation "n'introduit pas dans l'œuf ou dans la vésicule un germe qui existerait auparavant chez le mâle ; elle ne fournit pas de molécules organiques qui en s'unissant... avec celles de la femelle, produiraient le fœtus". La fécondation consiste donc simplement dans le fait que le fœtus, logé dans l'œuf, "reçoit, de la liqueur que fournit le mâle, le principe d'une nouvelle vie. Elle le met en état de se développer..., elle donne au cœur préformé de l'embryon une activité sans laquelle il ne parviendrait point à surmonter la résistance des solides".

Cette conception de la préformation, aussi farfelue qu'elle nous paraisse aujourd'hui, n'est pas une simple vue de l'esprit ; elle s'appuie sur de nombreux arguments, dont des faits irréfutables... du moins dans l'état des connaissances d'alors. Nous en citerons quatre, mis en avant plus particulièrement : les métamorphoses des insectes, les fécondations artificielles de Spallanzani, les travaux d'embryogénie et l'observation de la parthénogénèse.

D'abord, la théorie de la préformation trouve des arguments dans les comparaisons faites, soit avec les bourgeons des plantes, soit avec les métamorphoses des insectes. Ce dernier point est notamment traité par Swammerdam qui écrit après de nombreuses observations : "On trouve, que le ver ou la chenille ne se changent pas véritablement en une nymphe, mais que croissant peu à peu, ils en prennent insensiblement la forme et deviennent l'animal même". Et il complète par le fait que la nymphe ne se transforme pas non plus en

---

1 Haller pense encore que la semence mâle émet une vapeur si pénétrante qu'elle infecte toute la chair de l'animal au point qu'il est impossible de manger celle des animaux dont on n'a pas immédiatement coupé les testicules. Ce sont ces mêmes "*particules fétides*" qui donnent aux mâles force et vigueur et font apparaître les caractères qui les distinguent. C'est ainsi que les bois des cerfs ne poussent que si "la vapeur alcalescente fétide de la semence, en repassant dans le sang", y exerce la stimulation nécessaire. Cette vapeur peut également pénétrer dans le corps des femelles : de là, "les nausées et les vomissements d'une femme qui a conçu"!

2 Ch. Bonnet : *Considérations sur les corps organisés*, 1762.
A la suite des expériences de Spallanzani, Ch. Bonnet n'admet plus l'*aura seminalis* : il ne veut pas non plus entendre parler des "animalcules" du sperme. L'action de la semence mâle se ramenait dès lors à celle de sucs mal définis pénétrant dans le fœtus pour le nourrir.

insecte ailé : c'est la larve qui, après avoir pris la forme de nymphe, devient l'animal adulte.

De là, il conclut que l'insecte est déjà renfermé dans l'œuf, "sans aliment, mais avec tous les membres complets" et qu'il persiste, enveloppé dans la larve, caché en quelque sorte. A divers observateurs, il affirme même avoir montré "fort distinctement dans une chenille tous les membres d'un papillon". Quant à la nymphe, le seul changement :

> "*qui lui arrive vient de ce que les humidités superflues transpirent insensiblement, si bien que les membres, qui auparavant étaient faibles et tendres, deviennent ... plus fermes et plus forts ; et, après s'être dégagés de cette humidité qui empêchait leur mouvement, ils se rendent capables de forcer et de rompre la membrane qui les environnait extérieurement... C'est pourquoi nous pouvons faire voir non seulement dans la nymphe, mais aussi les vers et dans les chenilles, toutes les parties de l'animal même...*"

Puis, comparant l'histoire du pou, du papillon, de la fourmi, à celle de la grenouille ou d'un œillet, Swammerdan s'efforce de montrer qu'il n'y a jamais métamorphose, mais simple apparition graduelle d'un fœtus qui était déjà préformé dans l'œuf [1].

Spallanzani [2], devait également apporter à la théorie un appui inattendu. Lors d'études sur le développement des œufs de grenouilles, il observe que d'une part le jeune têtard ne sort pas d'une enveloppe analogue à la coquille d'un œuf de poule et que d'autre part, suivant, dans la mesure où il pouvait le faire, les premiers stades du développement, il lui semble voir l'œuf se transformer progressivement en embryon. "Le lecteur, dit-il, sera sans doute étonné par ma description du têtard qui, au lieu de naître en éclosant de l'œuf, est l'œuf métamorphosé en têtard ou, pour parler plus philosophiquement, le têtard lui-même, concentré en soi, mais développé par la fécondation et revêtu par elle des formes animales."

Il ajoute alors, "on ne peut appeler œuf, ce corps qui, quelle que soit l'apparence qu'il ait d'en être un, se modèle cependant comme un animal, sans laisser aucune dépouille, aucune coque ou enveloppe, de même que tous les animaux qui sortent d'un œuf". Aussi

---

1 Ces travaux seront confirmés par Réaumur et Bonnet.

2 Spallanzani, *Expériences pour servir à l'histoire de la génération des animaux et des plantes*. Trad. franç., Genève, 1785.

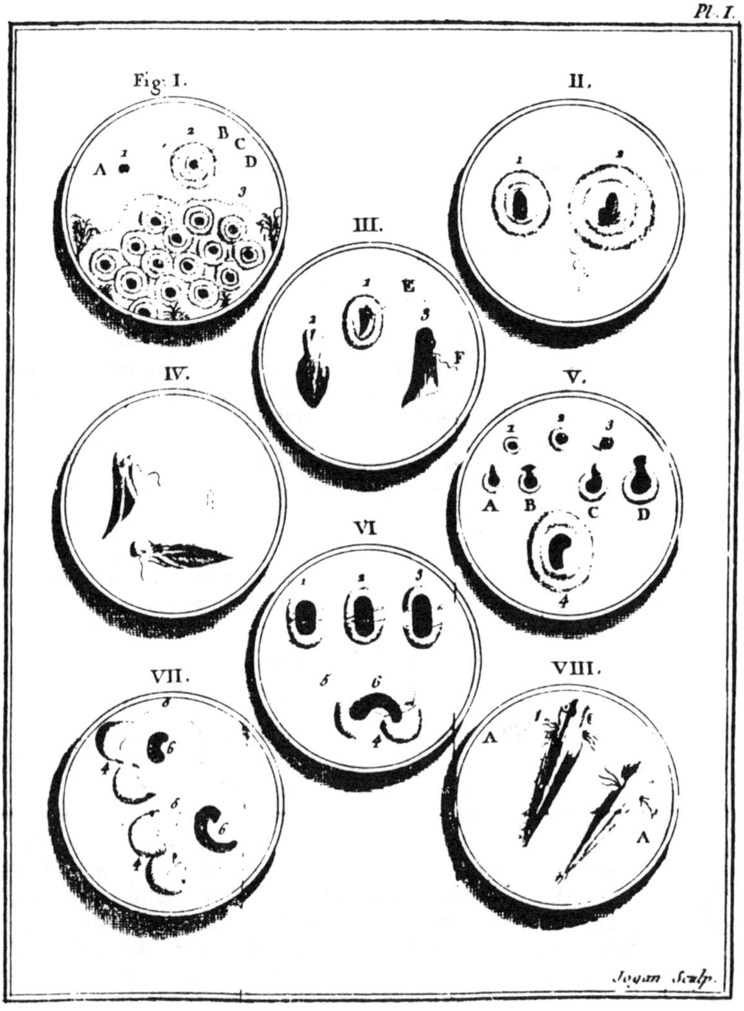

Fig. 26: *Embryologie du têtard décrite par Spallanzani (1787).*

propose-t-il d'appeler ces œufs des " têtards ou des fœtus de grenouilles ".

Les observations sur le développement d'autres batraciens le confirmèrent dans cette erreur : "Ces corpuscules ronds, accouchés par les femelles des grenouilles, des crapauds, des salamandres... ne sont pas des œufs, comme on le croyait, mais des fœtus réels, puisqu'ils ne sont pas renfermés dans des enveloppes membraneuses ou crustacées, ... mais entièrement nus". Aussi propose-t-il de rayer les Batraciens de la classe des ovipares, pour les placer dans celles des vivipares.

Mais ses travaux n'en restent pas là. Spallanzani, dans une série d'expériences minutieuses comme la suivante démontre la nécessité de la présence du sperme dans la fécondation.

> "*Voici ce que j'ai vu. Une demi-heure avant que la femelle pondît ſes œufs, le mâle s'échauffoit, allongeant autant qu'il pouvoit la partie poſtérieure du corps, de manière que ſon anus étoit en contact avec celui de la femelle ; &, après l'en avoir éloigné, il le rapprochoit d'abord : ce mouvement étoit plus fréquent quand les œufs ſortoient du corps de la mère, & il duroit pendant tout le temps de cet accouchement.*
>
> *Je n'ai jamais pu apercevoir, alors, aucune trace de liqueur ſéminale ; mais en ſoulevant un peu la patrie poſtérieure du mâle, j'en vis ſortir une liqueur tranſparente, qui étoit la liqueur ſéminale de l'animal ; car, comme je me ſervis des petits caleçons, qui devoient empêcher le mâle de répandre ſa liqueur ſur les œufs, les œufs ne se développèrent pas, & les caleçons ſurent baignés de la liqueur ſéminale, comme cela arriva pour la Grenouille verte.*"

Ses travaux expérimentaux lui permettaient de démontrer également que le sperme n'agit pas par une espèce de vapeur, comme on le croyait avant lui, - l'*aura seminalis* -, mais par un contact direct. Il montre que l'ovule ne peut plus être fécondé si le sperme a été porté à une température de 45 °C ou mélangé avec du vinaigre, etc. Il démontre même que le sperme filtré n'est plus actif, mais que le produit du filtrage l'est toujours etc. Que pouvait avoir retenu le papier filtre sinon des spermatozoïdes ? Mais Spallanzani n'y prête attention, il se borne à le signaler au passage en expérimentateur méticuleux.

Toutes ces expériences lui auraient permis de démontrer l'importance des spermatozoïdes.... S'il n'avait été oviste convaincu ! Or cela est seulement cité, l'expérience *cruciale* qui le convainc est autre. Spallanzani s'appuie sur un autre fait, qu'il juge décisif, celui-là : il a obtenu des fécondations d'œufs de grenouille par mélange d'ovule et de sperme. Or l'observation au microscope du sperme ne lui a pas permis "de voir des spermatozoïdes", ce qui l'amène à conclure après d'autres essais sur une autre espèce de grenouille :

> *"Ces Têtards préexiftent-ils à la fécondation, comme ceux de la Grenouille aquatique ? Pour réfoudre cette queftion, il falloit entreprendre une rigoureufe comparaifon, les œufs prétendus fécondés par le mâle, & ceux qui certainement ne l'avoient pas été, & qui étoient defcendus dans l'utérus avant l'accouplement, j'ai fuivi cette comparaifon avec la circonfpection la plus fcrupuleufe & je puis affurer avoir trouvé la plus exacte reffemblance entre ces deux efpèces d'œufs : ce qui me force encore à reconnoître que, dans cette efpèce de Grenouille, les fœtus préexiftent dans la femelle avant la fécondation."*

On peut voir ici l'importance des représentations de Spallanzani dans l'interprétation et la structuration de ses observations. Partisan de l'ovisme, il se montre aveugle aux faits découverts - l'action des spermatozoïdes dans certaines conditions -, parce que ce fait contredit ses représentations théoriques du phénomène. Au contraire, il met en avant une foule d'expériences qui, sans doute, lui auraient paru moins convainquantes s'il n'avait été obnubilé par des idées préconçues. Ainsi prétendra-t-il avoir fécondé des œufs avec des semences tellement diluées que le microscope n'y laissait voir aucun animalcule, d'ailleurs la "longue habitude que j'ai d'étudier les vers spermatiques me persuade que je ne me suis pas trompé". Un lapsus est même encore plus révélateur du filtre insconscient qu'elles déterminent. En effet, si on lit ses notes de laboratoire (travaux de Castellani cités par Grmek au colloque Spallanzani, 1981), on peut y lire de sa plume à propos de cette expérience : "Il n'y a pas de spermatozoïdes mobiles". Ce qualificatif disparaît de la version finale, car s'ils ne sont pas mobiles, on peut supposer qu'ils sont morts, et de là, ne jouent aucun rôle : fait qui concorde avec son système de pensée [1].

Ces conclusions se trouvent renforcées par les travaux d'embryologie du physiologiste Haller et de Bonnet sur le développement de l'œuf de poulet. Haller observe en effet que, lorsque l'embryon de poulet se développe, il forme à la surface du jaune de l'œuf, au niveau de la cicatricule, des feuillets dont une partie sert à la constitution de ses propres organes, tandis qu'une portion plus

1 Dix ans plus tard, Prévost et Dumas n'auront qu'à faire ces mêmes expériences pour se convaincre du contact nécessaire entre ovule et spermatozoïde. Ce qui n'empêcha pas, à des théories performistes de se maintenir encore durant tout le XIXe siècle, comme nous le verrons par la suite.

excentrique, dite *feuillets extra-embryonnaires*, s'étale progressivement à la surface du jaune et l'enveloppe en formant les parois de sac vitellin [1]

A cela Bonnet, qui a précisément constaté que "la membrane qui revêt intérieurement le jaune de l'œuf est une continuation de celle qui tapisse l'intestin grêle du poulet..." en conclut, ignorant le caractère secondaire de cette relation, que le jaune fait partie du jeune poulet. Il en déduit "que le poulet existe lui-même dans l'œuf avant la fécondation", car ce jaune se trouve dans les œufs qui n'ont pas été fécondés.

De même, Haller admet que, l'intestin du fœtus étant continu avec l'enveloppe du jaune, "ce n'est pas une absurdité de dire que, de tout temps, l'intestin du fœtus a été une petite hernie de la membrane du jaune". Donc le fœtus fait partie intégrante de l'œuf, qui était une partie de l'organisme maternel dans l'ovaire. A cela, Bonnet peut ajouter la conclusion suivante :

> "*Nous sommes donc fondés à tirer de ce fait cette conséquence importante que les ovaires de toutes les femelles contiennent des embryons préformés qui n'attendent pour commencer à se développer que le concours de certaines causes*".

Mais la confirmation la plus importante sera apportée par la découverte de la parthénogénèse des Pucerons. Il semble bien que ce soit Leeuwenhoek [2] qui ait, le premier, observé ce phénomène, en 1695. Cependant comme on le verra, il ne put rien en tirer car son système de pensée était différent et il se contente de signaler cette observation comme une simple curiosité, sans conséquence.

La question fut reprise par Réaumur et confirmée par Bonnet [3] dans une expérience qui devait rester célèbre. Celui-ci recueille, en effet un puceron du fusain que sa mère venait de mettre au monde et il prend les plus grands soins pour l'isoler. Il le dépose sur une branche examinée attentivement pour s'assurer qu'elle ne supporte

---

1 Haller, *Primae lineae physiologiae*. (Trad. Bordinave) Guillyn, Paris 1769.

2 Examinant les feuilles repliées, enroulées et fréquentées par de nombreuses fourmis de divers arbres fruitiers, il se demanda ce que ces insectes pouvaient bien y chercher. C'est ainsi qu'il aperçut un grand nombre d'animaux de couleur verte, dont les plus grands "ne dépassaient pas les dimensions d'un pou à demi adulte". Il ne réussit pas à découvrir des œufs dans ces "animalcules", mais il les vit mettre au monde des petits tout à fait semblables aux parents. Il put en extraire des corps ovales, transparents "qui sans aucun doute devaient devenir des créatures vivantes", car, dans les individus plus grands, il en a vu qui étaient "en état d'être mis au monde".

3 Ch. Bonnet, *Traite d'Insectologie ou observation sur les pucerons*, Paris, 1745.

pas d'autre puceron, introduit la branche dans une fiole renfermant de l'eau, plantée elle-même dans la terre d'un vase. Le tout fut recouvert d'une cloche de verre : "moyennant quoi, dit Bonnet, j'étais plus assuré de la conduite de mon prisonnier que ne le fut Acrisius de celle de Danaë, quoique enfermée par son ordre dans une tour d'airain".

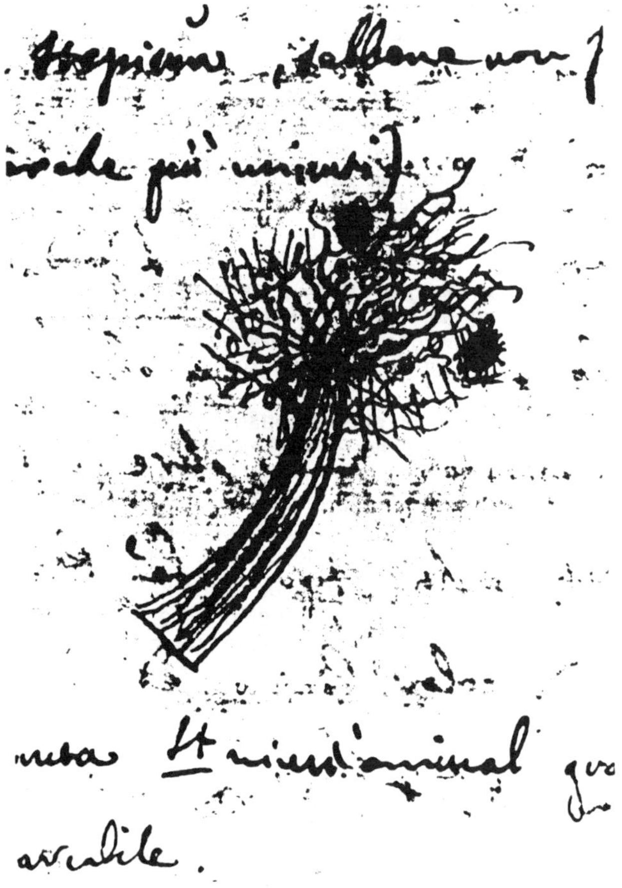

Fig. 27: *Dessin d'animalcules (spermatozoïdes) dans un manuscrit de Spallanzani (doc. Castellanni).*

Le précieux insecte changea quatre fois de peau, et :

> "*Dès le premier de juin, environ les sept heures du soir, je vis avec un grand contentement qu'il était accouché ; et dès lors je crus devoir lui donner le nom de Puceronne. Depuis ce jour jusqu'au 21 inclusivement, elle fit quatre-vingt-quinze petits, tous bien vivants, et la plupart venus au monde sous mes yeux*".

Bonnet répète plusieurs fois cette expérience. Il réussit même à élever en solitude plusieurs générations parthénogénétiques consécutives : six pour le puceron du fusain ; neuf pour celui du plantain. Il est certain que cette observation devait constituer un argument crucial, en faveur de l'ovisme. Comment prétendre après que le fœtus était le résultat du mélange de 2 semences ?

Comme on le voit, la conception de la préformation ne reposait pas sur de simples élucubrations, elle ne représentait pas alors une simple vue de l'esprit ou une idée a priori. Elle paraissait, au contraire, fondée sur des observations et des expériences réalisées par les chercheurs les plus habiles de l'époque. A chaque fois on avait tiré, d'une façon très objective des conclusions directes, résultant de ce qu'on avait vu ou cru voir.

A la fin du XVIIIe siècle, on pouvait donc supposer, sur la foi de ces scientifiques reconnus, que la science avait fait un grand pas dans la connaissance de la génération et cette impression est d'ailleurs partagée par Sénebier (1785), le traducteur de Spallanzani qui écrit:

> "*M. Bonnet, par une analyse profonde, avait deviné la marche de la nature dans cette opération ; Haller la découvrit dans son beau travail sur le poulet dans l'œuf, et M. L'abbé Spallanzani l'a mise au grand jour dans les étonnants Mémoires qu'il a publiés sur ce sujet. Le siècle de Bonnet, de Haller et de Spallanzani est celui où l'on a fait un essai précieux sur l'histoire de la génération, au lieu des romans que les bons esprits ne pouvaient lire qu'avec dégoût*".

Et cela d'autant plus que des phénomènes surprenants apparaissaient de toute part. Tremblay, par ses expériences sur le polype de l'hydre, avait monté d'autres développements possibles sans semence [1], (1740).

---

1 A. Tremblay, *Mémoire pour servir à l'histoire d'un genre de polype d'eau douce*, Durand, Paris, 1744.

	JOURNAL de la vie du Puceron Né le 18. Sept. à 1. h. ap. mid. & élevé en ſolitude.	JOURNAL de la vie du Puceron Né le 19. Sept. à 11. h. du mat. & élevé en ſolitude.
Sept. 16. A 7. h. m.	Il s'étoit dépouillé pour la premiere fois. Ses jambes, ſes antennes & ſa trompe étoient encore jaunes.	
17. Sur les 8. h. m.	....	Il s'étoit dépouillé pour la premiere fois. Comme il s'étoit rembruni, & que la veille à 10. h. du ſoir il n'avoit point encore mué, il faut qu'il l'ait fait pendant la nuit.
Octo. 4. Env. 7. h. du ſ.	....	Il s'eſt dépouillé pour la ſeconde fois.
5. Env. 7. h. m.	Il s'eſt depouillé pour la ſeconde fois. Il eſt remarquable qu'il l'ait fait un jour plus tard que l'autre Puceron.	
Octo. 11. A 2. h. 58. m.	....	Il avoit commencé à ſe dépouiller pour la troiſieme fois.
A 3. h. 38. m.	....	Il étoit entierement hors de ſa dépouille.
A 9. h.	....	Ses jambes, ſes antennes & ſa trompe conſervoient encore une teinte de jaune, & il n'avoit pas encore commencé à faire uſage de cette derniere ; mais quelques momens après il l'a piquée dans l'écorce.
12. Ent. 3. & 4. h. ap. mi.	Il s'eſt dépouillé pour la troiſ. fois.	
23. Sur les 3. h. ap. midi.	....	Il s'eſt dépouillé pour la quatrieme fois.
24. Sur les 3. h. ap. midi.	Il s'eſt dépouillé pour la quatr. fois.	
Nov. 5.	....	Voyant qu'il n'avoit point encore commencé d'accoucher, & l'attribuant à la diminution de la chaleur, je l'ai porté dans cette armoire dont la température eſt à l'ordinaire de 15. à 20. degrés du Thermometre de M. de Reaumur.
8. mat.	....	Il avoit mis au jour un fœtus, que j'ai trouvé couché parallelement à la longueur de la branche, & ſur lequel toutes les parties extérieures du Puceron ſe voyoient en relief. J'ai remarqué que quoique le Puceron n'eût encore accouché que de ce fœtus, il avoit cependant diminué de groſſeur ſenſiblement.
11. mat.	....	Il avoit ceſſé de vivre.
24. mat.	Je l'ai trouvé preſque mort, ou pour parler plus juſte, engourdi par le froid de la nuit, qui avoit fait deſcendre le Thermometre à 4. deg. au-deſſus de la Congel. Je l'ai donc porté dans un poële pour le ranimer : mais la chaleur n'a pas produit ſur lui beaucoup d'effet. Je l'ai vû ſeulement un peu agiter ſes antennes & ſes jambes, ſans néanmoins changer de place.	
25. mat.	Il étoit mort.	

Fig. 28: *Extrait des observations de Bonnet à propos des élevages de pucerons mettant en évidence la parthénogénèse (1745).*

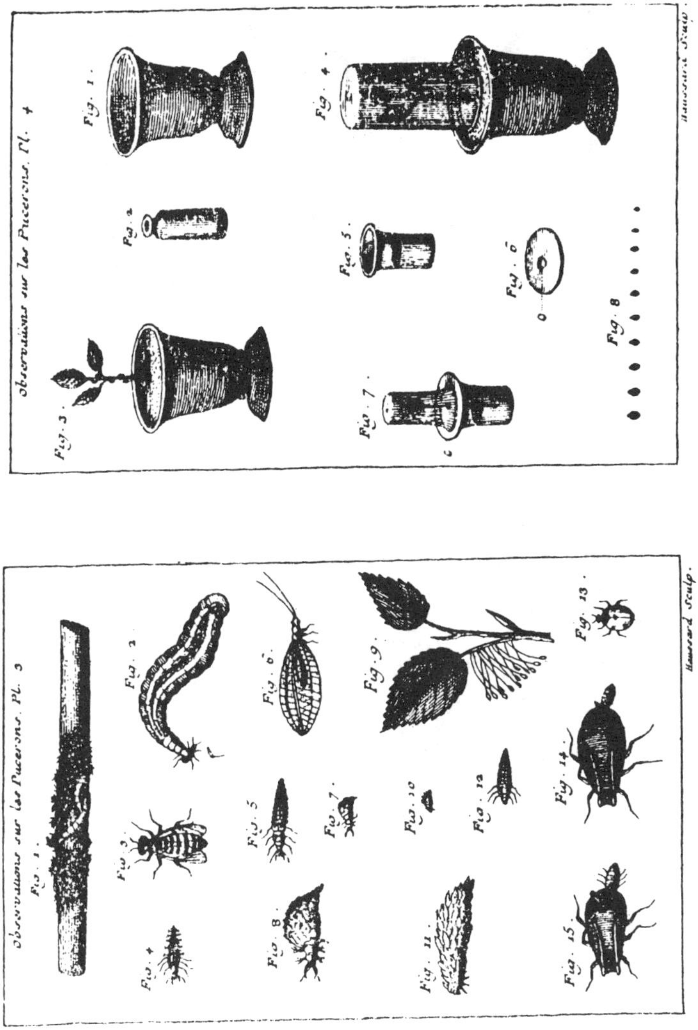

Fig. 29: *Observations et expériences de Bonnet sur les pucerons (1745).*

1

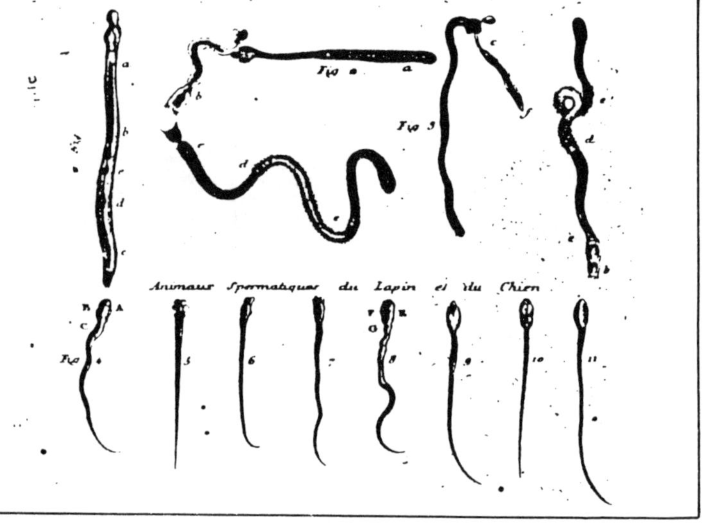

2

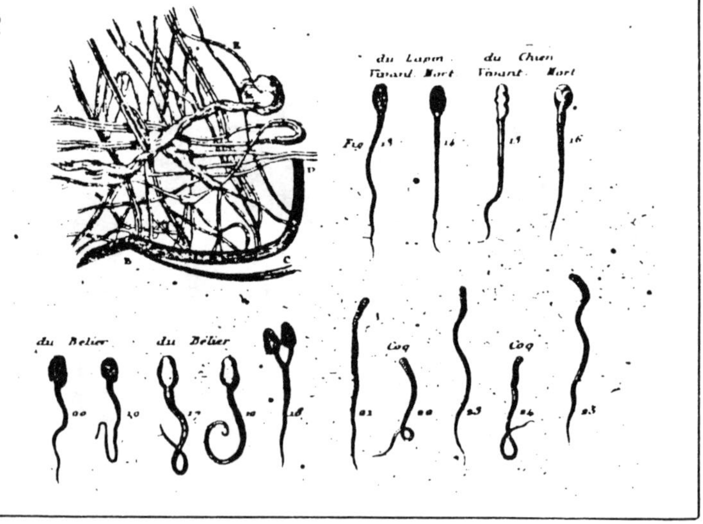

Fig. 30: *Observations de spermatozoïdes par Leeuwenhoek (1719) - 1) d'après la 1ère édition - 2) d'après la 2ème édition.*

Les Préformistes animalculistes

Mais l'histoire serait trop simple, si un troisième ensemble d'idées ne s'était pas développé en parallèle : les animalculistes [1] sont également des préformistes, mais contrairement aux autres, ils placent le fœtus préformé dans le spermatozoïde [2]. Un des premiers à observer les gamètes mâles, Leeuwenhoek, en déduit que la reproduction ne se fait pas au moyen "d'œufs imaginaires" mais est conditionnée par ces "animalcules vivants" ou "vers" que contient la semence mâle. Il admet même jusqu'à un certain point que la forme du corps est incluse dans l'animalcule de la semence, mais ajoute-t-il : "que la raison humaine prétende avoir pénétré le mystère assez loin pour qu'en anatomisant un de ces animalcules, nous soyons capables de découvrir la forme certaine du corps, je ne puis l'admettre" [3].

Ensuite, Hartsoeker, Andry [4], Garden, Geoffroy [5] etc. emboîtent le pas. Pour ces derniers, l'œuf, quand il n'est pas nié, sert uniquement de logement ou de nourriture.

Il faut ajouter que les animalculistes se partageaient pour expliquer la provenance des embryons préformés entre ce qu'on peut appeler les *emboîtementalistes* et les *disséminationnistes.*

Les premiers affirmaient que l'embryon était emboîté dans les

---

1 Les spermatozoïdes étaient appelés *animalcules.* Ils furent découverts par un étudiant de Dantzig : Louis de Hamm qui fit part de ses observations à Leeuwenhoek, lequel en rencontre dès lors dans la plupart des spermes. D.A. Leeuwenhoek. Observationes de natis e semine genitali animalculis. *Philos. Transactions* no. 142, janvier 1678 (lettre adressée à Bronnker, secrétaire de la Société royale de Londres, en novembre 1677).
Hartsoeker a constesté la priorité des 2 autres en signalant qu'il les avait observés depuis 1674, mais une pudeur exagérée l'avait empêché de révéler cette observation.

2 Cette conception est qualifiée de "plus conforme à la dignité de l'homme", Van Horhne, 1709.

3 Les dessins classiques de l'*homonculus* (sorte de petit homme) inclus dans le spermatozoïde ne semblent pas être le produit d'observation. Nos recherches nous amènent à penser que celui de Hartsoecker est une image fictive. En effet, on peut bien lire dans le texte d'accompagnement, "si on pouvait voir le petit animal au travers de la peau, nous le verrions peut-être comme cette figure le représente..." Quant à celui de Dalempatius, pseudonyme de François de Plantade, il s'agit semble-t-il d'une plaisanterie ! Du moins d'après Guyennot (1941).

4 Andry, *De la génération des vers dans le corps de l'homme.* Paris 1700, Ed. L. D'Houry, Paris, 1760.

5 E.F. Geoffroy. *Dissertation sur la génération de l'homme par les vers spermatiques* (thèse 1704), traduit du latin par N. Andry (1705).

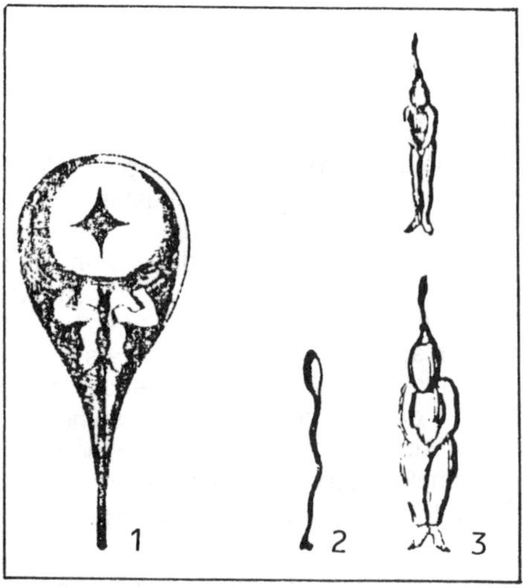

Fig. 31a: *Petits embryons humains observés dans les spermatozoïdes (vers 1690) - 1) Spermatozoïde idéal d'après Hartsœker - 2) Spermatozoïde observé par Dalempatius - 3) Le même dépouillé de son enveloppe.*

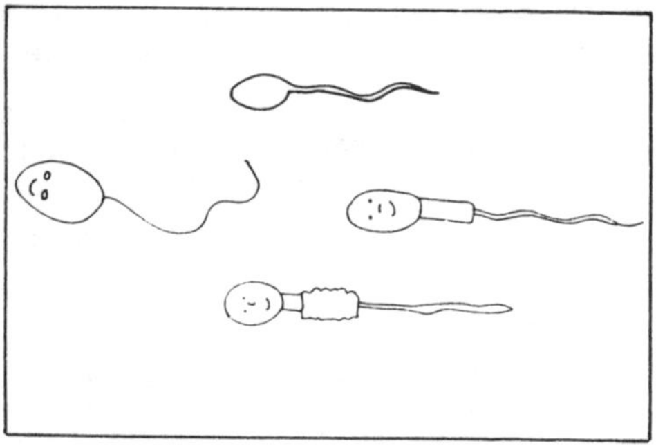

Fig. 31b: *Spermatozoïdes d'après des dessins d'élèves de 12-14 ans.*

spermatozoïdes à la manière des poupées russes. Voilà comment Buffon présente les partisans de l'*emboîtementalisme* :

> "*Ce n'est plus la première femelle qui renfermait toutes les races passées, présentes et futures ; mais c'est le premier homme qui, en effet, contenait toute sa postérité. Les germes préexistants ne sont plus des embryons sans vie, renfermés comme de petites statues dans les oeufs contenus à l'infini les uns dans les autres ; ce sont de petits animaux, de petits homoncules organisés et actuellement vivants, tous renfermés les uns dans les autres...*"

Et Fontenelle parle des seconds, les *disséminationnistes*, dont le plus célèbre était Hartsoeker. Ce dernier concevait par exemple que :

> "*Les (germes) devaient être répandus dans l'air, où ils voltigeaient, que tous les animaux visibles les prenaient tous confusément ou par la respiration, ou avec les aliments, que de là, ceux qui convenaient à chaque espèce allaient se rendre dans les parties des mâles propres à les renfermer, ou à les nourrir, et qu'ils passaient ensuite dans les femelles, où ils trouvaient des œufs, dont ils se saisissaient pour se développer. Selon cette idée, quel nombre prodigieux d'animaux primitifs de toutes les espèces ! Tout ce qui respire, tout ce qui se nourrit, ne respire qu'eux, ne se nourrit que d'eux...*" [1].

En somme, le sens réel du concept de fécondation était différent suivant les systèmes de pensée en présence. Pour les ovistes, le fœtus se trouve dans l'œuf et la rencontre avec le sperme ne lui apporte que le mouvement, une certaine nourriture ou la stimulation nécessaire pour démarrer son développement. Pour les animalculistes, le futur animal est déjà dans le spermatozoïde [2] : l'œuf ou la matrice ne lui fournit que le logement et la nourriture. Pour les épigénistes, par contre, cette fécondation est le point crucial, le mélange des semences provoque le développement du fœtus.

Bien sûr, de telles opinions contradictoires ne pouvaient cohabiter et des polémiques continuelles opposaient les partisans de chacune des tendances aux deux autres, chacun avançait des arguments pour soutenir ses idées et refuter celles des autres (*cf.* les fac-similés tirés d'ouvrages de Maupertuis et Spallanzani).

Ainsi, Buffon conteste Bonnet sur les animaux hybrides, dont le cas le plus discuté fut celui du Mulet [3].

> *Une difficulté contre ces deux systèmes* (celui des œufs et celui des *ver spermatiques), c'est la ressemblance des enfants tantôt au père, tantôt à la mère, et quelquefois à tous les deux ensemble, et les marques évidentes des deux espèces dans les mulets et dans les animaux mi-partis. Si le ver spermatique de la semence du père*

---

1 Contre l'idée des animalcules, point de départ du développement des êtres vivants, de nombreuses objections furent aussitôt élevées par les ovistes. D'abord la réalité des animalcules fut mise en doute. Linné les considère comme des "globules de graines", Verheyen comme des "bulles d'air". Même Buffon contribue à créer encore une confusion entre spermatozoïde, levure, spore, infusoires. Leur spécificité dans le sperme fut même niée, on les décrit dans l'urine, le sang, le suc de viande, les soupes végétales. On recherche même... leurs œufs. D'autres objections furent d'ordre plus théorique : Tanvri, Vallisneri jugent incroyable que la nature qui économise sans cesse, gaspille des millions de germes supposés produits dans des millions de spermatozoïdes pour n'engendrer qu'un individu. Malgré cela, cette conception se maintiendra, on retrouve des animalculistes jusqu'au XIXe siècle.

2 Ainsi Gautier d'Agothy prétendit avoir vu un cheval, un âne, un coq... dans les semences correspondantes.

3 Voir également à ce propos le chapitre *Hérédité*.

Mais ces petits animaux qu'on découvre au microscope, dans la semence du mâle, que deviendront-ils ? A quel usage la nature les aura-t-elle destinés ? Nous n'imiterons point quelques Anatomistes qui en ont nié l'existence : il faudroit être trop mal-habile à se servir du microscope, pour ne les pouvoir appercevoir. Mais nous pouvons très-bien ignorer leur emploi. Ne peuvent-ils pas être de quelqu'usage pour la production de l'animal, sans être l'animal même ? Peut-être ne servent-ils qu'à mettre les liqueurs prolifiques en mouvement ; à rapprocher par-là des parties trop éloignées ; & à faciliter l'union de celles qui doivent se joindre, en les faisant se présenter diversement les unes aux autres.

J'ai cherché plusieurs fois avec un excellent microscope, s'il n'y avoit point des animaux semblables dans la liqueur que la femme répand. Je n'y en ai point vu. Mais je ne voudrois pas assurer pour cela, qu'il n'y en eût pas. Outre la liqueur que je regarde comme prolifique dans les femmes, qui n'est peut-être qu'en fort petite quantité, & qui peut-être demeure dans la matrice ; elles en répandent d'autres sur lesquelles on peut se tromper, & mille circonstances rendront toujours cette expérience douteuse. Mais quand il y auroit des animaux dans la semence de la femme, ils n'y feroient que le même office qu'ils font dans celle de l'homme. Et s'il n'y en a pas, ceux de l'homme suffisent apparemment pour agiter & pour mêler les deux liqueurs.

Que cet usage auquel nous imaginons que les animaux spermatiques pourroient être destinés, ne vous étonne point : la nature outre ses agens principaux pour la production de ses ouvrages, emploie quelquefois des ministres subalternes. Dans les Isles de l'Archippel, on éleve avec grand soin, une espece de moucherons qui travaillent à la fécondation des figues.

Fig. 32: *Rôle du spermatozoïde vu par Maupertuis (1748).*

Troiſième Réflexion.

C L I I I.

Tous ceux qui ont cru que les fœtus ne ſont pas produits par la fécondation, mais qu'ils lui ſont préexiſtans, & bien long-tems avant renfermés dans les ſemelles, expliquent leur animation, en ſuppoſant que la ſemence du mâle pénètre dans les fœtus, arrive au cœur, le touche, irrite doucement ſes cavités, & le détermine, avec le mouvement de ſyſtole & de diaſtole, à pouſſer les fluides dans leurs vaiſſeaux reſpectifs; d'où réſultent l'élargiſſement des vaiſſeaux, l'augmentation des fluides qui y circulent, l'irritabilité du cœur, qui devient plus forte, & la dilatation univerſelle des ſolides, d'où réſulte l'accroiſſement de l'animal en maſſe & en volume. Entre ceux qui ont vu cette matière ſous ce point de vue, ſont Haller & M. Bonnet; mais long-tems avant eux, Antoine Vallisneri l'avoit ſoupçonnée & ceci eſt d'autant plus remarquable, qu'il ne pouvoit avoir les faits qui établiſſent la préexiſtence des germes. Pour moi, en conſidérant la manifeſtation des pulſations du cœur dans le Têtard avant qu'il donne aucun indice de mouvement : le développement des vaiſſeaux & de tout l'animal, qui eſt une ſuite des pulſations de ce muſcle, ſa force irritable, qui eſt telle qu'un agent méchanique & ſtimulant lui rend ſon mouvement lorſque tous les autres muſcles n'en ont plus aucun : tout cela m'a fait adopter les idées de ces grands hommes. La liqueur ſpermatique ſera donc pour moi le fluide ſtimulant, qui, en pénétrant le cœur du Têtard, le déterminera à battre plus fréquemment & plus fort, & donnera naiſſance à une augmentation très-ſenſible des parties, & à la vie qui ſuit la fécondation.

Fig. 33: *Rôle du spermatozoïde vu par Spallanzani (1787).*

doit être le fœtus, comment se peut-il que l'enfant ressemble à la mère ? Et si le fœtus est préexistant dans l'œuf de la mère, comment se peut-il que l'enfant ressemble à son père ? Et si le ver spermatique d'un cheval ou l'œuf d'une ânesse contient le fœtus, comment se peut-il que le mulet participe de la nature du cheval et de celle de l'ânesse ?

Il est vrai que les préformistes se trouvent en présence d'une grande difficulté ; elle restera longtemps la pierre d'achoppement de leurs théories, lorsqu'ils doivent interpréter des phénomènes d'hérédité, auxquels pourtant, ils avaient tout d'abord pensé pouvoir faire appel pour y trouver une confirmation de leurs idées. Ainsi, Leeuwenhoek (1683) insiste sur des caractères hérités du père, c'est-à-dire prouvant, à ses yeux, que le fœtus se trouve dans l'animalcule. "Beaucoup de mes concitoyens, écrit-il [1], élèvent des lapins qui sont de grande taille, blancs et à longues oreilles. Souvent, on en fait couvrir les femelles par des mâles gris et sauvages capturés dans des dunes, afin qu'elles puissent mettre au monde des petits gris ou cendrés, de type sauvage" qui sont plus recherchés. Car c'est pour lui un fait que ces mâles, croisés avec des femelles blanches, noires ou bleues, "ont une descendance qui a toujours la couleur du père" et qui ne possède ni la grande taille, ni les longues oreilles de la mère. N'était-ce pas la preuve que le fœtus était préformé dans l'animalcule et, par la suite, du type paternel ?

Mais si quelques cas de ce genre paraissent favorables aux animalculistes, il en est d'autres aussi nombreux qui sont plus embarrassants, comme, par exemple, lorsque l'enfant ressemble à la mère ou tient à la fois de ses deux parents. Le problème devait être reposé par Maupertuis (1745), en termes particulièrement nets. "L'enfant, dit-il, naît avec les traits du père, tantôt avec ceux de la mère et paraît tenir d'eux jusqu'aux inclinations et aux quantités de l'esprit." Il rappelle que si un "nègre" épouse une femme blanche, "il semble que les deux couleurs soient mêlées : l'enfant naît olivâtre et est mi-parti avec les traits de la mère et ceux du père".

Dès lors, comment concilier ces faits avec les systèmes préformistes ? Si tous les animaux d'une espèce étaient déjà formés "soit sous la forme de vers, soit sous la forme d'œufs, observerait-on ces alternatives de ressemblance ? Si le fœtus était le vers qui nage dans la liqueur séminale du père, pourquoi ressemblerait-il quelquefois à sa mère ? S'il n'était que l'œuf de la mère, que sa figure aurait-elle de commun avec celle du père ? Le petit cheval déjà tout formé dans

---

1 Leeuwenhoek lettre à Ch. Wren, 26 juillet 1683 (citée par Guyennot).

l'œuf de la jument, prendrait-il des oreilles d'âne parce qu'un âne aurait mis les parties de l'œuf en mouvement ?"

A cela les préformistes objectent la pauvreté des explications épigénistes sur le développement de l'individu, et en particulier comme nous l'avons indiqué précédemment, le passage : mélange des semences - organisme hautement structuré. Certes, les mécanismes de fermentation de Descartes, la vertu formatrice d'Harvey, l'attraction des molécules de Maupertuis, ou les molécules organiques de Buffon, tentent bien de résoudre cette question mais sans convaincre.

Alors, les préformistes ont "beau jeu" en déplaçant automatiquement la question : le fœtus préexiste et le problème est résolu. Ainsi Bonnet pouvait mettre l'accent sur "l'étonnant appareil de fibres, de membranes, de vaisseaux, de ligaments, de tendons, de muscles, de nerfs, de veines, d'artères, etc. qui entrent dans la composition d'un animal" pour s'exclamer ironique, comment concevoir "qu'un tout, aussi composé, aussi lié, aussi harmonique, puisse être formé par le simple concours de molécules mues ou dirigées suivant certaines lois à nous inconnues".

De même, Haller ne peut limiter la construction des êtres vivants "suivant des directions toujours nouvelles et tellement combinées que cette matière, de brute qu'elle était, devienne des os, des muscles, des viscères, des vaisseaux", à une simple force d'attraction ; aussi ajoute-t-il que l'on réfléchisse, à la construction de l'œil ;

> "*Comment, une force expansive pourrait-elle le construire tel qu'il est, formé de membranes les unes sur les autres, toutes de différentes structures, de façon que la lumière puisse être reçue par des parties qui, étant transparentes, sont entourées, de toutes parts, par d'autres très opaques ? Et ces parties sont arrangées si constamment de même que, dans des millions d'hommes et d'animaux, la rétine est le foyer où viennent se rendre les rayons de la lumière; cependant, cette prétendue puissance sans intelligence a mis des paupières et des sourcils sur cet œil; elle en a fait l'iris contractile et dilatable, afin qu'il ne fût point blessé par une lumière trop vive et qu'il pût apercevoir quand elle est trop faible*".

La fin du XVIIIe siècle est ainsi un étrange imbroglio, J. Roger [1] a bien décrit cette atmosphère :

> "*L'essentiel de ce que l'on sait, ou de ce que l'on croit savoir, vient*

---

1 J. Roger, *Les Sciences de la vie dans la pensée française du XVIIIe siècle.* Armand Colin, Paris, 1971.

donc toujours d'Aristote pour les animaux, et de Galien pour l'homme. Les faits généralement admis se bornent à fort peu de choses. L'anatomie des organes mâles est connue de façon assez sommaire, et qu'il ne saurait, bien entendu, être question d'anatomie fine, ce qui, en ces matières, est un obstacle insurmontable à toute étude sérieuse. Sur le fonctionnement de ces organes, il n'y a plus moyen de s'entendre. Si l'usage de la verge ne pose pas de problème, celui des testicules est très discuté. Il est à peu près admis que la "semence mâle" y est "élaborée", terme vague qui ne signifie rien, et que chacun interprète à sa manière. Pour certains, même, les testicules sont inutiles à la génération. Quant à la semence mâle, on s'accorde seulement à dire qu'elle est "blanchâtre", "écumeuse", c'est tout. On ne sait pas si elle pénètre dans la matrice. Toutefois on pense de façon générale que, lorsque la croissance d'un corps est achevé, la nourriture qui ne sert plus à cette croissance est affectée à la préparation de la semence. Ce qui explique pourquoi les adultes seuls sont en état d'engendrer.

L'anatomie des organes femelles, en dehors du vagin et de l'utérus, est encore plus incertaine. Les ovaires, que l'on appelle "testicules femelles", servent-ils à la génération ? On en discute. A quoi servent les trompes de Fallope, qui n'atteignent même pas les ovaires ? Autre question discutée. L'utérus a pour fonction d'abriter et de nourrir l'embryon. Comment remplit-il ce rôle, et n'en a-t-il pas d'autres ? Autant de questions qui reçoivent des réponses diverses. L'accord se fait sur les différentes membranes qui entourent l'embryon. Mais tout ce qui concerne la vie embryonnaire est toujours remis en question. On admet que l'imagination maternelle peut agir sur le fœtus. Mais les limites de cette action et ses moyens restent discutés.

Ce que nous venons de voir concerne l'homme, qui est seul l'objet de l'intérêt général, et les animaux supérieurs, dont on s'occupe parfois. Pour les autres animaux, en dehors de la poule qui fait l'objet de quelques études isolées, on ne sait à peu près que ce qu'en dit Aristote, et qui n'a pas été contrôlé. C'est dire que l'on entre aussitôt dans cette tradition que chacun discute à son gré.

En bref, rien n'est sûr, rien n'est à l'abri de la controverse, hormis ce qui crève les yeux "

Pourtant l'essentiel des éléments qui entrent dans le modèle actuel est connu. Mais pratiquement aucun fait n'est admis par l'ensemble de la communauté scientifique, même, les brillants travaux de Wolff démontrant, par l'embryologie causale, la non-préformation de l'embryon seront ignorés ou rejetés [1].

---

1 Il est vrai que d'autres raisons ont sûrement joué, en particulier son vitalisme exagéré. Pourtant Wolff décrit les diverses phases du développement du fœtus de poule avec précision.

Le nouvel épigénisme.

Ces travaux sur la fécondation retrouvent un certain intérêt vers les années 1820. Pourtant sur le plan expérimental, on ne décèle rien de nouveau, il s'agit toujours de fécondation artificielle. Par exemple si l'on prend les différents travaux de Prévost et Dumas [1], ceux-ci n'ont rien ni d'original, ni de génial, les expériences proposées sont quantitativement moindres et qualitativement plus pauvres que celles de Spallanzani. Toutefois, il peut constater avec étonnement qu'à travers sensiblement le même type d'observations et d'expériences, ils tirent des conclusions très différentes.

Ainsi, après une description anatomique des organes, une présentation des spermatozoïdes et des ovules, et une nouvelle série d'expériences de fécondations provoquées ou artificielles, semblables à celles de Buffon et Spallanzani, Prévost et Dumas réfutent tout à la fois les idées du premier, et celles du second pour conclure :

> *A une époque déterminée, ces appareils se développent d'une manière brusque, et atteignent en peu de temps le degré de perfection nécessaire à l'objet qu'ils ont à remplir. Celui du mâle produit un liquide d'une nature particulière qui est mis en réserve dans des cavités appropriées. Dans beaucoup de cas même, sa présence ne se manifeste qu'au moment où il devient utile, et alors l'appareil de la génération plus simple, manque entièrement de réservoir. La femelle crée des ovules. Ce sont des corps particuliers sécrétés par les ovaires, et qui se composent généralement d'une matière liquide ou pulpeuse renfermée dans un sac membraneux de forme sphérique ou allongée.*
>
> *Lorsque ces préparatifs sont terminés de part et d'autre, les deux êtres sont devenus capables d'en produire un troisième, et si l'acte par lequel ils arriveront à ce résultat varie beaucoup pour la femme, il est toujours le même quant à sa principale circonstance. Celle-ci consiste en ce que, d'une manière quelconque, la liqueur fournie par le mâle arrive au contact de l'œuf produit par la femelle. Ce petit corps devient, dès-lors, susceptible d'un développement ultérieur, et se transforme par degré, pourvu qu'il se trouve dans des conditions convenables de nutrition, en un jeune animal de même espèce que le père et la mère desquels il provient.*

Puis Prévost et Dumas ajoutent pour montrer la généralité de cette formulation :

---

1 J.L. Prévost, J.B. Dumas, Nouvelles théories de la génération, *Annales des Sciences Naturelles,* Tome 1, Paris, 1824.

Tel le phénomène de la génération réduit à son expression la plus générale. Il se compose donc essentiellement de trois temps principaux qu'il importe de séparer pour établir quelque clarté dans notre examen. Nous devons, en premier lieu, acquérir une bonne définition de la liqueur prolifique, apprendre comment elle se forme, étudier ses divers élémens et en apprécier l'importance. L'œuf fixera notre attention ensuite, et nous essaierons, s'il est possible, d'analyser sa structure de manière à assigner l'emploi des diverses parties dont il est formé. Après avoir acquis ces données, nous serons bien mieux en état de saisir les phénomènes qui arrivent au moment où l'œuf et la liqueur prolifique entrent en rapport, sous les conditions nécessaires à la fécondation, et nous suivrons avec plus de profit les changements divers qu'il éprouve après cette époque, jusqu'au moment où nous aurons établi l'existence de tous les organes du nouvel être.

En fait, Prévost et Dumas, pour construire leur modèle de la fécondation (d'autres le font au même moment ou ensuite) recourent aux mêmes éléments issus d'observations ou d'expériences connues et recommencées sans cesse durant tout le XVIIIe siècle. En d'autres termes, leur apport est qu'ils recombinent différemment les mêmes faits pour construire un autre modèle ; ce dernier redonne d'ailleurs un nouvel élan à l'épigénisme [1].

Toutefois, cette nouvelle expression de l'épigénisme ne repose plus sur le mélange de 2 liqueurs peu connues, elle est fondée sur la rencontre de 2 éléments précis : " la liqueur fécondante provenant des testicules du mâle et l'ovule fabriqué par l'ovaire de la femelle". Il faut ajouter à cela, une autre innovation que l'on distingue nettement dans les publications successives des auteurs : un style de rédaction différent, traduisant un nouveau mode de fonctionnement de la communauté scientifique.

Les travaux se veulent centrés sur un point particulier, et seuls des faits précis sont avancés d'une part ; d'autre part, ils ne cherchent plus à en faire découler de grandes spéculations. Ce souci de démonstration point par point, ce besoin d'argumentation va très loin puisque la plupart des auteurs se refusent maintenant à faire des synthèses, ils se limitent à produire une foule de travaux d'observations immédiates ou décrites commes telles ...

Il s'agit en fait d'une sorte de transformation lente que le perfectionnement des techniques ne suffit pas à expliquer et qui n'a

---

1 Faut-il encore rappeler qu'à l'orée du XIXe siècle, Lamarck, le fondateur du Transformisme, attribuait la vertu fécondante de la semence mâle à une sorte de feu éthéré ?

pas forcément pour origine la biologie. Elle s'exerce de façon discontinue, poursuivie par des personnages souvent inégaux à eux-mêmes, mais dans un contexte commun : celui d'une société scientifique qui se développe. Ainsi durant ces mêmes années, un grand nombre de travaux vont s'attacher avant tout aux problèmes qui conduisent à une connaissance plus intime des phénomènes de la fécondation, et nombre de faits nouveaux seront mis en avant, le plus souvent dans le cadre de ce nouveau modèle explicatif.

S'ils n'apportent pas d'éléments de conviction à court terme - chacun des éléments se trouvant contestés dans d'autres travaux -, ils n'en produisent pas moins une *masse critique* qui se révèlera utile par la suite. Par exemple, Purkinje (1825) démontre pour la première fois l'existence de la vésicule germinative [1] dans l'œuf de l'oiseau, Von Baer (1937) fait une "brillante" description du développement de l'ovule des mammifères [2] déjà vu par Prévost et Dumas dans l'oviducte et précisé sans succès auprès de la communauté scientifique par De Graaf (XVIIe), puis Gruikshank (XVIIIe). A leur tour ces travaux seront repris et complétés par des démonstrations plus détaillées sur la vésicule germinative des mammifères par Coste (1834) et Wharton Jones (1835) [3] par la découverte de la tache germinative [4] par Wagner (1836).

En parallèle, des recherches sont à nouveau tentées sur le début du développement des mammifères et en particulier de l'homme (Prévost et Dumas) [5] puis V. Baer. Elles mettent en évidence, dans l'œuf, différentes zones : aire embryonnaire, vésicules blastodermiques et le germe. Elles décrivent de même la formation du placenta. Toutes ces notions furent développées par Costes [6] qui distingue nettement la vésicule blastodermique.

Les embryons humains et les enveloppes de l'œuf font également l'objet de nombreuses études [7], l'embryologie comparée est cultivée avec "beaucoup de zèle" par nombre d'autres observateurs, avec la description de la segmentation de l'œuf de grenouille par Prévost et

---

1 *Le noyau actuel* - Purkinje, *Symbole ad ovi avium historiam,* Bratis, 1825.

2 Von Baer. *De ovi mamal et hominis genesi.* Lipsiea, 1827.

3 Delpech et Coste - *Recherches sur la génération des mammifères,* 1834.

4 *Le nucléole actuel,* Wagner R. *Prodomus historiae generationis,* Lips, 1836.

5 Prévost et Dumas ib. Tome III.

6 Costes, *Embryologie comparée,* 1837.

7 Seiler, *Die Gabärmutter und das Ei des Menschen,* Dresden, 1831,
Breschet, *Etudes anatomiques de l'œuf humain,* Paris, 1831,
Velpeau, *Embryologie sur ovogénèse humaine,* Paris, 1833,
Bischoff, *Beitr. z. Lehre von den Eibüllen des menschlichen Fötus, Bonn, 1834.*

Prévost et Dumas [1], la constatation du même phénomène dans l'œuf du poisson par Rusconi [2] puis la description de divers développements d'organes.

Il faut enfin signaler que ces travaux sur le développement initial de l'œuf jouèrent sans doute un rôle dans l'évolution de la théorie cellulaire de Schwann qui étudia en premier lieu la dérivation de la "cellule" de l'œuf primitif, puis rattacha la composition histologique des feuillets germinatifs à la formation des organes [3]. Cette dernière théorie ne fut pas, en retour, sans conséquence sur la compréhension de la fécondation.

Et puis, surtout, il faut noter la réalisation d'innombrables travaux de fécondations artificielles. En tout, nous en avons répertorié 28 et nous pensons être encore loin du compte. Parmi les plus intéressants, nous trouvons ceux de Haigton (1797) [4], de Rusconi sur l'œuf de poisson [5], de Peters Milne Edwards et Lallement sur l'œuf de grenouille, de Von Baer (1847) [6], de Bischoff sur l'œuf de grenouille et Bischoff et Meissner sur l'œuf de lapin (1854) [7], de Wagner [8] et de Muller [9], dans une moindre mesure ceux de Peltier (1835), Dujardin (1837), Hoffmeister (1838), Dufossé (1839), Quatrefages (1840), Lyncz Suminsky (1848).

Un certain nombre de travaux, sur des matériaux divers, vont encore plus loin, puisqu'ils tentent de mettre en évidence l'action fécondante du sperme. Les anciennes expériences de Schwann et Leuckart sur le sperme filtré, et surtout celles de Barry [10] "démon-

---

1 Ib. Tome II.

2 Rusconi, *Müll. Arch*, 1836.

3 Il est intéressant de noter au passage que Schwann pense qu'il existe une formation libre de cellule. C'est Kolliker qui propose le premier, semble-t-il que toutes les parties élémentaires du futur embryon sont les descendantes immédiates de la 1ère phase de segmentation et par conséquent de l'œuf.
A. Kolliker, *Embryologie*, 1856 (trad. française, 2ème édition, 1882).

4 Haigton. *Phil Trans.* 1797 chap. I p. 159.
Il lie une trompe d'un côté, ce qui rend la fécondation impossible alors qu'elle reste possible de l'autre côté.

5 Rusconi, *Biblioth. italiana*, tome L XXIX.

6 Von Baer, *Communication à l'académie des Sciences*, (1847).

7 Bischoff, *Traité du développement de l'homme et des mammifères*. (1843), p. 22.

8 Wagner, *Physiologie*, (1835), p. 49.

9 Müller, *Berichte der Berliner Akademie*, oct 29 1846, (trad. 3ème série Zool T. VIII 1847).

10 Barry, Spermatozoa observed within the mammiferous ovum, *Phil. Trans. Roy. Soc.* Vol 133 p.33 (1838 - complété en 1839 et 1843). Barry semble prendre la place de Thuret dans les manuels scolaires anglais.

trent" même l'entrée du spermatozoïde à l'intérieur de l'ovule. Ces travaux seront repris par Newport [1], confirmés par Bischoff [2] sur l'œuf de grenouille, Bischoff et Meissner pour l'œuf de lapin. Ce qui permet à Kolliker [3] de conclure : les spermatozoïdes sont la "partie véritablement fécondante du sperme".

Cependant même en ce milieu du XIXe siècle, le consensus est loin d'être atteint. Certes un maximum de travaux vont dans le même sens, celui d'une nouvelle forme d'épigénisme que Dutrochet qualifie "d'épigénisme raisonnable". Mais ces travaux que nous avons mis en avant parce qu'ils apportent des éléments nouveaux au débat ne signifient pas que les idées préformistes ont disparu ; au contraire, elles gardent leurs partisans et non des moindres. Car, face à ces quelques points qui apportent des arguments en faveur de l'épigénisme, la liste des contradictions ou des interrogations reste fort longue. Et, elle porte sur tous les points essentiels. Par exemple, l'action fécondante du sperme est conçue de nombreuses manières.

Elle peut s'exercer sur l'ensemble de l'individu femelle, ou directement sur l'ovule. Dans ce premier cas, on peut distinguer encore 2 types de représentation : le liquide séminal détermine directement dans les organes de la femelle une excitation qui entraîne le développement de l'ovule, ou bien par une sorte d'inocculation "du sperme au sang" celui-ci à son tour va activer le fonctionnement de l'ovaire et le développement de l'ovule. D'autres auteurs optent pour une action directe du sperme sur l'ovule. Mais, dans ce cas également, on constate un ensemble d'interprétations diverses et une controverse se développe toujours pour savoir si les spermatozoïdes interviennent ou pas. Ainsi la proposition de Müller [4] écrite dans son traité : - "dans l'état actuel de nos connaissances, on ne saurait décider si les spermatozoïdes sont des parasites [5] ou des molécules primaires des semences chez lesquels on les rencontre" - continue à avoir de véritables défenseurs.

Il est vrai que les mouvements de ces spermatozoïdes posent de sérieux problèmes ; on ne connaît pas d'autres éléments du corps

---

1 Newport, *Philos. Trans.*, (1853).

2 Bischoff - *Confirmation du fait annoncé par Newport et Barry que les spermatozoïdes pénètrent l'œuf.* (1854).

3 Kolliker, *Eléments d'histologie humaine* (1854) (trad. française 1856).

4 Müller, *Manuel de physiologie,* T. VIII., 1845 (Traduction par Jourdan).

5 Cette idée a pour elle, que les spermatozoïdes n'ont pas encore été trouvés dans tous les spermes et que la présence "d'animaux complètement organisés" dans les réservoirs de semence de seiche a été "démontrée" par Carus - *Nov. etc. nat.* XIX, 1837, p.I. et Philippi in *Muller Archiv.*, 1839, p. 301.

doués de telles propriétés alors qu'on est familiarisé avec les animaux capables de se mouvoir. Ainsi Ehrenberg est toujours disposé à les regarder comme des Protozoaires animaux. Il les rapproche des Cercaires (classées alors dans les Entozoaires) [1].

Dans l'opinion contraire, lorsque les gamètes mâles jouent un rôle actif et déterminant, de nombreuses variantes d'idées existent : y-a-t-il pénétration ou pas ? Y a-t-il un ou plusieurs spermatozoïdes qui interviennent ? Portent-ils en eux-mêmes l'embryon, le "principe fécondant", ou ne font-ils que le propager à la manière des "insectes contribuant à la fécondation des végétaux en disséminant le pollen" ! [2].

De plus ces questions sont terriblement embrouillées car elles se combinent avec des questions d'embryogénèse. Par exemple, il semble alors que les animalcules ne peuvent intervenir sur l'œuf puisque le blastoderme de celui-ci est identique dans les œufs fécondés ou non. De même, pour de nombreux auteurs c'est de son développement facile à observer que procède l'embryon. Enfin, les animalcules ne semblent pas plus agir sur la vésicule germinative, puisqu'il est "d'observations courantes qu'elle disparaît dans les œufs non fécondés des ovipares, dès avant qu'elle se détache de l'ovaire" ! [3]. Enfin on ne comprend pas toujours le développement de l'œuf, en particulier les mécanismes qui permettent de produire un nouvel individu semblable et on est encore loin des ressorts qui permettront de comprendre la transmission de l'hérédité.

Ainsi le problème de la préformation reste entier et garde ses partisans convaincus et les nouvelles formes d'épigénisme qui ne cessent de naître ne peuvent apporter suffisamment d'arguments décisifs pour combattre les préformistes [4].

Sont-ce ces dernières idées qui empêchent au plus grand

---

1 "Si l'on voit en eux des animaux, ils seraient un exemple d'animaux se produisant, sans germe fourni par une mère, à l'époque de la puberté d'autres animaux. Si ce ne sont que de simples molécules organiques, ils représenteraient des portions de tissus animaux qui, arrivés au maximum du développement, jouiraient d'une motilité propre et inhérente, ce dont nous avons vu ailleurs qu'il pourrait y avoir d'autres exemples encore". Jourdan (1856).

2 Les citations de Maupertuis sont reprises mot à mot 100 ans plus tard. Peut-on en déduire que l'opinion générale a encore peu évolué sur le plan conceptuel ?

3 Il est intéressant de noter que ces faits qui semblent alors évidents à de multiples observateurs méticuleux, se révéleront faux dès lors qu'une nouvelle façon d'aborder le problème sera avancée. La division cellulaire n'est pas encore connue dans ces mécanismes nucléaires ; le noyau, lui-même, reste mystérieux.

4 Il semble que les multiples expériences de fécondation artificielle aient eu pour résultat de développer à nouveau cette idée.

nombre de scientifiques de percevoir la pénétration du spermatozoïde *dans l'ovule*, ou tout simplement d'accepter cette conception ? Sont-ce également ces idées préformistes qui entraînent à se préoccuper beaucoup plus de la question de la rotation des ovules lors de la fécondation comme l'attestent les textes de Derbès et Thuret, aux dépens d'autres questions aujourd'hui jugées plus fondamentales.

Le débat ne peut pas être tranché à cette époque, et la confusion que nous avons décrite à la fin du XVIIIe siècle, continue à régner. Pour compléter l'état des contradictions de l'époque, nous citerons, pour montrer l'écart entre les deux points de vue, les représentations de deux chercheurs qui font alors autorité : d'abord celle de Schleiden, fondateur de la théorie cellulaire et néopréformiste, puis celle de Kolliker, fervent défenseur de l'épigénèse nouvelle formule.

Ainsi Schleiden écrivait alors :

> "*Bien que l'embryon soit une partie de l'utricule pollinique engagée dans le périsperme, il n'en a pas moins une influence dynamique des sucs du périsperme sur cette partie*"... *la fécondation consiste uniquement en ce que par l'effet de son conflit avec le périsperme, une portion de l'utricule pollinique devient apte à végéter sur la forme de l'espèce à laquelle appartient la plante. Sans ce conflit l'utricule pollinique a indubitablement une aptitude à végéter, qu'il commence à déployer avant d'avoir atteint le nucleus, mais il n'a pas acquis encore celle de la forme entière de l'espèce. De même aussi, chez les animaux, la portion de l'un des sexes qui devient apte à se développer ne diffère pas, après avoir été fécondée de celle qu'elle était auparavant*".

A cela Kolliker répliquait :

> "*Si les spermatozoïdes qui se meuvent sont seuls fécondants, cette circonstance ne peut plus être rattachée à une action dynamique comme à une époque où l'on ne savait point que les filaments spermatiques pénètrent dans l'œuf, il est au contraire vraisemblable que ces filaments se mêlent au vitellus, auquel il donne la faculté de se développer. Mais il faut avouer qu'il reste encore bien des points douteux dans l'histoire de la fécondation*".

On ne peut qu'acquiescer à cette dernière phrase quand on réfléchit sur le modèle que se fait alors Kolliker [1] pourtant le plus proche alors du modèle actuel. Pour lui, seul compte le vitellus dans

---

1 Kolliker ib.

le développement, la vésicule germinative ou la tache germinative qui ont été déjà décrites à maintes reprises et depuis longtemps ne jouent aucun rôle.

Par ailleurs, la sexualité des plantes n'est pas mieux traitée, comme l'illustre ce texte [1] :

> *Il y a une vingtaine d'années, M. Schleiden, à Berlin, et M. Endlicker, à Vienne, exposèrent, comme résultat de leurs travaux, des idées toutes nouvelles sur le phénomène de la fécondation dans les plantes. Ces idées, propres à chacun des botanistes, se ressemblent cependant de l'un à l'autre, sauf des différences insignifiantes. Voici quel en est le trait principal.*
>
> *Suivant MM. Schleiden et Endlicker, lorsque le boyau pollinique pénètre dans le micropyle, et arrive au contact du nucelle, il atteint le sommet du sac embryonnaire ; il pousse alors devant lui le sommet de cette cavité membraneuse, le refoule vers l'intérieur de la graine en formant un enfoncement où se loge l'extrémité même du boyau pollinique. Cette extrémité ainsi introduite dans l'ovule s'y développe, suivant M. Schleiden et M. Endlicker, et constitue l'embryon. Cette théorie a une conséquence bizarre, c'est que, si l'on l'adopte, le germe du végétal ne provient plus de l'ovule, comme on le pense généralement, mais bien au pollen ; l'ovule est seulement chargé de recevoir ce germe et de le développer. Cette opinion, fort bien accueillie en Allemagne, a été vivement discutée par les botanistes français. M.M. de Mirbel et Brougniart ont particulièrement étudié cette question délicate, et la théorie ingénieuse des deux botanistes allemands ne paraît pas avoir résisté à leurs critiques uniquement fondée sur l'observation des faits. De ces travaux, il est résulté :*
>
> *1° Que le refoulement du sommet du sac embryonnaire par l'extrémité du boyau pollinique n'a jamais pu être constaté par l'observation directe ;*
>
> *2° Que la vésicule embryonnaire, qui est la première forme de l'embryon, a été observée dans le sac embryonnaire de certains ovules avant qu'aucun grain de pollen ait pu féconder le pistil qui les contenait,*
>
> *Ces deux objections, tirées de l'observation même des faits, rendent inadmissibles les idées de M. Schleiden ; car évidemment l'on ne peut admettre que l'embryon se forme aux dépens de l'extrémité du boyau pollinique sans être sûr que réellement cette extrémité refoule le sac embryonnaire et se loge dans l'enfoncement qu'il y produit. Evidemment aussi aucun rudiment de l'embryon ne doit exister dans l'ovule avant la fécondation, si c'est réellement le pollen qui en apporte le germe, et le seul fait de la préexistence de la vésicule*

---

1 Focillon, *Histoires naturelles,* 1857.

embryonnaire, observée dans certaines plantes, dément toutes les idées de MM. Schleiden et Endlicker.
Des observations analogues, dues à M. Herbert Giraud, à M. Amici, à M. Meyen, semblent démontrer qu'il y a simplement contact de la fovilla échappée du boyau pollinique avec le mucilage que contient le sac embryonnaire ou la vésicule embryonnaire lorsqu'elle est déjà formée ; de ce contact résulte l'organisation d'un embryon aux dépens de la vésicule embryonnaire.

Ajoutons, pour compléter cet état des idées du milieu du XIXe siècle, que plusieurs auteurs dont Bischoff, Muller, pensent que dans l'espèce humaine, la fécondation a lieu dans l'ovaire et que Kolliker signale des méthodes contraceptives s'appuyant sur les observations suivantes :

"*Depuis l'époque où la femme devient nubile jusqu'à l'âge de retour, il se fait dans les ovaires une élimination incessante d'œufs par suite de la déhiscence des vésicules de de Graaf. Cette élimination indépendante de la copulation a lieu chez les filles vierges aussi bien que chez les femmes qui ont eu des rapports sexuels, et correspond généralement à l'époque des règles ...*" !

La théorie de la fécondation

La question va être reprise significativement par plusieurs chercheurs vers la fin des années 70. D'abord, Hertwig fait connaître en 1877, sur l'œuf du Toxopneuste livide :

"*1) que quelques minutes après avoir mêlé du sperme aux œufs mûrs, la tête du spermatozoïde apparaît, dans la couche corticale du vitellus entourée d'une irradiation protoplasmique et qu'elle se transforme en un petit corpuscule, que j'appelai noyau spermatique ; 2) que quelques minutes plus tard, on constate la copulation du noyau spermatique ; 3) que normalement il n'intervient dans la fécondation qu'un seul spermatozoïde, tandis que dans les œufs pathologiques, plusieurs spermatozoïdes peuvent pénétrer. Dès ce moment je pus exprimer cette idée que la fécondation repose sur le fusionnement de deux noyaux de cellules*".

Quelques mois plus tard, Van Beneden publie que, chez les mammifères, le noyau de segmentation provient du fusionnement de 2 noyaux (Auerbach et Bütschli l'avaient observé auparavant chez d'autres animaux) et formule alors la conjecture que l'un des deux noyaux, qui est situé à la périphérie de l'œuf, provient partiellement de la substance des spermatozoïdes. Il admet en plus qu'un grand nombre de spermatozoïdes fusionnent avec la couche corticale du vitellus. Peu de temps après, Fol fait faire un progrès à la question : il suit dans tous ses détails la pénétration d'un spermatozoïde dans l'œuf des échinodermes et découvre la formation d'un cône d'attraction.

Depuis cette époque, une foule de mémoires (Selena, Hertwig, Calleria, Kupffer, Nussbaum, Van Beneden, Eberth, Fleming, Zacharia, Boveri, Tafani, Bomm, Buckert, Julin Somota, Fick, Michaelis, etc.) ont établi que dans d'autres classes du règne animal les phénomènes de la fécondation se passent essentiellement de la même manière.

En outre, il faut également signaler les travaux de Van Beneden et de Boveri sur l'œuf de l'*Ascaris megalocephala*: ils ont contribué largement à faire comprendre le processus de la fécondation, notamment en décrivant ce qui deviendra la "danse des chromosomes" lors des mitoses de la cellule, et sur laquelle on s'attarde pour la première fois.

A partir de cet ensemble de travaux, Hertwig peut alors construire et publier ce qu'il appelle encore... une "théorie de la fécondation" [1]:

> "*En nous fondant sur les observations que nous avons exposées, nous sommes actuellement en mesure d'établir une théorie de la fécondation, basée sur une série importante de faits.*
> *Lors de la fécondation, il s'accomplit des processus morphologiques nettement visibles. Le plus important et le plus essentiel d'entre eux est l'union de deux noyaux procédant de cellules sexuelles différentes : le noyau ovulaire et le noyau spermatique. Il se produit de la sorte un fusionnement de quantités équivalentes de substance nucléaire chromatique mâle et femelle. Par contre, d'après Boveri, les centrosomes de la première figure de segmentation dérivent exclusivement du centrosome du noyau spermatique, c'est-à-dire en dernière analyse, de la pièce intermédiaire du spermatozoïde.*
> *Les phénomènes qui se passent au cours de la fécondation jettent aussi une pleine lumière sur la signification des phénomènes de la maturation des produits sexuels et particulièrement sur la division de réduction qui s'accomplit alors. La formation des deux cellules polaires aux dépens de l'œuf non mûr et les deux divisions successives, sans phase de repos intermédiaire, des spermatomères empêchent, de la façon la plus simple que, lors du fusionnement des deux noyaux qui s'accomplit au moment de l'acte de la fécondation, il se produise une masse de chromatine et un nombre de segments nucléaires doubles de la masse et du nombre normaux nécessaires pour l'espèce animale en question. Grâce au processus de la maturation, la masse de substance chromatique nucléaire*

---

1 Hertwig, *Traité d'embryologie,* trad. franç. (6e éd.), 1900.

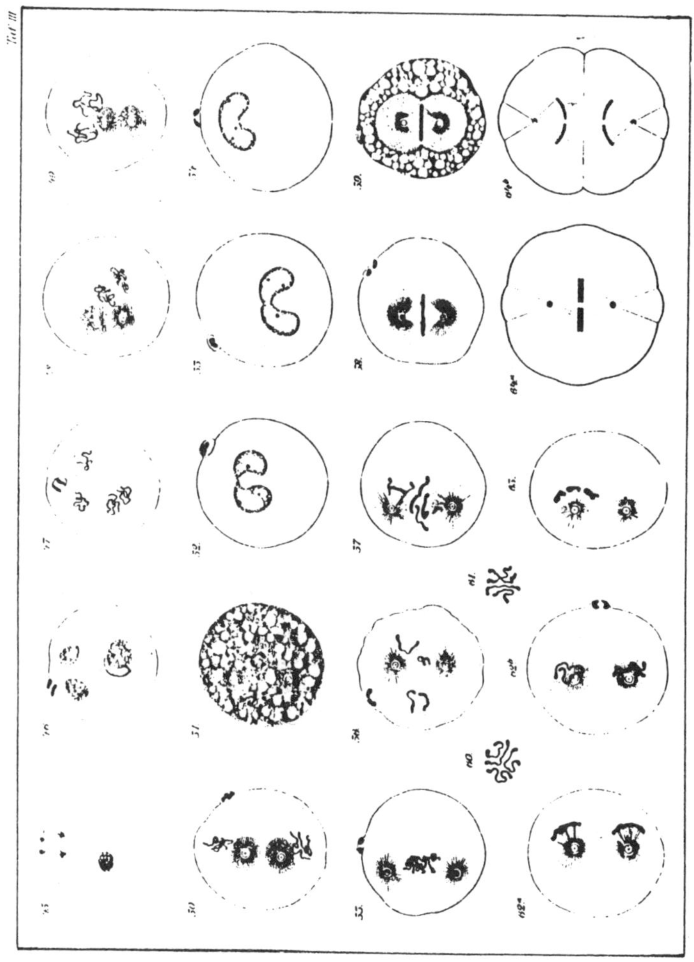

Fig. 34: *Description des divisions des chromosomes chez l'Ascaris et premières schématisations (Boveri 1887).*

mâle, comme la masse de substance chromatique nucléaire femelle, ainsi que le nombre des segments nucléaires dont chacune d'elles provient, se trouvent réduits à la moitié de ce qu'ils sont dans un noyau normal. C'est seulement par la fécondation, qui consiste en le fusionnement des deux noyaux, que la masse totale de substance chromatique nucléaire et le nombre total des segments d'un noyau normal se trouvent reconstitués.
La maturation des produits sexuels a donc, à tout point de vue, le caractère d'un processus préparatoire à l'acte de la fécondation.
On peut aussi maintenant s'expliquer d'une façon très simple, le fait observé par Weimann et Blochmann, à savoir qu'habituellement les œufs parthénogénésiques ne forment qu'une seule cellule polaire. La formation de la seconde cellule polaire, par laquelle s'effectue la réduction, ne se produit pas parce que, dans la parthénogenèse, une réduction, qui nécessite une fécondation consécutive, n'a aucune raison d'exister."

Cette théorie est confirmée et élargie par les travaux de Strasburger et Guignard qui prouvent dans une série de recherches que les phénomènes de la fécondation s'accomplissent de la même façon dans le règne végétal. Hertwig rapporte [1] :

"*Ils montrent notamment que lorsque le tube pollinique a pénétré dans le style jusqu'à la cellule-œuf, le noyau spermatique s'avance jusqu'à son extrémité, s'engage à travers la membrane de cellulose, qui dans l'intervalle s'est complètement ramollie, et s'engage dans le protoplasme de l'ovule végétal. Pendant qu'il chemine de la sorte, il est toujours précédé de deux centrosomes accouplés. Il gagne ainsi le noyau ovulaire, qui est un peu plus volumineux et à la surface duquel on constate aussi la présence d'une paire de centrosomes, les deux noyaux copulent ensuite ; il en est de même des centrosomes, qui copulent de telle sorte qu'à leurs dépens il s'en forme deux nouveaux couples, situés en des points opposés et dont chacun se compose d'un élément d'origine mâle et d'un élément d'origine femelle. Ces éléments se fusionnent aussitôt pour fournir un des deux centrosomes de la figure de division nucléaire.*"

Enfin, ces mêmes études portant sur ces phénomènes cytologiques vont encore servir à établir une théorie de l'hérédité qui a été émise simultanément par Strasburger et par Hertwig et que ce dernier expose comme suit [2] :

"*On a récemment aussi tenté d'étendre la théorie de la fécondation*

1 Hertwig, ibid.
2 Hertwig, ibid.

à une théorie de l'hérédité. Certains faits importants autorisent à conclure que les substances fécondantes sont en même temps les détenteurs des caractères héréditaires. Les substances nucléaires femelles transmettent au descendant les caractères héréditaires de la mère, comme les substances nucléaires mâles lui transmettent les caractères héréditaires du père. Dans cette théorie, qui a été émise en même temps par Strasburger et par moi, en la basant sur des données un peu différentes, et qui a été admise par Weismann, Kolliker et d'autres, il y a peut être une explication morphologique de ce fait que les enfants ressemblent à leurs père et mère et qu'en général ils héritent de chacun d'eux d'un nombre de caractères à peu près égal.

Si nous admettons ces deux théories, il en découle que le noyau, que jusqu'ici l'on devait décrire comme un organe constant mais énigmatique et d'importance inconnue, joue un rôle prépondérant dans les phénomènes de la vie des cellules. Il semble être dans la cellule l'organe propre de la fécondation et de l'hérédité et renfermer une substance (l'idioplasma de Nägeli), plutôt soustraite aux phénomènes de nutrition de la cellule."

Cette théorie s'appuie d'une part sur l'idée d'une substance fondamentale, d'autre part sur des études cherchant à prouver que la substance nucléaire mâle et la substance nucléaire femelle sont, comme l'avaient déjà supposé plusieurs auteurs Kefer, Haeckle, Hasse, les détenteurs des caractères dont les descendants héritent de leurs parents. Kolliker, Roux, Van Bambere, Weissmann, Van Beneden, Boveri et autres se sont également exprimés de la même manière à la même époque [1].

Nous voilà donc, arrivés au niveau de formulation du concept le plus souvent enseigné aujourd'hui, avec quelques retouches de détails certes. Comment alors apprécier les éléments qui ont favorisé cette construction ?

Contrairement à ce que l'on pense immédiatement, ce n'est pas l'apport technique qui fut prépondérant, celui-ci est postérieur et au contraire sera favorisé par cette nouvelle théorie. Ce ne fut pas non plus, ce qui peut sembler paradoxal, le fait de voir la pénétration d'un spermatozoïde dans l'ovule - celle-ci a été déjà perçue de nombreuses fois depuis le milieu du siècle. En fait, les apports décisifs sont consécutifs à une foule de travaux dans de multiples domaines .... interprétés au travers d'un nouvel outil : la théorie cellulaire qui s'est largement développée, depuis les travaux de

---

1 Il est intéressant de noter que cet apport a pu être construit en dehors du modèle de Mendel, contemporain, mais méconnu à l'époque.

Schleiden et Schwann [1], puis élargis par Virchow et Kolliker. Ainsi, comme l'écrit Hertwig :

> *"À la suite de la fondation de la théorie cellulaire, se posa naturellement en toute première base la question de savoir jusqu'à quel point l'œuf, par sa structure, peut être interprété comme une cellule. Cette question, à laquelle on donna longtemps des réponses en discussion, sous une autre forme. Schwann soutint, bien qu'avec une certaine réserve, que l'œuf est une cellule, dont le noyau est représenté par la vésicule germinale. Mais d'autres auteurs contemporains, Bischoff notamment, prétendirent que la vésicule germinative est une cellule et que le vitellus de l'œuf constitue une enveloppe de cette cellule. On ne parvint à accorder les diverses opinions que quand en histologie, on fut arrivé à donner une acceptation précise au mot "cellule", ce qui fut obtenu surtout par la connaissance du processus de formation des cellules, que nous devons aux travaux de Nageli, Kolliker, Remank, Leydig et autres."*

La réalité n'est, comme on peut déjà le percevoir, pas aussi simple que nous venons de la décrire. Pour arriver à ce modèle explicatif, il fallut dépasser toute une série d'obstacles intimement imbriqués, dont certains sont du domaine, d'autres périphériques.

En particulier, pour en rester d'abord à ce champ de problème, on bute sur la signification des œufs, la reconnaissance du noyau du spermatozoïde dans une des vésicules de l'ovule etc.

Ainsi, aussi suprenant que cela puisse paraître aujourd'hui, la compréhension de la signification des œufs renfermant du vitellus de formation et du vitellus de nutrition, c'est-à-dire des œufs à segmenta-

---

1 Il faut mettre en évidence sans vouloir minimiser l'apport synthétique d'Hertwig que l'idée cellulaire pour interpréter la fécondation a déjà 30 ans d'âge. Ainsi en 1856, Kolliker écrivait déjà : "L'origine de la vésicule germinative et de la membrane vitelline est encore douteuse, ou bien la vésicule germinative est un noyau de nouvelle formation, développé dans la cavité du follicule, et autour duquel s'amassent un pseudo-vitellus, puis se forme la membrane vitelline aux dépens du contenu cellulaire, ou bien l'œuf tout entier, avec la vésicule germinative n'est autre chose que la cellule centrale du follicule dont il serait contemporain. Quoiqu'il en soit, l'œuf représente une cellule dont le noyau est constitué par la vésicule germinative". Kolliker - *Eléments d'histologie humaine - trad.* 1856.

Cette théorie sera reprise à plusieurs moments. En particulier, il faut noter les apports importants dus à Butschli qui en 1873 dans "*Nova Acte der Kon, Leop, Cavol. Deutchen,* Akademie der Naturforschung montra que chez Rhebditis dolichura deux noyaux prennent naissance dans le vitellus de l'œuf fécondé, qu'ils se réunissent bientôt au centre de l'œuf et qu'ils se confondent pour donner le noyau de la 1ère cellule de l'embryon. Mais pour lui, le zoosperme (spermatozoïde) ne rentre pas dans l'ovule, il s'accole à la membrane vitelline et disparaît. Ces observations furent retrouvées par Auerbach en 1874 sur l'Ascaris migrovenosa et sur le Strongylus auricularis.

tion partielle fut longtemps une des principales difficultés, pour laquelle la théorie cellulaire fut d'ailleurs très utile.

En effet, deux réponses opposées ont régné longtemps à ce sujet. D'après l'une, les œufs à vitellus de nutrition polaire (œufs des reptiles, des oiseaux, etc.) étaient des formations composées, que l'on pouvait considérer comme de simple cellules. Seul le vitellus de formation avec la vésicule germinative était comparable à l'œuf d'un mammifère, tandis que le vitellus de nutrition représentait quelque chose d'étranger à la cellule-œuf, une production de l'épithélium du follicule, annexée à la cellule-œuf. Les sphères du vitellus blanc étaient des cellules de vitellus mi- ou plurinucléées. Le vitellus de formation et le vitellus de nutrition étaient comparables, dans leur ensemble, au contenu du follicule de de Graaf des mammifères. Telle était d'une façon générale, sans tenir compte de légères différences, l'opinion soutenue par H. Mickel, Allen Thomson, Ecker, Sticker, His et autres.

Dans l'autre opinion défendue par Leuckart, Kolliker, Gegenhaur, Haekel, Van Beneden, Balfour, etc., l'œuf d'un oiseau est tout aussi bien une simple cellule que l'œuf d'un mammifère et ne peut être comparé au follicule de de Graaf. Le vitellus ne renferme jamais de cellules, mais seulement des éléments nutritifs. Comme Kolliker en particulier le montre contre His, les sphères du vitellus blanc ne contiennent aucun organe comparable à un véritable noyau de cellule : elles ne peuvent, par conséquent, être interprétées comme constituant des cellules. Gegenhaur l'exprima déjà nettement en 1861 :

> "*Les œufs des vertébrés à segmentation partielle, ne sont donc pas des formations plus complexes que les œufs des autres vertébrés ; ils ne sont autre chose que d'énormes cellules transformées d'une façon spéciale, en vue d'un but particulier ; mais ils ne perdent jamais leur valeur unicellulaire*".

Cette manière de voir ne pouvait en rien être modifiée, si même on reconnaissait que le vitellus se formait aux dépens de l'épithélium du follicule et qu'il constituait une sorte de produit de sécrétion de cet épithélium : "S'il en était ainsi, nous aurions simplement affaire à un mode spécial de nutrition de l'œuf ; mais la nature unicellulaire de ce dernier ne pourra nullement être mise en question" [1].

---

1. Sur cette controverse Hertwig peut écrire encore en 1884. "Dans ces derniers temps, l'étude de la texture de la vésicule germinative a fait de grands progrès, Kellenberg y a découvert une charpente ou réseau nucléaire, d'une nature protoplasmique spéciale, dont l'existence a été démontrée par de nombreuses recherches faites ultérieurement. Dans la tâche germinative, j'ai distingué deux substances différentes, tant au point de vue chimique qu'au point de vue morphologique ; la nucléine et la paranucléine. Quelle est la signification de ces deux substances et quel rôle jouent-elles dans le développe-

De même, le rôle du spermatozoïde continuait à poser problème et sa reconnaissance dans l'un des noyaux de fécondation ne se fit pas sans difficultés, même si ces questions avaient été débroussaillées par des études comparées sur le sperme dans tout le règne animal, et par des expériences physiologiques. En effet, dans deux publications successives, Kolliker démontre que chez de nombreux animaux, chez les polypes par exemple, le sperme consiste uniquement en spermatozoïdes, tandis que la partie liquide fait absolument défaut ; et, en outre, que ces spermatozoïdes se développent dans des cellules et constituent eux-mêmes des cellules animales. Reichert prouva ensuite qu'il en était de même chez les Nématodes.

Par ailleurs, par des expériences physiologiques, il fut reconnu que le sperme est incapable de féconder l'œuf lorsque les spermatozoïdes ne sont pas arrivés à maturité, lorsqu'ils ne possèdent pas encore leur mobilité ; et qu'il en est de même quand on filtre du sperme à maturité, pour retenir les spermatozoïdes et que l'on ne soumet l'œuf qu'à l'action de la partie liquide. Ces observations démontrent *"d'une manière décisive"* que les spermatozoïdes sont les éléments actifs de la fécondation, tandis que les liquides au milieu desquels ils se meuvent n'apparaissent que chez les animaux supérieurs, et cela en raison de la "complication plus grande des rapports sexuels".

Toutefois, l'accord sur la structure intime des spermatozoïdes et leur développement fut long à se dessiner. En ce qui concerne le premier point, notamment à la suite des travaux de Vallette et de Schwegger-Sedel, la connaissance de ce dernier fut mieux établie en particulier la distinction dans le spermatozoïde d'une tête, d'une pièce intermédiaire et d'une queue, toutes ces parties différant les unes des autres dans leurs comportements physiques et chimiques. L'idée exprimée par Kolliker, que le spermatozoïde ne provient généralement pas du noyau transformé et allongé d'une spermatide, dut être abandonnée. Vallette a reconnu que seule la tête du spermatozoïde se forme aux dépens d'une masse de la spermatide, tandis que sa queue procède du protoplasme. Enfin Flemming a apporté *"la preuve manifeste"* que seule la chromatine du noyau de la spermatide se transforme en noyau du spermatozoïde [1].

---

ment ? C'est ce que l'observation n'a pas encore exactement déterminé". — Les filaments chromatiques ont été observés en premier dans les vésicules germinatives des amphibiens et des sélaciens par Flemming, Schultze, Ruckert et Born.

1 Les centrosomes furent également souvent au centre des controverses et des propositions théoriques. Beaucoup de chercheurs lui reconnaissaient un rôle fondamentale, ou du moins un rôle de déclencheur des processus du développement. Il en fut pareillement pour le rôle des cellules polaires, ou des mécanismes de la segmentation. Des recherches importantes sur la spermatogénèse chez différents animaux ont été publiées tout récemment par Van Beneden et Julin, par Platner, Hermann, Von Rath, etc.

Sur les phénomènes de maturation de l'œuf, le consensus fut également long à se dessiner. Déjà, en 1825, Purkinje, qui avait "découvert" la vésicule germinative dans l'œuf de la poule, avait constaté qu'elle disparaissait dans les œufs recueillis dans l'oviducte. Il en avait conclu que la vésicule germinative crève sous l'action des contractions de l'oviducte et que son contenu, une lymphe génératrice *(lympha generatrix)* se mêle au germe : de là le nom de vésicule germinative qu'il lui donne. Von Baer, Oellacher, Goethe, Kleinenberg, Kowalesky, Reichert, etc., observaient le même phénomène dans l'œuf de différents animaux.

En revanche, Muller pour les œufs d'*Entoconcha mirabilis*, Leydig, Gegenbaur et Van Beneden, pour ceux des méduses, des échinodermes, etc. montrent que la vésicule germinative ne disparaît pas, mais qu'elle se maintient et que, lors de la segmentation, elle se divise directement en des noyaux de cellules-filles.

Sur ce plan également, il y eut deux camps opposés : l'un, soutenant la persistance de la vésicule germinative et sa division lors de la segmentation ; l'autre, prétendant que la cellule-œuf passe, dans le cours de son développement, par une phase pendant laquelle elle est dépourvue de noyau, et n'en récupère un qu'à la suite de la fécondation.

Les points en litige furent expliqués grâce à des recherches que Bütschli et Hertwig réalisèrent simultanément. Dans sa première étude *"sur la formation, la fécondation et la segmentation de l'œuf"*, Hertwig fait ressortir que dans les publications antérieures on n'établit aucune distinction entre le noyau de l'œuf non mûr, celui de l'œuf mûr et celui de l'œuf fécondé ; mais qu'on les a souvent confondus, et considérés comme identiques. Il formule donc une distinction nette entre la vésicule germinative, le noyau ovulaire et le noyau de segmentation, expression qu'il introduit dans la littérature scientifique. Il démontre en outre que la disparition de la vésicule germinative et la formation du noyau ovulaire (pronucléus femelle) précèdent la fécondation et établit de la sorte une distinction entre les phénomènes de la maturation de l'œuf et les phénomènes de la fécondation, que l'on avait généralement confondus jusqu'alors. Il cherche de plus à prouver que le pronucléus femelle dérive de la vésicule germinative, d'un nucléole de cette dernière, et il soutient la thèse que l'œuf, pendant sa maturation, ne passe jamais par aucun stade pendant lequel il est dépourvu de noyau.

Mais il n'en conclut pas pour autant ce qui parait logique aujourd'hui, à savoir, les relations intimes qui existent entre la formation des cellules polaires et la disparition de la vésicule germinative, l'étude de ces phénomènes étant rendue plus difficile dans les œufs qu'il étudie, parce qu'ils s'y accomplissent à l'intérieur de l'ovaire.

Sous ce rapport, les recherches de Büschli reprennent ces travaux, elles font connaître les relations qui existent entre les modifications subies par la vésicule germinative et la formation des cellules polaires [1]. D'après lui, la vésicule germinative se transforme en un fuseau nucléaire, qui gagne la surface de l'œuf, et se divise ensuite en son milieu, par étranglement, de façon à former deux corpuscules de direction, qui se trouvent expulsés dans l'œuf à la suite de contraction du vitellus. Toutefois, d'après Bütschli, l'œuf reste à un moment donné, dépourvu de noyau et ce n'est qu'après la fécondation qu'il rentre en possession d'un nouveau noyau.

Dans deux publications successives, Hertwig modifie la théorie de Büschli et la met en harmonie avec ses observations antérieures. Il montre, en effet, que la vésicule germinative ne se transforme pas directement, comme telle, en un fuseau nucléaire, mais qu'elle disparaît partiellement et que le noyau se forme, d'une façon difficile à étudier, aux dépens de la substance nucléaire. Il note en outre que les cellules polaires ne se forment pas par expulsion du fuseau nucléaire, mais par un véritable phénomène de division ou de bourgeonnement. Il montre que, même après l'expulsion de la seconde cellule polaire, l'œuf n'est pas dépourvu de noyau ovulaire. Ce dernier dérive donc, en dernière analyse, de certains éléments de la vésicule germinative de l'œuf non mûr.

Au même moment, cela n'empêchait pas des médecins connus et reconnus d'écrire sur le sujet :

> *"Depuis l'antiquité jusqu'à nos jours l'influence exercée par la mère sur le fœtus a toujours été admise par la majorité des médecins. Parmi les observateurs contemporains ; la liste de ceux qui ont reconnu cette influence est considérable. Je citerai seulement parmi eux Geoffroy Saint-Hilaire, qui considérait comme certain, et je suis absolument de son avis, que les impressions morales vives retentissent profondément sur le produit que la mère porte dans son sein.*
>
> *Avant même qu'il soit devenu embryon, le germe subit l'influence du milieu qui l'entoure ; l'état des parents au moment de la conception à un effet considérable sur son évolution ultérieure. Le sujet conçu pendant la surexcitation de l'ivresse est voué à une existence misérable. "Enfant, dit le docteur Lancereaux dans un travail couronné par l'Institut, il est emporté par des convulsions ou*

---

1 Déjà, en 1848, Fr. Müller et Loven avaient observé les cellules polaires qu'ils appelèrent vésicules de direction, parce qu'elles se trouvent toujours situées au point où apparaît plus tard le premier sillon de segmentation. Un petit nombre d'observateurs avaient ensuite démontré que ces éléments sont très répandus dans le règne animal. Bütschli cependant fut le premier qui attira l'attention sur les phénomènes particuliers qui s'accomplissent dans le vitellus lors de la formation des cellules polaires.

d'autres désordres nerveux, ou reste idiot ou imbécile. Adulte, il a un cachet spécial ; sa tête est petite, sa physionomie est hébétée, son regard sans expression ou stupide. Une susceptibilité ou une mobilité nerveuse plus ou moins accentuée, un état névropathique voisin de l'hystérie, des convulsions épileptiques, des idées tristes, de la mélancolie et de l'hypocondrie, tels sont ses attributs. La passion alcoolique, la tendance à l'immoralité, à la dépravation et au cynisme, tel est en somme le triste héritage que laissent à leurs descendants un nombre malheureusement trop grand d'individus adonnés aux boissons."

Les Anciens n'ignoraient pas sans doute le danger de la conception sous l'influence de la surexcitation alcoolique, car une loi de Carthage défendait l'usage du vin le jour du mariage.

L'histoire est pleine de faits qui montrent la croyance qu'on a eue dans tous les temps relativement à l'influence morale exercée par la mère sur le fœtus. Montaigne parle dans ses Essais d'une jeune fille présentée à un roi de Bohème "toute velue et hérissée, que sa mère disoit avoir été ainsi conçue à cause d'une image de Saint Jean-Baptiste pendue en son lict. " Plusieurs auteurs prétendent que la frayeur qu'éprouvait Jacques Ier à l'aspect d'une épée nue tenait à l'épouvante que ressentit Marie Stuart, sa mère, en voyant assasiner Rizio pendant sa grossesse ; mais ce sont là des faits de la réalité desquels nous ne savons rien et qu'on ne peut que rapprocher de l'histoire de ce pâtre devenu grand calculateur parce que, pendant sa grossesse, sa mère se serait adonnée au calcul.

Dans les temps modernes, divers médecins instruits ont fait des observations plus probantes que celles qui précèdent. Le docteur Liebault en cite plusieurs constatées par lui, notamment celle d'un vigneron dont la tête ressemblait à celle du patron de son village tel qu'il était représenté dans l'église du pays, parce que pendant tout le temps de sa grossesse, sa mère avait constamment à l'esprit cette idée que son enfant aurait une tête pareille à celle du saint qu'elle contemplait sans cesse. J'ai moi-même observé un fait presque identique.

Les occupations physiques, intellectuelles et morales de la mère pendant la grossesse peuvent donc avoir une influence considérable sur l'avenir de l'enfant qu'elle porte dans son sein. C'est un sujet dont l'étude, fort difficile sans doute, serait pleine d'utilité et d'intérêt. Cette influence incontestable, suivant nous, exercée par la mère sur son enfant, constitue ce que l'on pourrait nommer l'éducation antérieure." [1]

Cette parenthèse effectuée, nous pouvons mieux voir, au travers des cheminements et des controverses par lesquels est passée

---

1 Docteur Gustave le Bon (1874).

La question de l'origine du sexe.

Aristote croyait que le sexe dépendait du mâle seul, et pareille opinion se retrouve de nos jours dans Schumann. Buffon, Haller Burdach, qui croyaient à l'hérédité croisée, admettaient comme conséquence que les filles proviennent plus particulièrement du père et les fils de la mère. Girou de Buzareingues pensait, au contraire, que chaque parent engendrait le produit de même sexe que lui, et Luca émet une opinion semblable.
La première tentative pour trancher ces questions sinon par l'expérience du moins d'une manière quelque peu scientifique, remonte à Hofacker. Hofacker et Sadler avaient déduit de statistique insuffisantes que l'époux le plus agé a plus de chances de donner son sexe au produit.
Mais Berner a montré par des statistiques plus étendues portant sur 213 224, mariages que cette opinion était erronée. Il se rallie à l'opinion de Richarz et croit qu'il y a plus de garçons que de filles chez les gens qui se livrent à un travail cérébral. MAURICEAU, au siècle dernier (1721), avait cru remarquer que les primipares font plutôt des garçons. ED. ROSIX est d'avis que tout ce qui échauffe le sang : climat, viandes, alcool, poussent à la formation des mâles, opinion déjà soutenue longtemps auparavant par BELLINGERI. PFLUGER attribuait la formation des mâles à la fécondation par plusieurs spermatozoïdes, et au coït à la fin du rut. D'après RICHARZ, le sexe n'est pas transmissible, et le sexe du produit dépend de la femelle seule; le sexe mâle est, en effet, un dégré d'évolution plus avancé que le sexe femelle, et tout œuf produit un mâle quand sa force reproductrice est à son maximum et qu'il à son complet développement ; il produit une femelle dans le cas contraire. Dans le premier cas, le mâle engendré ressemble natruellement à la mère, dans le second, le produit femelle au père. Celui-ci ne fournit jamais son sexe, mais seulement sa ressemblance et l'incitation nécessaire à l'œuf pour se développer lorsque la femelle est peu souvent fécondée, ses œufs arrivent plus aisément à leur complet développement. C'est pour cela qu'après une guerre il naît plus de garçons. BERNER croit qu'il naît un mâle quand la femelle a une énergie reproductrice élevée et une femelle quand la nourriture est plus abondante. Pour Janke, il naît une fille quand le père est le plus fort et le plus passionné. Si la mère l'emporte par ces qualités, il naît un garçon. Nous citons là quelques opinions, mais il faudrait un long chapitre pour les énumérer toutes. Cela d'ailleurs serait fort inutile, car toutes sont fondées sur des obervations souvent justes mais toujours incomplètes, trop restreintes. La plupart sont restées sans écho. La seule qui ait gardé quelque autorité est celle de HUBER, et THURY, de CORNAZ, qui attribuent aux états de maturité des produits sexuels une influence prépondérante sur le sexe du produit. THURY avait observé qu'il naissait plus de femelles quand la femelle avait été couverte dès le commencement du rut et plus de mâles quand le coït avait eu lieu à la fin de cette période. L'œuf très mûr donnerait un mâle, l'œuf peu mûr une

femelle. Les expériences faites par les éleveurs corroborent assez bien cette règle. Mais les observations de FRUTZ l'infirment. Düsing s'en est emparé, mais il l'a appuyée sur des considérations fort intéressantes et très bien déduites. Il déclare, avec raison, que la régularité absolue de la proportion moyenne des sexes ne peut s'expliquer que par une autorégulation, la pénurie de mâles provoquant une production de mâles et la pénurie de femelles une production de femelles. On comprend, en effet, que si la régulation était primitive et organique, elle n'autoriserait pas des oscillations incessantes autour d'une moyenne qui seul est fixe. Les chiffres absolus aux-mêmes seraient fixes. Une riche statistique lui a montré, en effet, que l'œuf jeune tend à produire une femelle, l'œuf vieux à produire un mâle. Le spermatozoïde jeune tend à produire un mâle, le spermatozoïde vieux à produire une femelle.

Avec ce principe, l'autorégulation ne peut manquer de s'établir, car il y a peu de mâles, ils féconderont souvent et leurs spermatozoïdes seraient toujours jeunes, tandis que si les femelles sont trop nombreuses, elles seront rarement fécondées et leurs œufs seront vieux, double raison pour qu'il naisse des mâles. Dans le cas inverse, l'inverse se produit. Il établit aussi que tout œuf bien nourri tend à produire une femelle et que, plus la consanguinité est étroite, plus il se produit de mâles. Ces deux derniers facteurs, s'ils sont vrais, ne sont pas fort avantageux pour sa théorie Le premier tend à diminuer le nombre des mâles quand il est déjà trop près et le second est à peu près indifférent aux proportions numériques du sexe.

Ces faits que DUSING avance sans les expliquer, HOLLINGSWORTH cherche à en trouver la cause et propose l'explication suivante. Si la fécondation a lieu sur un œuf peu avancé, elle met plus longtemps à se parachever et le spermatozoïde, restant longtemps dans l'œuf, est en quelque sorte féminisé par lui. Si elle a lieu sur un œuf très avancé, elle s'achève aussitôt et le spermatozoïde n'a pas le temps d'être féminisé au contact du plasma féminin. C'est, on le voit, fortement hypothétique et l'explication n'est valable que pour les états de maturité de l'œuf.
A la théorie de DUSING, HAACKE objecte que, si le garçon provient de la fécondation d'un vieil œuf par un jeune spermatozoïde, il a toute raison de ressembler à son père et, inversement, la fille provenant de la fécondation d'un jeune œuf par vieux spermatozoïde devait ressembler à sa mère. Or les ressemblances croisées sont aussi fréquentes, sinon plus, que les ressemblances directes.

En somme, en dehors de la nécessité de l'autorégulation démontrée par DUSING, et de quelques statistiques peu démonstratives, il ne reste plus de positif de toutes ces théories. La procréation des sexes à volonté ou même leur simple prévision est et reste impossible à l'homme, aussi bien pour les animaux qu'il élève que pour ses propres enfants.

Y. Delage - *la structure du protoplasma, théories de l'hérédité,* 1895.

cette construction, le rôle prépondérant de la théorie cellulaire. Elle permet d'interpréter et de rendre cohérent un ensemble de paramètres à première vue contradictoire, mais surtout elle permet d'envisager la transmission d'une structure organisée : d'où la centration sur les noyaux, et l'insistance alors à se préoccuper d'eux.

Pour cela, la découverte de la nature unicellulaire de l'œuf et du spermatozoïde, l'importance des substances véhiculées par le noyau sont d'une portée extraordinaire pour la compréhension du rôle de la fécondation, du développement embryonnaire et pour ce qui deviendra par la suite la génétique.

De même, si l'on prend les phénomènes de segmentation [1], tout devient alors clair : la segmentation est un processus de formation de cellules. Toutefois rien n'est facilement résolu par ce concept, les obstacles sont à d'autres niveaux : est-ce l'œuf ou bien sa vésicule germinative, qui est une cellule ? Les "*segments*" [2] résultant de la division de l'œuf possèdent-ils ou non un nucléole ? Enfin, ces "*segments*" sont-ils des cellules ? Toutes questions sur lesquelles on n'est pas d'accord. Schwann, lui-même qui avait publié plusieurs observations sur la division de l'œuf, n'avait pas une position bien nette dans la discussion. Quant aux autres auteurs, leurs opinions furent divisées pendant plusieurs années. Dans les publications, on trouve la vésicule germinative et les noyaux des blastomères souvent considérés comme des cellules au même titre que le vitellus.

Une autre circonstance qui rendait très difficile l'interprétation du phénomène de la segmentation, était la théorie erronée de la formation libre des cellules au milieu d'une substance fondamentale. Longtemps on discuta avec acharnement la question de savoir si les tissus de l'organisme adulte sont des descendants des blastomères ou bien des formations tardives, par développement libre, dans un "cytoblastème". Kolliker, Reichert, Remark et Leydig eurent le mérite de préparer le terrain. Ils démontrèrent qu'il n'y a pas de formation libre, mais que tous les éléments des tissus se forment successivement, par division aux dépens de la cellule-œuf.

---

1 Von Baer considérait, déjà l'embryogénèse comme une suite de divisions à partir de l'œuf mais son interprétation était la suivante : "(le but de la segmentation) est de soumettre tous les segments à l'influence des divers liquides de la substance fécondante".

2 Segment = cellule-fille.

Les limites du modèle d'Hertwig et les formulations ultérieures

Tous les problèmes ne sont pas résolus par le modèle d'Hertwig, et, ce modèle a peine installé, les débats reprennent, notamment sur le plan de la transmission des caractères héréditaires. Citons par exemple un point de vives controverses dans l'année 1885 [1] : la fécondation est-elle (ou non) assurée par les seuls éléments nucléaires, provenant des gamètes qui, dans ce cas, constituent les seuls vecteurs de l'hérédité ? Mais alors, quelles sont leur nature et leur structure ? Y-a-t-il fabrication d'un nouveau matériel génétique ?

Hertwig, à la différence de Strasburger et de Van Beneden soutient ce point de vue en se basant sur le fait que la fécondation n'a lieu qu'au moment de la copulation des noyaux même si elle est différée, que le spermatozoïde ne fournit qu'un noyau à l'œuf, et que les recherches d'alors montrent le développement du noyau de la spermatide et la permanence du matériel nucléaire. Il pense d'ailleurs :

> "*La nucléine est la substance qui non seulement assure la fécondation mais qui assure la transmission des caractères héréditaires, c'est elle qui correspond à l'idioplasme de Nageli... La fécondation n'est pas seulement un phénomène biochimique mais aussi un phénomène morphologique dans la mesure où la structure nucléaire du spermatozoïde s'articule avec la structure nucléée de l'ovule*" [2].

Hertwig n'obtient que peu à peu l'appui et la confirmation de Strasburger, de Van Beneden (qui pensaient d'abord à la dissolution

---

1 Autre point de controverse ; s'agit-il d'une simple mise en commun d'éléments des 2 noyaux, ou y-a-t-il interaction entre eux, ou encore fusion pour constituer un matériel totalement original ?

2 Traduction V. Host. Cette phrase est intéressante car elle présente, elle aussi, un nouveau paradigme pour aborder l'hérédité avec un nouvel éclairage. Alors qu'Hertwig ne conçoit pas les chromosomes, il n'en dégage pas moins l'idée d'un support structuré, comme vecteur de l'hérédité.

du noyau mâle après la pénétration), de Flemming et Fol [1], alors même qu'ils donnent, pour la première fois, le schéma de la division cellulaire.

Ce schéma, sera complété par des observations plus détaillées de Fol, de Flemming, de Van Beneden, sans le modifier dans son essence. Fol publie une monographie étendue du processus de la segmentation, résultat d'observations nombreuses entreprises chez plusieurs invertébrés. Flemming, s'appuyant sur la division du noyau dans les cellules des tissus, distingue nettement dans les figures nucléaires la partie achromatique et la partie chromatique. En fait, il distingue d'une part, les fibres achromatiques du fuseau, d'autre part les filaments et les autres substances nucléaires situés à la surface de ces fibres sensibles aux matières tinctoriales. Il découvre, en outre, "ce fait intéressant -mais anecdotique- que les anses chromatiques se divisent longitudinalement"(!). Ce phénomène particulier ne sera expliqué qu'ultérieurement par les études indépendantes de Heuser, Van Beneden, Guignard. Ces auteurs démontrent que les deux moitiés résultent de la division longitudinale de chaque anse, l'une gagne l'un des pôles du noyau, et l'autre pôle pour intervenir dans la constitution des deux noyaux-filles.

Van Beneden signale également "ce fait important que, des quatre anses chromatiques que renferme toujours le noyau de segmentation dans l'œuf de l'Ascaris mégalocephala, deux proviennent de la substance chromatique du pronucleus femelle". Il montre par la suite la division longitudinale de ces deux anses : "chaque noyau-fille, lors de la segmentation, renferme deux anses mâles et deux anses nucléaires femelles" -, mais il faudra que le processus de la segmentation fasse encore l'objet de nombreux mémoires parmi lesquels nous mentionnerons ceux de Nussbaum, de Carnoy, de Boveri, de Platner, de Wenkerbach, de Ziegler, etc. [2] pour que notre proposition initiale sur l'origine du matériel de l'œuf soit dépassée.

---

1 Ce dernier qui a décrit pourtant brillamment la pénétration, reste longtemps partisan de la néoformation du noyau mâle.

2 D'autres questions, aujourd'hui éludées, passionnent également nos chercheurs. Ainsi Hertwig par exemple écrit : "En 1883, Pfüger a cherché à établir, par de curieuses expériences, que la pesanteur a une influence sur la direction que prennent les plans de segmentation". Born, Roux et Hertwig croient au contraire, que les divisions peuvent s'expliquer par l'organisation de la cellule-œuf, elle-même. Dans sa notice intitulée : "*Quelle influence la pesanteur exerce-t-elle sur la division cellulaire?*" Hertwig écrit encore : "Je considérai que les causes déterminantes de la direction des plans de segmentation résident : 1. dans le mode de répartition dans l'œuf, du cytoplasme et du deutéroplasme, le premier étant plus léger que le second ; 2. Dans l'influence par la disposition du protoplasme sur la position du fuseau nucléaire".

Certes, avec le recul, on peut dire aujourd'hui qu'un certain accord semble se réaliser à cette date sur les points suivants :

- la tête du spermatozoïde provient de la nucléine de la spermatide qui produit le spermatozoïde, la nucléine étant alors considérée comme la partie organisée du noyau,
- la tête du spermatozoïde pénètre dans l'ovule et donne le pronucleus mâle, qui va s'unir avec le pronucleus femelle,
- les deux pronucleus fusionnent pour constituer le point de départ du futur être humain.

Notre histoire n'est cependant pas terminée, car des contestations subsistent. Ainsi, jusqu'à la fin du siècle (et même en 1930), il y a ceux qui ne peuvent croire à la pénétration du spermatozoïde mâle. Il y a ceux qui contestent notamment l'existence d'un pronucleus mâle. Parmi eux, A. Scheider publie encore un texte où il nie toujours, "à la suite de De Bütschli et Auerbach, que le spermatozoïde fournit à l'œuf un élément nucléaire". Les deux pronucleus observés par lui disparaissent totalement dans le vitellus, qui, seul, joue un rôle dans le développement embryonnaire.

Mais plus important encore, il y a surtout ceux qui ne voient pas d'intérêt dans ce modèle. La plupart n'accordent pas un rôle primordial à ces noyaux ou à ces vésicules germinatives, car ils ne peuvent déterminer nettement quelles sont leurs fonctions, notamment dans le développement embryonnaire. D'autres accordent de l'intérêt à des organites différents, notamment à l'*aster* (le centriole). Certes, la postérité ne les a pas retenus, mais ils nous semblent jouer des rôles non négligeables dans le monde scientifique d'alors.

Et puis il y a Boveri qui cherche à démontrer que la juxtaposition ou la fusion des noyaux ne sont pas la cause du développement. En effet, il a montré qu'un œuf expérimentalement privé de son noyau se développe néanmoins en un embryon quand le spermatozoïde l'a pénétré et il ne saurait y avoir alors de fusion des deux noyaux. D'après lui, l'ovule est incapable de se développer car il lui manque "l'organe" de la division cellulaire. Cet organe, le centrosome fait défaut dans l'œuf vierge et serait apporté par le spermatozoïde. Enfin, on peut citer encore Loeb :

> "*Ainsi O. Hertwig a soutenu que la fécondation consiste essentiellement en l'union des noyaux de l'ovule et du spermatozoïde, et il a présenté cette formule comme une* "théorie de la fécondation", *bien qu'elle ne nous donne pas la moindre idée de la nature des forces qui amène l'œuf à se développer en un embryon*" [1].

En effet, le modèle d'Hertwig est très "insuffisant", et, à la limite,

---

1 J. Loeb, *La fécondation chimique,* institut Rockfeller - New-York, 1911.

De ce malentendu physiologique découlent des conséquences graves, pour la vie de l'individu, et pour la vie des sociétés.[1]
Non seulement, en effet, il n'est pas contestable que le plus grand nombre des hommes ne produisent ni la quantité, ni la qualité du travail dont ils seraient normalement capables, mais encore beaucoup sombrent prématurément au cours de leur carrière.
Les hystéries, les neurasthénies masculines vont se multipliant, et les dégénérescences s'accusent de plus en plus chez les produits accidentels de ces accouplements purement amoureux, d'où est banni tout souci de la procréation, de la conservation de l'espèce, et de l'amélioration de la race. Sous ce rapport, on peut le dire, l'homme se montre absolument inférieur aux animaux.
On accuse volontiers l'alcool de tous ces méfaits, et l'on met à son actif toutes les déchéances individuelles et toutes les dégénérescences dont les sociétés modernes nous montrent le tableau lamentable.
Sans doute l'alcool en réclame une partie, mais une plus juste appréciation de la nature de ces maux, une plus rigoureuse observation des habitudes intimes des couples humains, permettraient sans doute de faire remonter aux traditions de l'alcôve, étrangement erronées et déformées, la responsabilité du plus grand nombre des déchéances et des dégénérescences.
Bien entendu, les défaillances morales, et les ruines sociales vont de pair avec ce gaspillage des richesses génésiques, dont elles sont les conséquences fatales.
Le manque de caractère, de volonté, d'énergie, de persévérance dans les affaires comme dans la conduite du ménage ; les sacrifices, hors de proportion avec les ressources, consentis par l'homme pour satisfaire les caprices de la femme et sa propre vanité de mâle, résultent fatalement de l'aberration et de l'hypertrophie de la vie sexuelle.
La production, dans la société comme dans la famille, va baissant, de quantité comme de qualité ; le malaise et l'instabilité règnent partout, dans les ménages comme dans les affaires, car le producteur va se stérilisant et s'énervant. Une fuite existe dans son existence, par où s'écoule indûment le plus pur de sa vitalité ; et toute son activité s'en trouve amoindrie, faussée, jusqu'au moment, qui ne tarde pas à venir, de l'impuissance définitive, sexuelle et intellectuelle.

1. En réalité, il n'y a pas qu'un malentendu physiologic ; et en exigeant de l'homme l'accomplissement quotidien, ou même plus fréquent encore, du devoir conjugal, la femme, parfois, a un but égoïste, conscient, intéressé, et nettement déterminé. Elle veut prévenir les infidélités de son conjoint ; et le meilleur moyen d'obtenir ce résultat, moyen qui la dispense d'une surveillance plus ou moins précaire, c'est de tenir l'homme dans un état habituel de satisfaction, - disons plutôt de fatigue génitale. Ainsi le malheureux, à qui incombe déjà la tâche du travail qui doit faire vivre la famille, est en outre soumis à un surmenage sexuel méthodique. C'est bien là encore la chandelle qui brûle par les deux bouts, mais dans un but tout autre que le plaisir.

Dr. Héricourt, *Traité d'hygiène moderne*, 1907.

frustrant, car il ne nous apprend rien ni sur les mécanismes de transmission de l'hérédité ni sur la réalisation des caractères héréditaires à travers l'embryogénèse. En fait, au moment où Hertwig contribue à faire avancer les idées sur la fécondation, il est déjà dépassé. Son explication semble le "satisfaire". Mais il reste prisonnier des idées et techniques de 1880 et son modèle va s'affiner en dehors de lui et grâce à de nouvelles questions sur la mécanique de l'hérédité et la différenciation cellulaire.

Strasburger puis Boveri mettront l'accent sur la notion de *chromosome* (et en particulier, sur la permanence du nombre), en tant que support de l'hérédité. La communauté scientifique est alors prête à comprendre les travaux de Mendel et à les développer. Morgan et Sach, entre autres vont prendre le relais. Mais il faudra attendre un long moment, plus d'un demi-siècle, pour améliorer ce modèle, avec cette fois, l'introduction des théories de l'information qui permirent la compréhension du code génétique et de son fonctionnement [1].

Pour en savoir plus

Giordan A., Pochon J., Host V., *Histoire du concept de fécondation au XIXe siècle.* Société Histoire des Sciences, n° 10, Belin, Paris, 1984.
Roger J., *Les sciences de la vie dans la pensée française du XVIIIe siècle.* Armand Colin, Paris 1971.
Rostand J., *Esquisse d'une histoire de la biologie.* Gallimard, Paris, 1945.
Taton R., *Histoire Générale des Sciences.* PUF (3 vol.), Paris, 1957-1961.

Quelques points de repères

Hippocrate (460-377 (?) av. J.-C.) - *De la géniture de l'homme.*
Aristote (384-322 av. J.-C.) - *Traité de la génération des animaux.*
Galien (IIe siècle après J.-C.).
- *De Semine,* libro due ;
- *De la formation des enfants au ventre de la mère.*

Leeuwenhoeck (1632-1723) - *Philosophical Transactions,* Londres, 1693.
De Graaf (1641-1673) - *Histoire anatomique des parties génitales de l'homme et de la femme qui servent à la génération,* Bâle, 1691 (posth.).
Maupertuis (1698-1759) - *La Venus Physique,* 1745.
Buffon (1707-1788) - *Histoires naturelles* (1749-1781).
Haller (1708-1777).
- *Eléments de physiologie,* Göttingen, 1747 ;
- *Réflexion sur le système de la génération de Monsieur de Buffon,* 1751.

---

1 Voir le chapitre suivant.

Trembley (1710-1784) - *Mémoire pour servir à l'histoire d'un genre de polypes d'eau douce,* Paris, 1744.

Bonnet (1720-1793).
- *Considérations sur les corps organisés,* Amsterdam, 1762 ;
- *Contemplation de la nature,* Amsterdam, 1762.

Spallanzani (1729-1799) - *Expériences pour servir à l'histoire de la génération,* Genève, 1785.

Wolff (1735-1794).
- *Sur la génération,* 1759.
- *De formationes intestinorum principes,* 1766-1768.

Prevost (1790-1850), avec Dumas (1800-1884) - *Nouvelle théorie de la génération,* 1824.

Von Baër (1792-1876) - *Epistolae : De ovi mammalium et hominis genesis,* 1827.

Müller (1801-1858) - *Manuel de physiologie,* 1845.

Bary (1802-1855) - *Spermatozoa observed within the mammiferous ovum,* 1838.

Hertwig (1849-1922) - *Traité d'embryologie,* 1900 (trad. française).

3

Histoire des concepts de chromosomes et de gènes

Les questions fondamentales

Le nouvel être vivant est-il le résultat d'une participation équivalente des deux parents ? Se trouve-t-il, induit par le père, ou par la mère ? Ses différentes parties sont-elles déjà présentes dans les semences des deux géniteurs ? Est-il plutôt une construction, une épigénèse, à partir d'une matière possédant une "puissance" lui permettant de prendre une forme ? Et, dans ce dernier cas, qui porte l'information, qui a la capacité de créer des "formes" ? Le père, la mère ou les deux ?

Voilà, pendant 25 siècles, quelques questions fondamentales que philosophes, médecins et naturalistes se sont posés pour comprendre ce que nous appelons actuellement les problèmes soulevés par l'existence de phénomènes héréditaires.

Toute personne cultivée peut aujourd'hui éliminer celles qu'elle considère comme étant des questions fausses, retenir les bonnes questions et y apporter des réponses à la lumière des concepts élaborés par la génétique et des mécanismes que la biologie moderne retient comme véridiques et explicatifs. Mais comment est-on arrivé au stade actuel de connaissance de l'hérédité ? Une première réponse, la plus commune, est de considérer que la connaissance actuelle est le résultat d'une progression linéaire de découvertes, - les unes s'ajoutant aux autres, sans contraintes ni difficultés autres que techniques - qui ont permis de passer d'un haut degré d'ignorance à un niveau d'explication conforme à la réalité des faits.

Vision agréable mais illusoire. La réalité des faits (!) historiques montre au contraire que la construction des concepts et l'explication des phénomènes à propos de la génétique ne suit absolument pas

cette jolie linéarité que la tradition positiviste, instaurée avec Auguste Comte, nous présente. L'histoire de la génétique est particulièrement révélatrice : tout au long des événements historiques des lignes explicatives apparaissent, disparaissent momentanément pour réapparaître sous de nouvelles formes, s'entrelacent, s'hybrident avec d'autres lignes explicatives. Souvent le regard des chercheurs semble retourner en arrière, des explications très anciennes revoient le jour, enrobées dans un vocabulaire nouveau, appuyées par des concepts nouveaux. Ni ligne droite, ni spirale, mais plutôt une série de pelotes, avec, de temps à autre, une théorie dominante, un paradigme, toujours accompagnée par des théories marginales, cryptiques qui parfois deviennent dominantes à leur tour.
Même les *faits* changent de signification, en fonction des instruments conceptuels qui existent pour les saisir. Pire encore, certains faits n'apparaissent qu'à certains moments. Les explications opposées ne sont pas l'exception, mais plutôt la règle, et toute l'histoire de l'hérédité en est traversée : celle-ci a, en effet, oscillé entre une conception corpusculaire du support héréditaire et la conception d'un mélange, inévitablement uniformisant, des *caractères* parentaux. En fait, il s'agit d'une opposition plus vaste entre une vision analytique des phénomènes, souvent accompagnée par un souci d'explication en termes physico-chimiques, et une conception holistique, globalisante, souvent axée sur le souci de chercher une *logique* des phénomènes. Toutefois cette dichotomie n'est que didactique ; les exemples où la vision corpusculaire s'accompagne d'un souci purement logique, sans préoccupation du type de support, ne manquent pas : il suffit de citer le cas de Mendel et celui de la plupart des autres *hybrideurs* du XIXè siècle.

L'objectif de ce texte est donc de présenter, à travers quelques documents significatifs, les questions et les solutions qui apparaissent, se mélangent, disparaissent pour éventuellement réapparaître le long des siècles. Pour des raisons purement pratiques, nous limiterons cette histoire à la période contemporaine.

Les anciens : une source d'explications

Vers la fin du XVIè siècle, on assiste à un moment crucial dans les tentatives pour comprendre les phénomènes biologiques. Le cadre philosophique dominant, l'aristotélisme, c'est-à-dire le système élaboré quatre siècles avant J.C. par Aristote et modulé aussi bien qu'intégré dans la pensée chrétienne, est remis en question. Aux premières brèches venues du remplacement du géocentrisme de Ptolémée par l'héliocentrisme copernicien, s'ajoute le refus de la physique d'Aristote et l'apparition d'une nouvelle mécanique, expérimentale et mathématisée, œuvre due partiellement à Galilée. Déjà des événements historiques comme les croisades, les voyages et le développement des échanges commerciaux avaient permis de retrouver les traces de penseurs antérieurs à Aristote, Platon et Socrate : c'est la redécouverte des présocratiques (Thalès, Anaxagore, Anaximène, Parménide, Pythagore, Héraclite, Empédocle, etc.). De nouvelles conceptions du monde, des systèmes explicatifs différents sont accessibles, certains plus proches des solutions nouvellement proposées. De manière générale, on peut dire qu'on est en présence de la mise en place d'un nouveau courant de pensée qui provoque, dans la deuxième partie du XVIIè siècle, un virement irréversible auquel n'échappent pas les types de questions qu'on se pose au sujet des êtres vivants, ni les réponses susceptibles d'apparaître à propos de l'hérédité. Avec J. Roger, on peut dire :

> "*Ce qui marque, vers 1670, le début d'un autre âge, c'est la diffusion large et rapide de nouvelles valeurs intellectuelles. Le rejet de l'autorité des Anciens, le mépris de l'érudition, la recherche de l'évidence dans le raisonnement et la certitude dans les faits sont les valeurs cardinales*" [1].

Dans ce virage intellectuel, il faut voir une des raisons de la priorité donnée d'une part à certaines questions, la principale concernant la génération des organismes et, d'autre part, à des types de réponses susceptibles d'être proposées : la conséquence est l'impasse partielle des possibilités d'étude des phénomènes héréditaires, les difficultés à renouveler les explications. Pourtant, même dans cette situation peu favorable, l'existence des faits d'hérédité continue à poser des questions qui ne peuvent pas être évitées. Aucun étonnement au fait qu'à tout moment émergent des tentatives de solutions.

La réutilisation des sources grecques

Les problèmes relatifs aux phénomènes héréditaires se concentrent, alors et jusqu'au milieu du XVIIIè siècle, essentiellement autour de deux pôles. L'un est représenté par la détermination du sexe, l'autre étant celui d'expliquer les ressemblances et les différences entre parents et progéniture, ce dernier point faisant surgir inévitable-

---

1 J. Roger ; *Les sciences de la vie dans la pensée française du XVIIIè siècle* ; Paris, 1971.

ment un autre problème qui restera longtemps une source d'embarras : la ressemblance à des ancêtres plus ou moins éloignés.

De manière générale, il est possible d'affirmer que la majorité des solutions proposées peuvent être considérées comme des réactualisations assez fidèles de deux groupes de doctrines anciennes : la présocratique/hippocratique et l'aristotélicienne. Toute tentative d'explication sur l'hérédité trouve son point de départ soit dans l'idée d'une rencontre de deux semences, l'une masculine et l'autre féminine, soit dans celle d'une action prédominante de la semence masculine.

Dans la perspective de parents aux rôles *symétriques*, toutes les questions importantes au sujet de l'hérédité semblent alors trouver une réponse satisfaisante. L'idée centrale peut se résumer ainsi : dans chaque semence sont représentées les différentes parties du corps. La détermination du sexe, par exemple, devient compréhensible si on la considère, avec le médecin anglais Highmore, comme le résultat de la prédominance d'une semence sur l'autre [1]. Dans ce contexte, la ressemblance avec les parents devient un problème banal : il suffit de faire jouer les combinaisons quantitatives entre les éléments représentatifs des parties du corps dont chaque parent est le producteur.

Il est en revanche plus difficile d'élaborer une explication de la ressemblance avec les aïeuls. Mais Gassendi [2], entre autres, s'attaque à ce problème et propose une solution. Il postule que dans chaque semence sont contenus des *systèmes d'atomes*, les *molécules*, chaque *système* étant responsable d'un caractère du géniteur. Dans l'embryon en formation les *molécules* ne libèrent pas nécessairement leurs *atomes*. Par conséquent, les *atomes* non utilisés se conservent intacts pendant une ou plusieurs générations.

Ces représentations de l'hérédité ont un point en commun : toutes postulent l'existence de *particules* ou *éléments* immuables et invisibles (des *a-tomes*) se transmettant sans mélange d'une génération à l'autre [3].

En fait ces théories sont comme nous l'indiquions précédemment fort anciennes ; leurs principes ont été élaborés surtout par Empédo-

---

1 N. Highmore ; *The history of génération* ; Londres, 1651.

2 P. Gassendi ; *Opera* ; Lyon, 1658.

3 On est donc en présence d'une conception discontinue, voire corpusculaire, qui va persister dans les siècles suivants : elle deviendra un des piliers de la théorie de Mendel, de l'école de Morgan et, en partie, de l'approche structurelle en génétique moléculaire.

cle, développés dans l'atomisme (Démocrite, Leucippe, penseurs présentés par Lucrèce dans son "*Rerum natura*") et intégrés à la doctrine de l'école médicale d'Hippocrate. Empédocle par exemple, reprenant le thème de la double semence ébauché par Parménide [1], affirme que la semence émise par chaque parent contient, à l'état dispersé, toutes les parties du fœtus, parties qui s'uniront par *rapprochement* et dès le Vè siècle av. J.C., prend forme l'idée que la semence n'est pas un liquide amorphe, qu'elle possède une constitution, une *microstructure.* Toutefois on ne peut aller jusqu'à attribuer à la pensée d'Empédocle le concept de particule ; il serait plus précis de dire que, pour lui, toutes les parties du corps participent, par des *traces,* à l'impression des caractères du nouvel individu [2].

Les principes exposés par Empédocle se retrouvent, développés, dans la "Collection hippocratique" [3]. Hippocrate et ses collaborateurs réaffirment la production d'une semence par chaque parent ; cette semence dérive de tout le corps et, après un passage dans la moelle épinière et dans les reins, elle s'accumule dans les testicules, organes existant aussi bien chez l'homme que chez la femme. La détermination du sexe, de même que certains caractères psychologiques, trouvent ici une explication dans le fait qu'on admet que la semence parentale peut être abondante ou insuffisante, forte ou faible. En faisant jouer ces quatre paramètres il devient possible de comprendre la naissance de garçons (virils ou peu virils) ou de filles (féminines ou peu féminines) [4].

Dans cette première moitié du XVIIe siècle, un autre courant coexiste avec celui qui vient d'être esquissé ; sa particularité réside dans la croyance au rôle dyssymétrique des parents. Un de ses points de départ est la pensée d'Aristote, avec sa vision épigénétique

---

1 Parménide est un des premiers penseurs à avoir admis que la femme produit aussi une semence et que le concours des deux semences parentales est nécessaire à la génération.

2 Dans un langage weismannien, cela signifie que le germe est un échantillonnage fidèle du soma parental, ce qui ouvre les portes à l'acceptation de l'héréditarité des caractères acquis par l'individu.

3 Hippocrate ; *Œuvres complètes* ; traduction par E. Littré ; Paris, 1839-1861.

4 La proximité conceptuelle entre Hippocrate et, vingt siècles plus tard, un Highmore, est évidente. La reprise de la pensée hippocratique, sa mise en place dans un contexte philosophique éloigné de celui qui caractérisait le monde grec, conduit, au milieu du XVIIe siècle, à des représentations atomiste extrêmes, dures, dont celle de Gassendi n'est qu'un exemple parmi d'autres. Un pas supplémentaire et ce mouvement débouche, sous la poussée de nouvelles découvertes, mais plus encore sous celle d'une nouvelle vision de la nature, sur l'idée de la préformation des germes. Les premières traces d'une telle conception sont d'ailleurs déjà visibles chez Gassendi lorsque, confronté à la génération spontanée, il fait intervenir l'idée de préexistence.

du développement. Elle conduit à nier l'existence d'une semence féminine, tout en acceptant que la femme puisse jouer un rôle dans la génération par la production d'une matière : les règles pour Aristote, les différents types d'œufs pour d'autres auteurs. Il n'y a donc plus de particules représentant les divers organes des géniteurs ; ce qui est fondamental est un jeu de *puissances* capables de passer à l'acte, où une "forme" modelant la *matière* [1].

Un des représentants les plus connus de ce mouvement est Harvey, dont les conceptions seront utilisées un siècle plus tard par Maupertuis pour combattre la théorie de préexistence des germes. Fin observateur et aristotélicien convaincu, ce chercheur anglais, outre la description de la circulation sanguine, qui a fait sa renommée, cherche à expliquer la génération. Seule la semence masculine est, sur la base d'une série d'observations méticuleuses sur des biches, admise dans la théorie. C'est donc la semence masculine qui, lors de la fécondation, apporte l'*âme sensitive,* indispensable à la vie animale, à un œuf qui ne possède que l'*âme végétative,* suffisante pour la vie des plantes. Confronté aux phénomènes de l'hérédité, Harvey utilise le langage et les concepts élaborés par Aristote. C'est donc en articulation avec la pensée d'Aristote que sont construits des modèles explicatifs.

En effet, précisons qu'au sujet de la génération, Aristote oppose à la conception d'Empédocle une théorie dite épigénétique, résultat d'observations sur le développement du poulet : l'embryon se constitue graduellement, par formation (dans le sens d'apparition de formes) successive de ses parties nouvelles. Donc, rien n'est préformé dans la semence qui n'est pas une *image* du corps :

> "*D'abord, la ressemblance n'est pas une preuve que le sperme vienne de tout le corps, puisque la ressemblance porte aussi sur la voix, les ongles, les cheveux, les gestes, toutes choses d'où, rien ne provient, et il est certains caractères que les parents ne possèdent pas encore quand ils engendrent, comme les cheveux gris ou la barbe. De plus, il se trouve que des enfants ressemblent à de lointains ancêtres dont ils n'ont rien reçu. Car les ressemblances sautent plusieurs générations comme dans l'exemple de la femme d'Elès qui avait eu commerce avec le Noir : sa fille ne fut pas de couleur mais l'enfant de celle-ci était noir*" [2].

Après avoir ainsi nié la conception d'Empédocle, Aristote s'attaque à démontrer que la femelle ne produit pas de semence (qu'il

---

1 Voir chapitre *Fécondation*.

2 Aristote ; *De la génération des animaux* ; trad. P. Louis, Paris 1961.

appelle aussi sperme). Le point de départ est l'observation que toute femme produit des menstrues :

> "*Or, puique le flux menstruel est la sécrétion qui, chez les femelles, correspond au liquide séminal du mâle, comme d'autre part il n'est pas possible que deux sécrétions spermatiques se produisent dans le même être, il est évident que la femelle ne contribue pas à l'émission du sperme dans la génération : car, si elle émettait du sperme, elle n'aurait pas les menstrues. En réalité, du fait que les menstrues se produisent, il ne peut pas y avoir du sperme*" [1].

Il s'agit maintenant pour lui d'expliquer l'existence des phénomènes héréditaires ; Aristote est obligé alors de faire intervenir tous les grands principes du système philosophique qu'il a élaboré. Mais avant tout il faut tenir compte du fait qu'on est en présence d'une pensée typologique, pour laquelle chaque classe d'organismes est représentée par son *plan*, son *type*. En d'autres termes, les différences sont sous estimées et l'important réside dans le respect du *type* archétypal :

> "*Ce qui ne ressemble pas aux parents est déjà, à certains égards, un monstre car dans ce cas la nature s'est, dans une certaine mesure, écartée du type générique. Le tout premier écart est la naissance d'une femelle au lieu d'un mâle. Mais elle est nécessitée par la nature, car il faut sauvegarder le genre des animaux où mâles et femelles sont distincts*" [2].

Pourtant ces écarts, bien qu'embarrassants, existent et doivent recevoir une explication, mais celle-ci ne peut avoir la simplicité qu'on trouve chez les atomistes. En effet, ressemblance et différence n'ont pas le même statut ; l'une est dans la droite ligne des lois de la nature, alors que l'autre s'en éloigne. La dissemblance devient donc la conséquence d'une absence :

> "*Lorsque le résidu séminal des règles a subi une coction convenable, le mouvement qui vient du mâle lui fera prendre la forme qui lui correspond... De sorte que si ce mouvement l'emporte, il fera un mâle et non une femelle, et le produit ressemblera au générateur, mais non à la mère ; s'il ne l'emporte pas, toute puissance qui lui manque fera également défaut dans le produit... Or, comme toute chose s'altère en se transformant non pas en n'importe quoi mais en son contraire, il en est de même dans la génération et ce qui n'a pas*

---

1 Aristote ; ibid.

2 Aristote ; ibid.

dominé doit nécessairement s'altérer et se transformer en son contraire, suivant la puissance qui a manqué à l'agent générateur et moteur pour qu'il domine. S'il s'agit de la puissance grâce à laquelle cet agent est un mâle, il naît une femelle..." [1].

C'est parce que le principe de mouvement ne s'exprime pas, que la femelle se produit ; elle n'est que le résultat d'un défaut, d'une lacune et non pas celui d'un phénomène actif. Dans la semence masculine existent toutes sortes de mouvements, ils y résident en *puissance* ; mais leur *passage à l'acte* peut être inhibé, ce qui surgit alors est le *négatif* de ces *puissances* : sexe féminin, ressemblance avec la mère, caractères qui n'appartiennent pas aux parents mais à des lointains ancêtres.

Aristotélisme et hippocratisme sont donc les deux toiles de fond à partir desquelles s'élaborent les explications des phénomènes héréditaires au début du XVIIè siècle. Mais, aux alentours de 1665, se dessine un net changement dans les questions posées. Parmi les causes profondes de ce changement on trouve en particulier la réhabilitation des faits d'observation et la confiance, presque illimitée, dans les possibilités de la raison.

La génération des vivants : une solution, source d'impasse

Le refus presque général de la tradition et la curiosité dans la recherche de faits nouveaux mettent en place un contexte intellectuel aux motivations originales. Entre autres, les efforts se concentrent sur les questions dictées par les procédures dominantes pour appréhender les phénomènes naturels. Entre le XVIIe et le XVIIIe siècle, un des pôles attractifs de la recherche devient la génération des organismes vivants ; c'est un exemple typique d'un problème dépà posé dans l'antiquité qui, tout-à-coup, est survalorisé à nouveau par le champ culturel du moment.

Par conséquent, on assiste à une convergence des esprits qui relègue momentanément l'hérédité dans la sphère des préoccupations secondaires. En même temps, un puissant paradigme s'élabore, responsable de la formation d'un cadre rigide à l'intérieur duquel seule une catégorie précise de questions concernant l'hérédité possèdent une signification, et les réponses possibles deviennent

---

1 Aristote ; ibid.

limitées. La doctrine de la préformation des germes devient le cadre théorique dominant [1].

Dans un pareil contexte, il n'existe plus qu'une place restreinte pour renouveler les questions concernant l'hérédité. Il n'y a aucun problème apparent dans le préformationnisme orthodoxe et encore moins, au début, sans la théorie de la préexistence des germes, développement *logique* de la préformation. Or, c'est essentiellement cette dernière doctrine qui s'impose pendant près d'un siècle, avec son affirmation que le germe contenu dans la semence animale et dans la graine végétale n'est pas un produit des parents : il est créé par Dieu au commencement du monde. Tous les organismes qui ont existé, qui existent ou qui existeront, sont, d'après cette théorie, emboîtés les uns dans les autres, soit dans les œufs, soit dans les spermatozoïdes [2]. Un oviste comme Malebranche peut écrire :

> "*Tous les corps des hommes et des animaux qui naîtront jusqu'à la consommation des siècles, ont peut-être été produits dès la création du monde ; je veux dire, que les femelles des premiers animaux ont peut-être été créées, avec tous ceux de même espèce qu'ils ont engendrés, et qui devoient s'engendrer dans la suite*" [3].

Il faut maintenant en venir au problème posé par l'audience acquise par cette doctrine. Elle s'explique, outre par le fait qu'elle efface l'épineuse question de l'embryogénèse, par deux autres raisons. L'une est liée à la persistance d'une puissante vision analogique du monde, particulièrement évidente à l'intérieur de la biologie. Plus précisément, c'est l'étude du développement des végétaux, étude plus facile à réaliser que celle sur les animaux, qui forme le pivot d'une analogie déferlant, sans critique, sur le monde animal. La graine, objet immédiat d'observation, montre qu'elle contient une petite plante déjà bien formée, un germe préformé ou préexistant.

Charles Bonnet, oviste convaincu, ne se prive pas d'utiliser cet argument au milieu du XVIIIe siècle, face aux difficultés posées par une interprétation mécaniste naïve :

---

1 Toutefois la thèse de la préformation, bien que prépondérante, ne sera jamais seule sur la scène. L'approche aristotélicienne, remodelée par Harvey, subsiste : la doctrine épigénétique se maintient en marge, alimentée par des difficultés rencontrées par le préformationnisme. Voir aussi le chapitre *Fécondation.*

2 Voir à ce propos le chapitre *Fécondation.*

3 L. Malebranche ; *La Recherche de la Vérité ;* 5e édition, Paris, 1700.

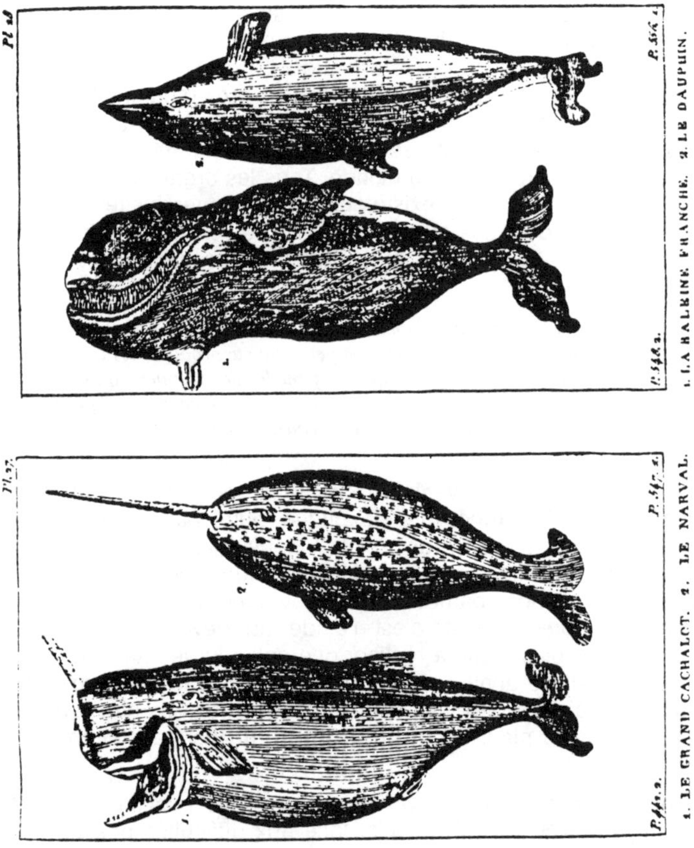

Fig. 35: *Planches dessinées par Linné dans* "Abrégé du système de la nature" *(1753).*

"*Je ne rends pas encore la difficulté assez saillante : elle ne consiste pas seulement à faire former mécaniquement tel ou tel organe, elle consiste principalement à rendre par les seules lois de la mécanique de cette foule de rapports variés qui lient si étroitement toutes les parties organiques, et en vertu desquelles elles conspirent toutes à un même but général : je veux dire à former cette Unité qu'on nomme un Animal... Quand on ne considère l'Animal que d'une vue générale, on n'est point assez frappé de la difficulté, je devrois plutôt dire de l'impossibilité de toutes les solutions mécaniques.*
...je me borne à dire, que dans l'ordre actuel de nos Connaissances physiques, nous ne découvrons aucun moyen raisonnable d'expliquer mécaniquement la formation d'un Animal ni même celle du moindre organe. J'ai donc pensé qu'il étoit plus conforme à la saine Philosophie, parce qu'il était plus conforme aux faits, d'admettre au moins comme très-probable que les Corps organisés préexistaient dès le commencement" [1].

Une seconde raison, plus générale, plus enfouie dans le champ culturel de la fin du XVIIe siècle, a fait que la pensée préformiste soit considérée comme porteuse de significations. La préexistence des germes s'accorde fort bien avec les tendances fondamentales de l'époque: désir de ne voir, après l'activité créatrice originelle de Dieu, qu'une nature remplie de phénomènes naturels, une nature surtout passive. Tout ceci est aussi à inscrire dans un mouvement de méfiance accrue, voire d'opposition, envers le mécanisme cartésien. Mais toute théorie scientifique, tôt ou tard, engendre ses propres difficultés qui aboutissent à sa destruction ou, au mieux, à son dépassement : la préexistence des germes n'échappe pas à cette règle. Dans ce processus de corrosion on retrouve, au premier plan, l'hérédité et les problèmes qu'elle pose.

Les difficultés d'un paradigme : rôle des phénomènes héréditaires

Les difficultés ne tardent pas à devenir évidentes dans la théorie de la préexistence. Bien que le souci principal reste celui d'expliquer

---

1 Ch. Bonnet ; *Œuvres d'Histoire Naturelle et de Philosophie* ; T. 15, La palingénésie philosophique ; Neuchâtel, 1783 (1ère édition : Genève, 1769).
Ce texte montre entre autres, qu'un courant mécaniste, s'inspirant de l'épigénèse, a traversé toute la période de domination du préformationnisme. Il montre aussi que, en plein XVIIIe siècle, persiste la problématique de la réduction des phénomènes biologiques aux termes physiques. Ce problème est encore le nôtre, avec une réponse affirmative donnée par le néopositivisme, surtout dans l'orthodoxie du Cercle de Vienne et avec aussi les positions mitigées de certains courants, d'inspiration systémique, de la biologie actuelle.

la génération, inévitablement l'hérédité réapparaît sous forme de questions insidieuses et embarrassantes qui demandent des réponses impératives. Très rapidement, dès la fin du XVIIe siècle, des faits comme l'existence des hybrides redeviennent pertinents et introduisent de sérieuses difficultés dans la théorie.
Aux alentours de 1680 déjà, se pose avec insistance le problème classique de la ressemblance avec la mère. Il s'agit alors de trouver des solutions en harmonie avec le cadre théorique admis. Claude Perrault, entre autres, avance une réponse pouvant satisfaire les ovistes et sauver la théorie ; il suffit de faire intervenir l'imagination maternelle :

> *"...car il n'est pas difficile de concevoir que la forme d'un corps extrêmement petit puisse être changée par une simple modification, et par ce qui est capable de l'agrandir diversement, et de le reformer suivant différents mouvements qui sont donnés à la matière de la croissance, laquelle étant diversement gouvernée par l'imagination, peut aisément faire qu'une chose soit d'une telle façon, quoiqu'elle n'ait pas le pouvoir de lui donner l'être"* [1].

L'action de cette imagination maternelle s'exprime par la possibilité qu'elle possède de diriger les *fluides nourriciers* vers des parties précises de l'embryon en croissance, mais déjà formé.

Le fait de s'attaquer à des problèmes d'hérédité revient à introduire des brèches dans le germe parfaitement préexistant ; obligatoirement ce germe doit s'ouvrir aux influences externes pour que la théorie puisse englober les observations.
Pour les "animalculistes", chez lesquels le germe préexiste dans les spermatozoïdes, le problème de la ressemblance à la mère est encore plus déroutant. Il oblige ses adhérents à recourir à des explications qui s'éloignent assez fortement de la pureté du paradigme préformationniste. Parmi tant d'autres exemples, on peut citer le cas de Lecourt pour lequel la ressemblance avec la mère devient le résultat de l'action de la nourriture qui fait croître l'embryon ; celle avec le grand-père fait intervenir l'imagination paternelle sur les "animalcules spermatiques". Donc, apparaît une même stratégie chez les ovistes et les animalculistes : celle d'ouvrir le germe aux influences extérieures.

Sous l'impulsion particulièrement puissante de l'hérédité, commence alors le long chemin de l'introduction d'hypothèses supplémentaires ou auxiliaires, qui sauvent la théorie sur le moment,

---

1 C. Perrault ; *Œuvres diverses de physique et de mécanique* ; 5 tomes ; Leide, 1721.

mais l'érodent à plus long terme. Un exemple typique est donné par l'attitude vis-à-vis d'un autre problème classique : la ressemblance avec les aïeux. Contraints de proposer des solutions, les ovistes, tel Perrault, introduisent des hypothèses "ad hoc", toujours plus spéculatives et plus éloignées des faits positifs :

> "*... les aïeuls ont donné à ceux qu'ils ont engendré des dispositions, qui font que les parties engendrées en eux pour la préparation de la matière de la génération donnent aux particules de cette matière des configurations particulières et des facilités à être remuées d'une manière propre à produire une figure plutôt qu'une autre dans des corps engendrés de cette manière*" [1].

On voit donc que le germe se *décompose* ; maintenant il possède des particules qui peuvent subir l'influence non seulement des parents, mais aussi des ancêtres : des particules ductiles, presque douées de mémoire ; on y trouve alors une ébauche de la pensée de Maupertuis, grand adversaire de la préexistence.

L'escalade dans l'introduction des hypothèses hardies se poursuit. La brèche ouverte admettant une influence de l'imagination sur les germes s'agrandit avec l'idée de plasticité de ces germes. A titre d'exemple, voici comment, acculé par les problèmes que posent les phénomènes héréditaires, un oviste, Régis, s'en tire avec l'introduction, en 1690 dans son "*Système philosophique*", d'une flexibilité du fœtus :

> "*Quand la semence du mâle pénètre dans les pores des œufs, qui nous empêchera de croire qu'elle les ouvre de telle sorte qu'ils sont plus disposés à recevoir de la matière, dont les particules ressemblent à celles de la semence du mâle, qu'à en admettre d'autres ; ce qui fait que les particules qui entrent dans la composition du corps de l'enfant, s'arrangent à peu près de la même manière que sont arrangées celles qui composent le corps du Père, ce qui est la véritable cause de la ressemblance du Père et du fils*" [2].

Pourtant les efforts pour sauver la théorie se poursuivent, en particulier avec la mise en place de l'hypothèse des *moules* localisés dans toutes les parties du corps. Cette idée, qui sera reprise par Buffon, mais avec des objectifs différents, est clairement exprimée dans les écrits de Bourguet. Ami de Vallisneri, disciple de

---

1 C. Perrault ; ibid.

2 P.S. Régis ; *Système de philosophie, contenant la logique, la métaphysique, la physique et la morale* ; Paris 1690.

Leibniz et oviste, il remet au goût du jour l'ancienne conception d'une semence marquée par les traces des diverses parties du corps. Mais il s'agit cette fois de la présenter de telle manière qu'elle soit compatible avec la préexistence. La solution est ingénieuse : pour Bourguet, la femelle fournit des œufs qui contiennent l'embryon et, en plus, une semence qui se mélange avec la semence masculine.

> "*Chaque semence est une* liqueur fort spiritueuse, *un véritable extrait des parties de l'animal. Le mélange de ces deux* quintessences, *outre à transmettre à l'embryon le mouvement vital, lui fournit des* molécules *déjà* assimilées *dans l'organisme parental par des* moules. *Ces* molécules, *en s'incorporant aux parties préexistantes de l'embryon, permettent de rendre compte aussi bien des phénomènes d'hérédité que de ceux dûs à l'hybridation*" [1].

Les blocages philosophiques

Une foule d'hypothèses supplémentaires sont avancées sous la poussée des faits mis en avant par l'hérédité : imagination maternelle ou paternelle, flexibilité du fœtus, moules répandus dans tous les organes. Par conséquent, la pureté du paradigme de la préexistence des germes se trouve fortement compromise. Inévitablement on voit que, quelle que soit la solution proposée, on s'enfonce de plus en plus dans la spéculation, toujours rationnelle, - c'est vrai, - imposée par un cadre théorique désormais rigide pour absorber les faits.

Le résultat est que les nombreuses explications butent contre des blocages philosophiques. De toute évidence c'est une période de crise pendant laquelle se profile une problématique toujours plus difficile à maîtriser ; il faudra donc bientôt ouvrir de nouvelles voies.

Les difficultés croissantes et les tentatives pour les résoudre sont bien illustrées par Charles Bonnet, dont on a déjà constaté l'ovisme intransigeant. Confronté à cette pierre d'achoppement qu'est le phénomène de l'hybridation et au cas particulier, mais classique, du mulet, Bonnet, en bon défenseur de la préexistence des germes nous donne un exemple de ses capacités imaginatives et de son intransigeance théorique. Pas question de mettre en doute la théorie ; non seulement il la considère vraie mais aussi il est convaincu qu'elle est le résultat d'observations précises :

---

1 L. Bourguet ; *Lettres philosophiques sur la formation des sels et des crystaux et sur la génération et le méchanisme organique des Plantes et des Animaux* ; Amsterdam, 1729.

> *"Il ne serviroit à rien de chicaner sur l'existence des œufs dans les Femelles vivipares : on a vu un Fœtus très-bien dessiné dans l'ovaire"* [1].

En passant, il est bon de remarquer que chez le savant genevois, comme chez les autres défenseurs de la préexistence, l'existence des œufs, fait indiscutable, entraîne automatiquement celle du germe ; si on ajoute le flou sémantique, identité entre œuf et ovaire par exemple, on voit que l'absence d'une terminologie précise peut jouer un rôle non négligeable dans l'entretien d'une théorie.

Revenons au problème de Bonnet, celui de l'existence d'un hybride. Pour comprendre cette existence, il ne reste plus qu'à faire appel à une solution vieille de 70 ans, quitte à introduire quelques distorsions dans les faits : l'argument de la plasticité du germe semble sauver encore la situation :

> " *La liqueur fécondante* [il s'agit de la semence masculine] *agit à l'intérieur du Germe, puisqu'elle modifie singulièrement quelques-unes de ses parties intérieures. Elle modifie aussi les parties extérieures : les oreilles, la croupe, la queue du Mulet en sont des preuves évidentes"* [2].

Ce texte nous met en présence d'un bel exemple de pirouette ; ce qui doit être expliqué devient une preuve en faveur d'une explication aprioristique. Mais il ne s'agit nullement d'un cas isolé, encore moins d'un défaut logique limité au XVIIIè siècle ; l'utilisation du concept d'information, de nos jours, n'aboutit-il pas parfois à des situations analogues?

Savant honnête, Bonnet, met en avant un problème supplémentaire : d'où vient la voix du mulet ? Pour trouver une réponse, il est obligé d'admettre une plasticité de plus en plus large chez le germe:

> *"Mais si le Germe préexiste à la fécondation, s'il n'est pas engendré, si des parties qui ne paressoient point de tout exister existoient réellement, n'est-il pas fort probable que l'organe de la voix du Mulet n'ait pas été engendré non plus ?...L'organe de la voix du Germe est donc modifié par la fécondation, et il l'est dans un rapport marqué au Père. Plusieurs des parties extérieures le sont aussi dans le même rapport"* [3].

---

1 Ch. Bonnet ; ibid.

2 Ch. Bonnet ; ibid.

3 Ch. Bonnet ; ibid.

Les conditions culturelles ne sont plus celles du siècle précédent ; maintenant il est plus facile d'oser. Refusant la solution des *moules*, Bonnet renforce le rôle de la *liqueur séminale* paternelle :

> "*Cette liqueur a donc elle-même des rapports secrets avec différentes parties du Mâle, puisqu'elle en trace l'empreinte dans les parties correspondantes du Germe qu'elle féconde*".

Mais tout en prêtant une efficacité à cette liqueur, il faut quand même rester dans les limites dessinées par le paradigme ; toutefois, il est possible de pousser à l'extrême une idée émise par Spallanzani : donner à la "liqueur séminale" paternelle le rôle de véritable aliment :

> "*La liqueur fécondante pénètre le Germe; elle en modifie certaines parties ; elle agit donc sur ces parties ; elle les fait croître et souvent avec excès. Elle les nourrit donc ; elle s'incorpore donc à leur substance puisque l'accroissement est l'effet naturel et immédiat de la nutrition. Elle n'est donc pas un simple stimulant ; elle est encore une liqueur alimentaire*".

Cependant, ces hypothèses ne suffisent pas pour tout expliquer. C'est le cas notamment lorsqu'il s'attaque à un exemple bien embarrassant d'hérédité humaine : la transmission de la polydactylie dans la famille Gratio Kalleia. Le père, Gratio, atteint par cette malformation, la transmet à l'un de ses fils, lequel, bien qu'il épouse une femme normale, a des fils et des filles avec 6 doigts. En même temps, aussi bien chez le père que chez le fils, naissent des enfants non atteints. Pour compliquer encore le tableau, une des filles de Gratio Kalleia, normale, épouse un homme normal. Or, parmi les 4 enfants qui sont mis au monde, un est polydactyle.

Comment expliquer un cas semblable d'hérédité ? Pour Bonnet, la seule réponse cohérente avec ses principes théoriques réside dans une dénégation. Pour lui, rien prouve que le fils "ait tenu son doigt surnuméraire de sa mère ou de son aïeul". Il arrive à la conclusion que cela est "l'effet d'une cause accidentelle concomitante ou subséquente à la fécondation".

Au même moment, cet exemple, qui fit beaucoup de bruit, ouvre les portes à de nouvelles explications, décidément anti-préexistentialistes. Ainsi De Riville l'utilise, dans une lettre écrite à Réaumur, pour affirmer que "le principe de la génération réside dans l'un et l'autre sexe". La réaction de Réaumur est aussi une déclaration de mise en échec du paradigme : "ces faits ne sont pas favorables à la préformation du germe".

Le même Réaumur, dans le but de "nous montrer si c'est à la femelle ou si c'est au mâle que le germe a appartenu originairement", propose en 1751 un projet d'expériences, jamais réalisé. Il suggère de se procurer deux sortes de poules : les unes "différentes de toutes les autres parce qu'elles ont une partie de plus, un très grand doigt" ; les autres à qui "il manque une partie très considérable, le croupion".

Les prémisses d'une transformation

A partir de 1740, des documents nombreux montrent que se développent - et de plus en plus énergiquement - des doutes sur la valeur du préformationnisme. Interviennent aussi des changements plus généraux, qui touchent la vision du monde.

Ainsi c'est en abandonnant l'idée d'un Dieu artisan pour celle d'un Dieu législateur que Maupertuis s'oppose, dans sa "*Vénus physique*" (1746), à la préexistence des germes. Ecrit à l'occasion de la présentation à Paris d'un "Nègre blanc", cas d'albinisme, Maupertuis s'attaque aux bases épistémologiques de la doctrine préformationniste en dénonçant "l'illusion de vouloir trouver dans la nature une uniformité qui, tout en satisfaisant notre raison, est démentie par les faits". Plus précisément, il refuse l'utilisation de l'analogie comme argument majeur. Les doutes qu'il émet à ce sujet méritent d'ailleurs une réflexion encore aujourd'hui :

> "*L'analogie nous délivre de la peine d'imaginer des choses nouvelles et d'une peine encore plus grande, qui est de demeurer dans l'incertitude. Elle plaît à notre esprit, mais elle, plaît-elle à la Nature ?*" [1].

En véritable épigéniste, il s'attaque aussi à une des sources qui ont permis l'établissement du préformationnisme : l'existence, sans construction, de la plantule dans la graine :

> "*La plupart des Physiciens modernes, conduits par l'analogie de ce qui se passe dans les plantes, où la production apparente des parties n'est que le développement de ces parties déjà formées dans la graine ou dans l'oignon ; et ne pouvant comprendre comment un corps organisé seroit produit, ces Physiciens veulent réduire toutes les générations à de simples développements. Ils croient plus simple de supposer que tous les animaux de chaque espèce, étoient contenus déjà formés dans un seul père, ou une seule mère, que d'admettre aucune production nouvelle...Cet exemple, donc, des plantes, sur lequel ces Physiciens comptent tant, ne prouve autre chose, si ce n'est qu'il y a un état pour la plante, où sa forme n'est*

---

1 Maupertuis : *Vénus physique* ; Aubier Montaigne, réédition 1980.

pas encore sensible à nos yeux, mais où elle n'a besoin que du développement & de l'accroissement de ses parties pour paroître. Les animaux ont bien un état pareil : mais c'est avant cet état, qu'il faudroit savoir ce qu'ils étaient ; enfin qu'elle certitude a-t-on ici de l'analogie entre les plantes & les animaux ? "[1].

Avec la prise en considération lucide des phénomènes héréditaires, et sous l'influence de la pensée et des observations de Harvey, Maupertuis rejette donc la préexistence des germes. En voyant les limites de la doctrine dominante, il fustige ses défenseurs acharnés:

"*Je demande donc pardon au Physiciens modernes si je ne puis admettre les systèmes qu'ils ont si ingénieusement imaginés : car je ne suis pas de ceux qui croient qu'on avance la Physique en s'attachant à un système malgré quelque phénomène qui lui est évidemment incompatible ; et qui, ayant remarqué quelqu'endroit d'où suit nécessairement la ruine de l'édifice, achèvent cependant de le bâtir, et l'habitent avec autant d'assurance que s'il étoit le plus solide*".

Le cadre intellectuel montre des signes de transformations dès 1720 : l'une d'elles est le lent remplacement de l'intérêt porté presque exlusivement aux faits par la réhabilitation de la recherche des causes profondes.

C'est dans ce changement que Buffon joue un rôle important. Avec la publication du premier volume de son "*Histoire naturelle*" en 1749, il répand la conception d'une matière vivante universelle. D'une part en imaginant les *molécules organiques*, espèces de petits fragments et matière vivante impossibles à voir si ce n'est avec *l'œil de l'esprit*, Buffon relance et développe l'idée de Bourguet : la notion de *moule intérieur*. D'autre part, en redonnant à chaque sexe un rôle actif dans la fécondation, il se situe en opposant de la préexistence et se place résolument du côté des épigénistes.

Du coup, Buffon se doit de présenter une explication de l'embryogénèse ; il s'en sort en faisant intervenir une *force pénétrante* qui pousse chaque molécule à s'unir à celle qui lui est la plus semblable dans la liqueur séminale du sexe opposé. Par exemple, au moyen de ce mécanisme, les *molécules mâles* venues de la tête tendront à s'unir aux *molécules organiques femelles* aussi originaires de la tête. Grâce à ces arrangements, il se constitue une ébauche d'individu par *accouplement* et regoupement des molécules mâles et femelles :

"*... le développement n'est qu'une espèce de nutrition plus*

---

1 Maupertuis ; ibid.

> *étendue, qui se fait et s'opère tant que les parties ont assez de ductilité pour se gonfler et s'étendre, et la reproduction ne se fait que par la même matière devenue surabondante au corps de l'animal ou du végétal ; chaque partie du corps de l'un ou de l'autre renvoie les molécules organiques qu'elle ne peut plus admettre : ces molécules sont absolument analogues à chaque partie dont elles sont renvoyées, puisqu'elles étaient destinées à nourrir cette partie ; dès lors quand toutes les molécules renvoyées de tout le corps viennent à se rassembler, elles doivent former un petit corps semblable au premier, puisque chaque molécule est semblable à la partie dont elle a été renvoyée ;...*
> *Il n'y a donc point de germes préexistants, point de germes contenus à l'infini les uns dans les autres, mais il y a une matière organique toujours active, toujours prête à se mouler, à s'assimiler et à produire des êtres semblables à ceux qui la reçoivent...*"[1].

Au fond, Buffon nous propose un épigénisme qui se différencie de la forme originelle d'Aristote par l'introduction de concepts atomistiques (les "molécules mâles" et "femelles"). Les deux grandes lignes explicatives de la pensée biologique grecque trouvent ici une tentative de synthèse.

Chez les défenseurs de la préexistence des germes, l'embarras devient bien visible. Ainsi le physiologiste suisse Haller, sympathisant de l'ovisme, a failli renoncer à l'idée de la préexistence justement sous la force des phénomènes héréditaires. Lors de ses observations, il remarque que, par exemple, les métis prouvent que les enfants tiennent leurs caractères des deux parents ; il arrive jusqu'à conclure que le "fœtus ne provient pas uniquement de la mère, ni uniquement du père, mais l'un et l'autre contribuent à sa formation". Pourtant il ne franchit point le pas décisif de l'abandon de la théorie de la préexistence, et cela surtout à cause de l'interprétation qu'il donne de ses observations sur le développement embryonnaire du poulet - observations qui avaient pourtant conduit Aristote à l'épigénèse ! [2]

Donc, en même temps que des solutions sont proposées, de nouvelles possibilités d'explications surgissent ; les questions posées au sujet des êtres vivants se renouvellent, les centres d'intérêt aussi. C'est ainsi qu'est visible un regain d'intérêt pour les problèmes qui concernent la classification des végétaux et des animaux. Parmi les questions qui apparaissent, il y en a une

---

1 Buffon ; *Histoire naturelle*, tome II, Paris, 1749.

2 A. Giordan, J. Pochon et V. Host, *Histoire de la fécondation au XIXème siècle*, Belin, 1985.

particulièrement importante à cause des articulations qu'elle va avoir avec l'hérédité : il s'agit de la recherche des limites de la fixité des espèces.

L'espèce est-elle fixe ?

Cette question ouvre de nouvelles approches à l'étude de l'hérédité. Une des premières activités humaines à caractère biologique a été de regrouper les êtres vivants dans des catégories plus ou moins bien définies. La première classification cohérente est celle élaborée par Aristote, à partir de prémisses fixistes et typologiques, elle a servi pendant longtemps de référence.

Derrière ce type d'activités, existe ainsi l'idée que tout partage des organismes vivants s'est construit à partir du fait qu'il existe, en dehors de variations purement accidentelles, un modèle idéal et fixe de chaque espèce. Cette notion de fixité trouvait son support théorique dans le concept aristotélicien de *plan*.

Un tel état de choses va régner pratiquement jusqu'à l'apparition du transformisme (Buffon, Lamarck) et disparaître rapidement à partir de 1859, année de publication de "*L'origine des espèces*" par Darwin [1]. Le postulat de fixité est dicté aussi bien par un besoin méthodologique immédiat - comment classer une série d'objets s'ils sont en perpétuelle transformation ? - que par une conception générale du monde. Toutefois, cet axiome de départ s'est toujours trouvé confronté avec les étranges phénomènes d'hybridation, où le croisement de deux individus appartenant à des espèces différentes peut donner naissance à une progéniture viable et stable dans ses caractères, surtout chez les végétaux.

Les problèmes prioritaires des "hybrideurs"

Croiser des individus appartenant à des espèces ou à des variétés différentes a été une activité fort répandue depuis de nombreux siècles. Œuvre des "hybrideurs", elle avait parmi ses buts la recherche de formes économiquement intéressantes. Toutefois dans les hybridations, bien que l'hérédité nous semble aujourd'hui au premier plan, le désir de trouver des réponses originales aux questions posées par les phénomènes héréditaires n'était pas prioritaire. Typiques de cet état d'esprit sont les questions que

---

1 Voir le chapitre *Evolution.*

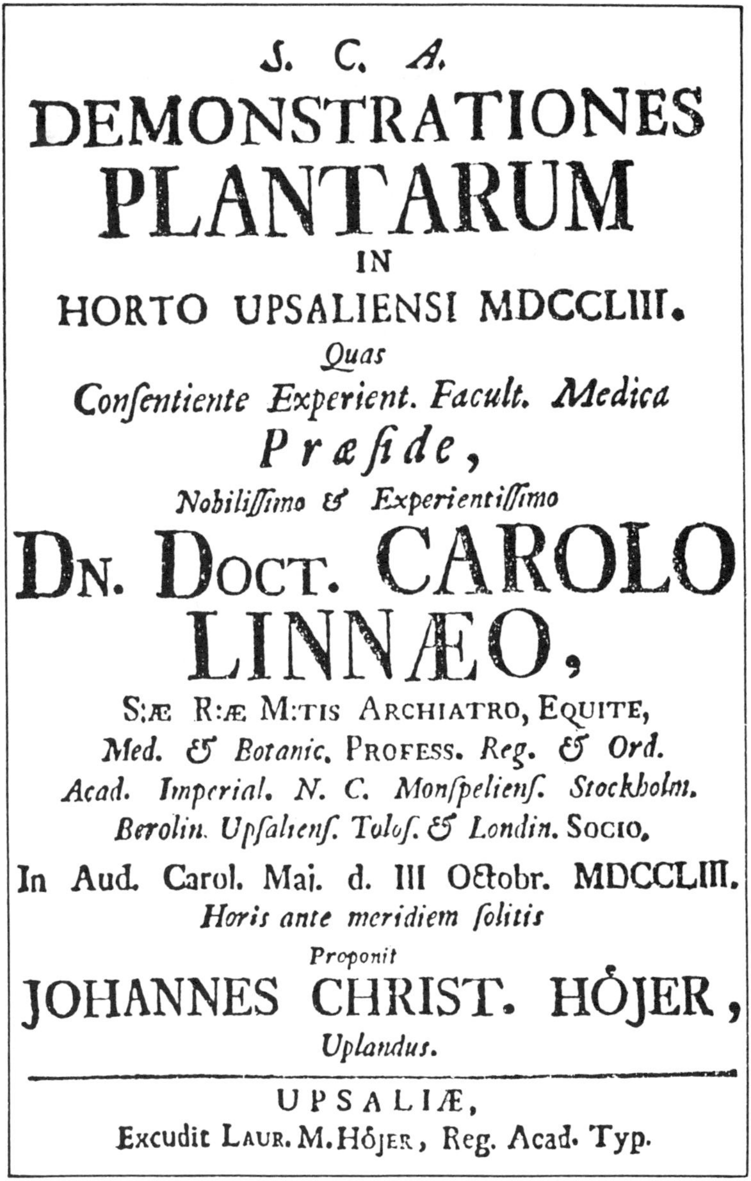

S. C. A.
DEMONSTRATIONES
PLANTARUM
IN
HORTO UPSALIENSI MDCCLIII.
Quas
Conſentiente Experient. Facult. Medica
Præſide,
Nobiliſſimo & Experientiſſimo
DN. DOCT. CAROLO
LINNÆO,
S:Æ R:Æ M:TIS ARCHIATRO, EQUITE,
Med. & Botanic. PROFESS. *Reg. & Ord.*
Acad. Imperial. N. C. Monſpelienſ. Stockholm.
Berolin. Upſalienſ. Toloſ. & Londin. SOCIO,
In Aud. Carol. Maj. d. III Octobr. MDCCLIII.
Horis ante meridiem ſolitis
Proponit
JOHANNES CHRIST. HÖJER,
Uplandus.

UPSALIÆ,
Excudit LAUR. M. HÖJER, Reg. Acad. Typ.

Fig. 36: *Page de garde du livre de Linné sur les plantes du jardin d'Upsala (1753).*

Naudin se pose encore, en 1860, au sujet des croisements interspécifiques. Il cherche avant tout, entremêlé à des problèmes subsidiaires d'hérédité, à élucider le statut de l'espèce :

Je n'ai pas à faire ici l'histoire de l'hybridation ni des différentes opinions qui ont eu cours sur ce sujet depuis l'époque où Bradley (1739) annonça l'hybridité de certaines Primevères. Comme un fait positif ; j'ai seulement à faire ressortir les conclusions des expériences qui me sont personnelles et à y chercher la réponse aux questions proposées par l'Académie. Ces questions sont les suivantes :

1° Etudier les hybrides végétaux au point de vue de leur fécondité et de la perpétuité ou non-perpétuité de leurs caractères ?

2° Dans quel cas ces hybrides sont-ils féconds par eux-mêmes ? Cette fécondité des hybrides est-elle en rapport avec les ressemblances extérieures des espèces dont ils proviennent. Ou signale-t-elle une affinité spéciale au point de vue de la génération. Comme on la remarqué pour la facilité de la production de ces hybrides eux-mêmes ?

3° Les hybrides stériles par eux-mêmes doivent-ils toujours leur stérilité à l'imperfection du pollen ? Le pistil et les ovules sont-ils toujours susceptibles d'être fécondés par un pollen étranger convenablement choisi ? Observe-t-on quelquefois un état d'imperfection appréciable dans le pistil et les ovules?

4° Les hybrides se reproduisant par leur propre fécondation conservent-ils quelquefois des caractères invariables pendant plusieurs générations et peuvent-ils devenir le type de races constantes. Ou reviennent-ils toujours, au contraire, aux formes d'un de leurs ascendants, au bout de quelques générations, comme semblent l'indiquer des observations récentes ?

Ch. Naudin : *Nouvelles recherches sur l'hybridation,* Paris, 1865.

Ce texte suggère bien sûr des questions que l'évolutionnisme naissant pose, et le retour aux formes primitives en est une, mais surtout il met en évidence la préoccupation primordiale de son auteur et de la majorité des "hybrideurs" du XIXe siècle : "existe-t-il des espèces stables ?" [1]

Déjà Leibniz formule dans les "*Nouveaux essais de l'entendement humain*", au milieu du XVIIIe siècle, une remarque concernant la possibilité d'une modification des espèces :

> "*Peut-être que, dans quelques temps ou dans quelque lieu de l'univers, les espèces des animaux sont, ou étaient, plus sujettes à changer qu'elles ne le sont présentement parmi nous* ."... [2]

Bien avant, le naturaliste anglais John Ray cherche dans son "*Historia plantorum*", parue en 1693, à préciser la classification des végétaux en se fondant sur la définition de petits groupes de plantes aux caractères semblables et héréditaires, pour lesquels il propose le nom de "*species*". Bien que foncièrement fixiste, il admet la possibilité de variations fortuites, car il avance :

> "*Bien que le signe de l'identité spécifique soit constant, il n'est cependant ni perpétuel ni absolu. En effet, quelques semences peuvent parfois dégénérer et produire assez rarement des plantes différentes de l'espèce maternelle : il peut donc se produire chez les plantes une transmutation des espèces*" [3].

Ces intuitions transformistes sont évidentes aussi dans l'œuvre tardive de Karl von Linné, considéré faussement comme un défenseur à outrance du fixisme. Il publie en 1760 les résultats du croisement entre deux espèces de *Véronica* (*V. maritima* et *V. officinalis*). Bien qu'arrêtant ses travaux d'hybridation à la première génération, il est conduit à admettre que de nouvelles espèces peuvent se produire. Son fixisme se trouve assoupli, en tout cas en ce qui concerne la

1 On y décèle aussi que, inévitablement, à partir du moment où on pose ce type de question, on doit prendre en considération des caractères transmissibles d'une génération à l'autre ; l'hérédité, tout en restant une préoccupation secondaire, acquiert le statut de vecteur méthodologique.

2 G.W. Leibniz ; *Nouveaux essais sur l'entendement humain* ; Paris, 1966, (première édition : 1765).

3 K.J. Ray ; *Historia Plantorum Generalis* ; Londres, 1693.

notion d'espèce chez les végétaux ; en revanche il maintient un fixisme rigide pour les catégories taxonomiques plus élevées. Ainsi, au milieu du XVIIIè siècle, le problème concernant le degré de fixité des espèces est posé, de même que les hybrideurs multiplient les observations qui préfigurent les grandes lignes expérimentales des développements ultérieurs. Les premiers croisements systématiques sont l'œuvre du botaniste allemand Joseph Gottlieb Köllreuter [1].

Cependant avant de présenter succinctement ses travaux, il s'impose de remarquer qu'à de rares exceptions près et jusqu'à Mendel, les "hybrideurs" à cause du type de problème auquel ils cherchent une solution, travaillent essentiellement au niveau interspécifique, plus rarement intraspécifique (c'est-à-dire entre variétés) [2].

Köllreuter, intéressé donc principalement par le problème de la fixité des espèces végétales, réalise un grand nombre de croisements en utilisant 138 espèces différentes. Dirigé par l'idée qu'une vraie espèce doit garder ses caractères stables pendant plusieurs générations, il poursuit ses croisements jusqu'à la deuxième génération. Par ce biais, il est en mesure de mettre en évidence des faits qui vont former une des lignes directrices des représentations de l'hérédité chez les "hybrideurs".

Köllreuter peut montrer, en particulier que les hybrides de pemière génération, sont plus ou moins tous identiques et présentent des caractères intermédiaires entre ceux des parents. Constatation lourde de conséquences : elle renforce l'idée de l'existence d'un mélange des caractères parentaux, ce qui peut être une première interprétation valable, surtout lorsque l'on croise deux espèces différentes et que l'on prend en considération des caractéristiques morphologiques complexes du point de vue génétique.

Mais, heureux revers de la médaille, elle apporte des arguments expérimentaux non seulement en faveur de la nécessité du gamète mâle à côté du gamète femelle, mais aussi, et surtout, en faveur de l'égale contribution des deux parents lors de la fécondation. En poursuivant ses travaux avec le croisement des individus de cette

---

1 J.G. Köllreuter ; *Das entdeckte Geheimnis der Cryptogamie* ; Karlsruhe, 1777.

2 Une première raison de la faveur accordée aux croisements interspécifiques vient directement du type de question auquel il fallait trouver une réponse ; une autre raison est à chercher dans l'imprécision relative du concept d'espèce et dans l'absence d'une méthodologie taxonomique rigoureuse. Par conséquent, on compare souvent des résultats obtenus lors de croisements interspécifiques avec ceux résultants de croisements intraspécifiques.

première génération, Köllreuter obtient, en deuxième génération, des résultats qui montrent l'existence d'une grande variabilité. Chez certains individus il voit même apparaître des caractères qui appartenaient aux grands-parents ; le problème des aïeux, qu'on a rencontré plusieurs fois, reçoit ici un premier support expérimental.

Fin expérimentateur et praticien méthodique, Köllreuter n'exploite pas sur le plan théorique ses résultats ; en effet il n'explicite aucune règle concernant les mécanismes de l'hérédité. L'un de ses grands mérites est d'avoir, par l'ensemble de ses travaux, dirigé et stimulé l'activité de nombreux hybrideurs.

Bien que, dans l'ensemble, l'aspect théorique soit relativement pauvre, surtout en ce qui concerne l'établissement de règles générales permettant d'ordonner les phénomènes héréditaires, les activités des hybrideurs sont à l'origine d'un grand nombre de données expérimentales qui ne manqueront pas d'influencer la mise en place de nouvelles conceptions de l'hérédité dans la deuxième moitié du siècle.

L'accent mis sur des aspects pratiques, permet, entre 1820 et 1825, de dégager trois phénomènes qui donneront la mesure de leur importance avec les travaux de Mendel et plus encore au moment de l'affermissement de la génétique mendélienne, au début du XXè siècle. Il s'agit de la mise en évidence des phénomènes de ségrégation des caractères, de la dominance et, bien que ce terme soit jamais utilisé avant Mendel, d'une certaine forme de récessivité. Dans cette fourchette temporelle, se profile aussi un affinement de la méthode d'hybridation ; essentiellement, il s'agit d'une prise de conscience de la différence conceptuelle entre croisements interspécifiques et intraspécifiques, avec une fréquence croissante pour ces derniers, signe d'un premier changement dans le type de questions qu'on se pose.

Dans ce contexte, un agronome anglais, Thomas Andrew Knight, reconnaît l'importance du "*Pisum sativum*" comme matériau d'expérimentation [1]. Au delà de l'utilisation de la plante de pois, qui deviendra célèbre avec la redécouverte en 1900 de l'œuvre de Mendel, les considérations de Knight montrent que, peu à peu, ce

---

1 Dans "*A selection from the physiological and horticultural papers*, published by the late T.A. Knight", Londres 1849, on peut lire : "The noumerous varieties of strictly permanents habits of the pea, its annual life, and the distinct character in from, size and color of many varieties, induced me, many years ago, to select it for the purpose of ascertaining, by a long course of experiments, the effects of introducing the pollen of one variety into prepared blossom of another".

qui prime n'est plus l'individu dans sa totalité, mais plutôt un certain nombre de caractères morphologiques précis, présentant la particularité de la discontinuité. Il est toutefois essentiel de ne pas perdre de vue que le problème à résoudre reste encore celui de la variabilité d'une espèce, problème plus proche des questions posées par l'évolutionnisme naissant, pré-darwinien, que de l'hérédité.

Un hybrideur "presque mendélien"

Les principes de Köllreuter et les indications fournies par Knight s'unissent en une méthodologie rigoureuse chez un agronome français : Augustin Sageret. Optant pour la voie de l'hybridation intraspécifique dans le but de mieux saisir l'*être* d'une espèce et de contribuer ainsi à la réalisation d'une meilleure taxonomie, Sageret est en mesure de produire des données assez claires, à partir desquelles se dégagent des règles théoriques montrant l'existence de mécanismes simples dans l'hérédité.[1]

Travaillant sur le melon (*Cumulis melo*), il croise deux variétés en prenant en considération des caractères morphologiques faciles à différencier. Cinq caractéristiques sont retenues :

1. la chair du fruit (jaune ou blanche) ;
2. la couleur des graines (jaune ou blanche) ;
3. l'aspect de la peau du fruit (brodée ou lisse) ;
4. la forme des côtes du fruit (fortement ou légèrement prononcées) ;
5. la saveur du fruit (douce ou sucrée et très acide en même temps).

Il est étonnant de voir déjà ici en œuvre une méthode d'approche qui trouvera son épanouissement dans celle que Mendel utilisera pour ses travaux entre 1856 et 1863. Cependant, la question de Sageret est différente de celle du moine de Brno ; son problème est : "jusqu'où une espèce peut-elle varier ?" ; les seuls indicateurs permettant de donner une réponse sont encore une fois des caractères héréditaires, et c'est cet aspect qui nous intéresse.

En abordant les problèmes de l'hérédité, Sageret raisonne déjà en "généticien" : il prévoit des résultats en s'appuyant sur l'idée, introduite et renforcée par les "hybrideurs", que les caractères fusionnent. Donc :

---

1 A. Sageret ; Considérations sur la Production des Hybrides, des Variantes et des variétés en général... ; *Ann. Sc. Nat.* No.1, T.8, 1826.

"*Le produit présumé des hybrides créés aurait dû être un terme moyen :*
1. Chair très-pâle ;
2. Graines jaunes très-pâles ;
3. Broderie légère et clair-semée ;
4. Côtes légèrement prononcées ;
5. Saveur douce et acide en même temps" [1].

Or, contrairement aux prévisions, les individus de la génération F1, les "premiers hybrides" se distinguent par la prédominance d'un des caractères parentaux : 1. Chair jaune ; 2. Graines blanches ; 3. Peau brodée ; 4. Côtes assez prononcées ; 5. Saveur acide. Malheureusement, dans un deuxième groupe de F1, les "deuxièmes hybrides", les caractères ne sont pas toujours aussi bien marqués ; on discerne quelques traces qui pourraient faire penser à des mélanges : 1. Chair jaunâtre ; 2. Graines blanches ; 3. Peau lisse ; 4. Pas de côtes ; 5. Saveur douce.

Pourtant, avec beaucoup d'acuité, Sageret avance une interprétation "presque mendélienne" des résultats :

"*On y voit, en effet, tantôt une fusion des caractères appartenant au melon et au chaté* (l'autre variété parentale de melon), *mais cette fusion est de bien peu d'importance ; tantôt on y voit une distribution bien plus marquée de leurs caractères sans aucun mélange entre eux : l'un a la saveur douce du melon sans mélange, et l'autre la saveur acide du chaté*" [2].

Les résultats indiquent assez bien la ségrégation des caractères :

"*Ainsi donc, en définitive, il m'a paru qu'en général la ressemblance de l'hybride à ses deux ascendants consistait, non dans une fusion intime des divers caractères propres à chacun d'eux en particulier, mais bien plutôt dans une distribution soit égale, soit inégale, de ces mêmes caractères*" [3].

En reconnaissant, dans un passage conclusif, l'importance de la variabilité, Sageret montre déjà le rôle de la recombinaison :

"*On ne peut trop admirer avec quelle simplicité de moyen la nature s'est donnée la faculté de varier à l'infini et d'éviter la monotonie.*

---

1 A. Sageret ; ibid.

2 A. Sageret ; ibid.

3 A. Sageret ; ibid.

"Les idées que je présente ici m'ont paru remarquables ; elles me semblent être d'une bien grande importance. Pour bien les faire saisir, j'en donnerai quelques exemples pris sur mes melons hybrides : je vais donc en conséquence faire une supposition.
Je suppose qu'il s'agit ici d'examiner plusieurs hybrides, produits de la fécondation d'un Melon chaté par un Melon cantaloup brodé, l'un et l'autre d'espèce assez franche pour faire espérer que chacun d'eux contribuera pour sa part à rendre son espèce autant que possible.
Je suppose aussi, pour plus de simplicité et de clarté, que cinq caractères seulement, remarquables ou dignes d'attention, se trouvent dans le chaté et dans le melon dont les produits hybrides nous occupent ici.
Le melon ascendant avait :
Caractères : 1°. Chair jaune. 2°. Graines jaunes. 3°. Broderie. 4° Côtes fortement prononcées. 5. Saveur douce.
Le chaté ascendant avait :
Caractères : 1°. Chair blanche. 2°. Graines blanches. 3°. Peau lisse. 4°. Côtes légèrement prononcées. 5°. Saveur sucrée et très acide en même temps.

Le produit présumé des hybrides crées aurait dû être en terme moyen : 1°. chair très-pâle ; 2°. graines jaunes très-pâles ; 3°. broderie légère et clair-semée ; 4°. côtes légèrement prononcées ; 5°. saveur douce et acide en même temps ; mais tout au contraire.

Produits réels de deux hybrides des chatés et melons sus désignés.
Première hybride.

1°. Chair jaune. 2°. Graines blanches. 3°. Broderie. 4°. Côtes assez prononcées. 5°. Saveur acide.
Deuxième hybride.
1°. Chair jaunâtre. 2°. Graines blanches. 3°. Peau lisse. 4°. Sans côtes. 5°. Saveur douce.
Ces deux hybrides, dont j'ai maintes fois obtenu les analogues ou l'équivalent, suffiront, je pense, pour l'intelligence de ce que j'ai dit plus haut. On y voit, en effet, tantôt une fusion des caractères appartenant au melon et au chaté, mais cette fusion est de bien peu d'importance ; tantôt on y voit une distribution bien plus marquée de leurs divers caractères sans aucun mélange entre eux : l'un a la saveur douce et agréable du melon sans mélange, et l'autre la saveur acide du chaté, etc..."

A. Sageret : *Considérations sur la production des Hybrides, des Variantes et des variétés en général, 1826.*

> *Deux de ces moyens, fusion et distribution de caractères combinés, peuvent porter ces variétés à un nombre infini.*

Ce texte cependant semble en contradiction avec les précédents : la fusion des caractères est prise en considération. Ceci montre tout le malaise, toutes les difficultés introduites par l'apparition de phénotypes intermédiaires et qui empêchent, avec l'outillage conceptuel de l'époque, de considérer tous les caractères comme totalement incapables de fusionner. Cette difficulté, qu'on retrouve encore chez Mendel, ne sera levée que lors de la distinction entre le niveau génotypique et le niveau phénotypique. Faute de concepts théoriques suffisants, les observations restent alors porteuses d'ambiguïtés.

En 1830 les règles de base de ce qui sera plus tard la génétique mendélienne semblent avancées. Il est toutefois indispensable de nuancer cette affirmation ; on ne peut pas oublier que les mots qui véhiculent les faits reçoivent une signification dépendant étroitement du contexte culturel qui les génère. Dans cette première moitié du XIXè siècle, et tout particulièrement lorsqu'il s'agit des hybrideurs, le thème dominant, le motif des recherches, est centré autour de l'espèce. L'hérédité reste un outil permettant de mieux saisir le problème fondamental ; elle n'est pas encore un centre d'intérêt indépendant. Les règles découvertes restent des appuis, des explications de phénomènes collatéraux ; établir une théorie générale les liant n'est pas ressenti comme un besoin par la plupart des hybrideurs, et si une génétique, mot qui n'existe pas encore, prend forme, s'organise, c'est en marge de la volonté de ses fondateurs, qui n'ont pas ce type de besoin, leurs préoccupations restent essentiellement pratiques, et les réussites techniques à court terme.

Un exemple d'effort théorique chez les hybrideurs

L'élaboration d'un niveau de théorisation, à partir des expériences d'hybridation, rencontre un ensemble de difficultés majeures. Aucune cohérence ne semble ressortir. On est de plus dans l'impossibilité, à partir des résultats disponibles, de se départager entre deux idées toujours avancées dans les pratiques : la fusion et la ségrégation des caractères.

En effet, mélange et séparation des caractères deviennent progressivement deux thèmes qui, faute de moyens suffisants pour analyser les observations, et à cause d'une méthode expérimentale encore trop grossière, peuvent être valablement défendus. Dans ce contexte, Naudin illustre une des tentatives pour échapper à cette ambiguïté. Aussi cherche-t-il une voie de sortie. Pour lui, le mélange est une règle qui souffre d'exceptions :

Fig. 37: *Nouvelles variétés animales produites par les éleveurs et à des fins industrielles (Saffray 1901).*

> "*Tous les hybridologistes sont d'accord pour reconnaître que les hybrides sont des formes mixtes, intermédiaires entre celles des deux espèces des parents*" [1].

Mais en même temps :

> "*On a souvent remarqué, au contraire, qu'elles* (les formes hybrides) *sont quelquefois beaucoup plus voisines de l'un ou de l'autre* (forme parentale) ... *On a aussi remarqué que les hybrides ressemblent quelquefois plus à l'une des deux espèces par certaines parties, à l'autre par certaines autres...*" [2].

Dans son effort d'interprétation, Naudin essaie ainsi de concilier les deux idées contradictoires corroborées directement dans la pratique : fusion et ségrégation des caractères héréditaires.

> "*Une plante hybride est un individu où se trouvent réunies deux essences différentes ayant chacune leur mode de végétation et leur finalité particulière, qui se contrarient mutuellement et sont sans cesse en lutte pour se dégager l'une de l'autre. Ces deux essences sont-elles intimement fondues ? Se pénètrent-elles réciproquement au point que chaque parcelle de la plante hybride, si petite, si divisée qu'on la suppose, les contienne également toutes deux ? Il se peut qu'il en soit ainsi dans l'embryon, et peut-être dans les premières phases du développement de l'hybride, mais il me paraît bien plus probable que ce dernier, au moins à l'état adulte, est une agrégation de parcelles, homogènes et unispécifiques prises séparément, mais réparties également ou inégalement entre les deux espèces, et s'entremêlant en proportions diverses dans les organes de la plante. L'hybride, dans cette hypothèse, serait une mosaïque vivante, dont l'œil ne discerne pas les éléments discordants tant qu'ils restent entremêlés ; mais si, par suite de leurs affinités, les éléments de même espèce se rapprochent, s'agglomèrent en masses un peu considérables, il pourra en résulter des parties discernables à l'œil, quelquefois des organes entiers*" [3].

Pour Naudin il est évident que, au moment de la fécondation, il y a mélange des caractères, même si après, une certaine ségrégation est envisagée avec formation d'une *mosaïque*. L'explication qu'il propose met en relief les difficultés qu'on rencontre lorsqu'il y a tentative d'ordonner des faits passablement hétérogènes dans une

---

1 Ch. Naudin ; *Nouvelles recherches sur l'hybridation*, Paris, 1865.

2 Ch. Naudin ; ibid.

3 Ch. Naudin ; ibid.

théorie unique qui se doit d'être cohérente. Il en résulte une image où le spéculatif devient prépondérant, et où les possibilités de vérification sont pratiquement nulles ; la théorie ne peut plus, dès lors prétendre obtenir le statut de "scientifique" : son pouvoir de prédiction est très faible, son degré de "falsification", au sens de Popper, presque inexistant. Cette tentative de conciliation reste plutôt floue, elle n'arrive pas à entraîner une adhésion importante de la communauté scientifique.

De fait, les notions avancées sur l'hérédité restent imprécises dans leur formulation et souvent peu pertinentes. De même, subsistent un grand nombre de questions classiques : comment un caractère peut-il sauter une génération ? D'où viennent les différences ? Comment peut-on expliquer les ressemblances ?

Un brillant hybrideur : Mendel

Quand Mendel commence ses activités, il se trouve en présence d'un grand nombre de faits accumulés. Il se trouve surtout face à des techniques qui "ont réussi" à améliorer les espèces végétales et animales. Mais peu de principes précis lui semblent satisfaisants pour conduire les observations, et les nombreuses tentatives d'explications sont peu convaincantes à son goût.[1]

> "*Des consciencieux observateurs comme Koelreuter, Gaertner, Herbert, Lecocq, Wichura et d'autres encore, ont, avec une infatigable persévérance, consacré une partie de leur vie à l'étude de ces questions (l'étude de la stabilité des hybrides et des règles d'apparition des caractères héréditaires). Gaertner notamment a consigné des observations de grande valeur dans son livre intitulé* "Die Bastarderzeugung im Pflanzenreiche" ; *et dans ces derniers temps, Wichura a publié des recherches approfondies sur les hybrides de Saule*"[2].

La formation scientifique de Mendel présente une trajectoire particulière ; elle forme un élément important pour comprendre son approche de l'hérédité. Ce fils de paysans reçoit, pendant ses études à Vienne, où il a l'occasion de travailler avec Christian Doppler, une solide formation en mathématiques (notamment en ce qui deviendra les statistiques) et en physique. C'est surtout la physique qui lui

---

1 A la même époque, un nouveau centre d'intérêt attire les biologistes : la théorie de l'évolution proposée par Darwin et les problèmes qu'elle pose.

2 G. Mendel : *Versuche über Pflanzen-Hybriden ; Abhandlungen des naturforschenden Vereines in Brünn,* 1866 (traduction française de A. Chappelier).

donne le goût pour la rigueur analytique, l'expérimentation bien conduite et la mathématisation des résultats.

Avec ce bagage méthodologique, Mendel travaille entre 1856 et 1863 au croisement de 34 variétés de *Pisum sativum* (plante de petits pois). Par cet aspect de son activité, il se situe en droite ligne dans la tradition des hybrideurs ; néanmoins il s'en détache par le type de question à laquelle il cherche une réponse. Ce n'est plus le problème de la fixité des espèces qui constitue la préoccupation de Mendel, mais c'est plutôt celle de trouver des règles générales à la transmission des caractères héréditaires. Cette problématique unique parmi les hybrideurs et les biologistes, le centre donc sur l'hérédité au sens strict. De plus, la méthode d'approche se clarifie : tout le travail va se réaliser au moyen de croisements intraspécifiques, selon les souhaits déjà exprimés par Knight au début du siècle.

Les résultats de ses expériences font l'objet de deux conférences (8 février et 8 mars 1865) et d'un article publié en 1866 dans les "*Comptes rendus des travaux de la Société d'Histoire naturelle de Brno*".

Dans "*Versuche über Pflanzenhybriden*", Mendel pose, dès l'introduction le principe que, pour obtenir des règles générales, il faut établir des rapports numériques :

> "*Une solution définitive ne pourra intervenir qu'à la suite d'expériences détaillées faites chez les familles végétales les plus variées. Si on jette un regard d'ensemble sur les travaux accomplis dans ce domaine, on arrivera à la conclusion que parmi ces nombreux essais, il n'en est aucun qui ait été exécuté avec assez d'ampleur et de méthode pour permettre de fixer le nombre des différentes formes avec sûreté dans chaque génération et d'établir les rapports numériques existant entre ces formes*" [1].

Les raisons du choix du matériau, la plante de pois, sont aussi très clairement et très finement exprimées :

> "*La valeur de l'importance de toute expérience dépendant du choix judicieux des matériaux employés, ainsi que de leur bonne utilisation. Et dans le cas présent, on ne peut se désintéresser ni du choix des espèces végétales servant de substralum aux expériences, ni de la façon dont celles-ci sont conduites.*
> *Le choix du groupe végétal à utiliser dans des recherches de ce genre doit être fait avec les plus grandes précautions si l'on ne veut, dès le début, compromettre toute chance de succès.*

1 G. Mendel, ibid.

Les plantes d'expériences doivent absolument satisfaire à certaines conditions
1. Elles doivent posséder des caractères différentiels constants.
2. Il faut que, pendant la floraison, leurs hybrides soient naturellement, ou puissent facilement être mis à l'abri de toute intervention d'un pollen étranger.
3. Les hybrides et leurs descendants ne doivent éprouver aucune altération notable de fertilité dans la suite des générations" [1].
"*Dès le début, les Légumineuses ont particulièrement attiré l'attention, à cause de la structure spéciale de leur fleur. Des expériences entreprises avec plusieurs espèces de cette famille ont conduit à ce résultat que le genre* Pisum *répondait suffisamment aux desiderata exprimés"* [2].

La méthodologie expérimentale est aussi présentée avec beaucoup de précisions : elle rappelle par leur rigueur, les méthodes alors utilisées en physique. Elle permet à Mendel d'obtenir des résultats susceptibles d'être soumis à une analyse statistique et même à une formalisation.

"*Si l'on croise deux plantes qui diffèrent d'une manière constante par un ou plusieurs caractères, ceux qui leur sont communs passent, comme le montrent de nombreuses expériences, sans modification chez les hybrides et leurs descendants. Au contraire, chaque couple de caractères différentiels se fond chez l'hybride en un nouveau caractère, ordinairement assujetti aux mêmes variations dans la descendance de cet hybride. Le but de ces expériences était d'observer ces variations pour chaque couple de caractères différentiels et de trouver la loi suivant laquelle ceux-ci apparaissent dans les générations successives... Les diverses formes de Pois choisies pour la fécondation présentaient des différences dans la longueur et la coloration de la tige, dans la taille et la forme des feuilles, dans la situation, la coloration et la taille des fleurs, dans la longueur de la hampe florale, dans la coloration, la forme et la taille des gousses, dans la forme et la taille des graines, dans la coloration de l'épisperme et de l'albumen"* [3].

A partir des considérations précédentes, Mendel choisit sept couples de caractères morphologiques :

1. la forme de la graine (lisse ou ridée);
2. la couleur des cotylédons (jaune ou verte) ;
3. la couleur des fleurs (blanche ou non blanche) ;

---

1 G. Mendel, ibid.

2 G. Mendel, ibid.

3 G. Mendel, ibid.

4. la position des fleurs (axiale ou terminale) ;
5. la forme de la gousse mûre (rectiligne ou moniliforme) ;
6. la couleur de la gousse (verte ou jaune) ;
7. la longueur de la tige (longue ou courte).

Dans chaque expérience les caractères différentiels sont réunis deux à deux.

> "*Les caractères qui ont été mis en expérience se rapportent :*
> *1° Aux différences de forme des graines mûres. Celles-ci sont ou sphériques ou arrondies : les dépressions, quand il en existe à leur surface, ne sont jamais que peu profondes ; ou bien elles sont irrégulièrement anguleuses et ont des rides profondes (P. quadratum).*
> *2° Aux différences de la coloration de l'albumen (1) de la graine (endosperme). La coloration de l'albumen des graines mûres est jaune pâle, jaune clair, orangé ou d'un vert plus ou moins intense. Ces différences de coloration se reconnaissent aisément chez les graines, grâce à la transparence de leur épisperme.*
> *3° Aux différences de coloration de l'épisperme. Celui-ci est blanc (caractère auquel est constamment liée une coloration blanche des fleurs) ou gris, gris-brun, brun cuir avec ou sans pointillé violet : dans ce cas, l'étendard est violet, les ailes sont pourpres et la tige marquée de rougeâtre à l'aisselle des feuilles, les épispermes gris deviennent brun-noir dans l'eau bouillante.*
> *4° Aux différences de forme de la gousse mûre. Celle-ci présente soit un renflement uniforme, sans aucun étranglement, soit de profonds étranglements entre les graines et des rides en nombre variable (P. saccharatum).*
> *5° Aux différences de coloration de la gousse non mûre. Elle a, soit une coloration allant du vert pâle au vert sombre, soit une coloration d'un jaune vif à laquelle participent également la tige, les nervures des feuilles et le calice (2).*
> *6° Aux différences de position des fleurs. Elles sont, ou bien axiales (c'est-à-dire réparties le long de l'axe), où bien terminales, accumulées à l'extrémité de l'axe et presque réunies en une courte fausse ombelle. Dans ce cas, la partie supérieure de la tige a une section transversale plus ou moins élargie (P. umbellatum).*
> *7° Aux différences de longueur des tiges. La longueur de l'axe varie beaucoup d'une forme à l'autre ; cependant elle est, pour chacune d'elles, un caractère constant, car cet axe ne subit que des modifications insignifiantes chez des plantes saines cultivées en terrains comparables. Au cours des expériences relatives à ce caractère, on a toujours, pour reconnaître avec certitude les différences de longueur d'axe, croisé l'axe long (ayant de six à sept pieds) avec l'axe court (ayant de trois quarts de pied à un pied et demi).*"

(1) Nous disons aujourd'hui cotylédons. (N. de la Rédaction)

(2) Une espèce a sa gousse colorée d'un beau rouge brun qui passe au violet et au bleu vers l'époque de la maturité. L'expérience touchant ce caractère n'a été commencée que l'an dernier.

Les résultats, d'une éclatante simplicité, permettent de montrer que les hybrides ne sont pas des intermédiaires des formes parentales et permettent aussi de dégager deux concepts : celui de caractère dominant et celui de caractère récessif.

> "*Les recherches faites les années précédentes sur des plantes d'ornement avaient déjà fourni la preuve que, en règle générale, les hybrides ne tiennent pas exactement le milieu entre les espèces souches. Pour quelques caractères particulièrement frappants, pour ceux, par exemple, qui sont basés sur la forme et la dimension des feuilles, sur la pubescence des différentes parties, etc., on observe presque toujours une forme intermédiaire. Dans d'autres cas, par contre; l'un des deux caractères souches a une telle prépondérance qu'il est difficile ou complètement impossible de retrouver l'autre.*
>
> *Il en est de même chez les hybrides de Pisum. Chacun des sept caractères hybrides, ou bien s'identifie d'une façon si parfaite à l'un des deux caractères souches que l'autre échappe complètement à l'observation, ou bien lui ressemble tellement que cet autre ne peut être reconnu avec certitude. Ce fait est de grande importance pour la dénomination et le groupement des formes sous lesquelles apparaissent les descendants des hybrides. Dans la discussion qui va suivre, on appelle caractères dominants ceux qui passent chez l'hybride complètement ou presque sans modification, représentant eux-mêmes, par conséquent, des caractères hybrides ; caractères récessifs ceux qui restent à l'état latent dans la combinaison. l'expression "récessif" a été choisie parce que les caractères qu'elle désigne s'effacent ou disparaissent complètement chez les hybrides pour reparaître sans modifications chez leurs descendants, ainsi qu'on le montrera plus tard.*
>
> *L'ensemble des recherches a montré, en outre, qu'il est absolument indifférent que le caractère dominant appartienne à la plante femelle ou à la plante mâle ; la forme hybride reste absolument la même dans les deux cas. Gaertner, lui aussi, insiste sur cet intéressant phénomène ; il ajoute que même l'observateur le plus exercé est incapable de distinguer chez un hybride celle des deux plantes souches qui était plante femelle ou plante mâle.*
>
> *Parmi les caractères différentiels mis en expérience, les suivants sont dominants :*
>
> *1° La forme ronde ou arrondie des graines avec ou sans dépressions peu profondes.*
>
> *2° La coloration jaune de l'albumen.*
>
> *3° La couleur grise, gris-brun cuir de l'épisperme en corrélation avec des fleurs rouge violacé et des taches rougeâtres sur les axes foliaires ;*
>
> *4° La forme à renflement uniforme de la gousse;*
>
> *5° La coloration verte de la gousse non mûre liée à une coloration semblable de la tige;*
>
> *6° La répartition des fleurs le long de la tige;*
>
> *7° La longueur de l'axe le plus grand.*
>
> *Pour ce qui est de ce dernier caractère, il faut remarquer que la taille du plus grand des deux axes des plantes mâles est ordinaire-*

ment dépassée par les hybrides. On doit peut-être attribuer ce fait simplement à la grande exubérance de végétation qui se manifeste dans toutes les parties de la plante lorsque l'on unit des axes de longueurs très différentes. Ainsi, par exemple, le croisement de deux tiges d'une longueur de 1 à 6 pieds donna, sans exception, dans des expériences répétées, des axes dont la longueur variait entre 6 et 7 pieds 1/2. Les épispermes hybrides sont souvent plus pointillés, et quelquefois aussi les points se fondent en de très petites taches violet bleuâtre ; le pointillé apparaît souvent, même quand il manque comme caractère souche.
Les caractères hybrides relatifs à la confirmation des graines et à l'albumen apparaissent immédiatement après la fécondation artificielle, sous la seule action du pollen étranger. On peut donc les observer dès la première année d'expérience, tandis que tous les autres n'apparaissent que l'année suivante chez les plantes qui proviennent des graines fécondées."

Mendel se pose la question de la signification du caractère dominant :

"*Le caractère dominant peut avoir ici deux significations différentes : celle d'un caractère souche ou celle d'un caractère hybride. L'examen de la génération suivante peut seul indiquer les cas particuliers auxquels se rapportent l'une ou l'autre signification. En tant que caractère souche, le caractère dominant doit se transmettre sans modification à tous les descendants, tandis que comme caractères hybrides, il doit se comporter comme dans la première génération*" [1].

Les expériences confirment les prévisions :

"*Les formes qui, dans la première génération, possèdent le caractère récessif ne varient plus dans la deuxième en ce qui concerne ce caractère ; elles restent constantes dans leur descendance.*
Il en est autrement de celles qui possèdent, dans la première génération, le caractère dominant. Les deux tiers d'entre elles donnent des descendants qui portent les caractères dominant et récessif dans le rapport 3 à 1, et se comportent par conséquent exactement comme les formes hybrides ; le caractère dominant ne reste constant que dans un seul tiers" [2].

Mendel peut donc conclure :

"*Le rapport 3 à 1, suivant lequel se répartissent les caractères*

1 G. Mendel, ibid.

2 G. Mendel, ibid.

LA PREMIÈRE GÉNÉRATION DES HYBRIDES

Pendant cette génération, les caractères récessifs réapparaissent dans toute leur intégrité à côté des caractères dominants, et cela dans la remarquable proportion de 3 à 1 ; de là sorte, sur quatre plantes de cette génération, trois possèdent le caractère dominant et une le caractère récessif. Il en a été ainsi, sans exception, pour tous les caractères qui ont été mis en expérience. La forme ridée et anguleuse des graines, la coloration verte de l'albumen, la couleur blanche de l'épisperme et de la fleur, les étranglements de la gousse, la couleur jaune de la gousse non mûre, de la tige, du calice et des nervures des feuilles, l'inflorescence en forme de fausse ombelle, l'axe nain, reparaissent dans le rapport indiqué, sans aucune variation numérique appréciable. Des formes de passage n'ont été observées dans aucune expérience.

Comme les hybrides issus de croisements réciproques avaient une forme bien définie ; comme, de plus, on n'observait dans leur post-développement aucune anomalie remarquable, on pouvait faire entrer en ligne de compte, pour chaque expérience, les résultats obtenus de part et d'autre. Les rapports numériques obtenus pour chaque couple de caractères différentiels sont les suivants :

Première expérience. — Forme des graines : 253 hybrides ont donné, dans la deuxième année d'expérience, 7.324 graines parmi lesquelles 5.474 étaient rondes ou arrondies, et 1.850 ridées anguleuses. D'où l'on déduit le rapport $\frac{2,96}{1}$.

Deuxième expérience. — Coloration de l'albumen : 258 plantes donnent 8.023 graines ; 6.022 sont jaunes et 2.001 vertes ; donc, celles-là sont à celles-ci dans le rapport de 3,01 à 1.

Dans ces deux expériences chaque gousse donne en général deux sortes de graines. Dans des gousses bien formées, contenant en moyenne de 6 à 9 graines, il arrivait parfois que toutes les graines étaient rondes (expérience 1) ou toutes jaunes (expérience 2) ; par contre on n'a jamais observé plus de cinq graines anguleuses ou vertes dans une même gousse. Que celle-ci se développe de bonne heure ou tardivement chez l'hybride, qu'elle appartienne à l'axe principal ou à un axe secondaire, cela ne semble faire aucune différence. Chez un petit nombre de plantes, il ne se forma dans les gousses les premières venues que très peu de graines : elles possédaient alors exclusivement l'un des deux caractères ; toutefois, dans les gousses formées plus tard, le rapport resta normal. La répartition des caractères varie chez les différentes plantes, comme elle varie dans les différentes gousses.

Fig. 38: *La première génération des Hybrides (Mendel 1866).*

> *dominant et récessif dans la première génération, se résout donc, pour l'ensemble des expériences, dans le rapport 2 : 1 : 1 si l'on considère le caractère dominant à la fois dans sa signification de caractère hybride et dans celle de caractère souche. Comme les individus de la première génération proviennent directement des graines des hybrides, il est maintenant évident que les hybrides de chaque couple de caractères différentiels produisent des graines dont une moitié reproduit la forme hybride, tandis que l'autre donne des plantes qui restent constantes et prennent, par parties égales, les unes le caractère dominant, les autres le caractère récessif"* [1].

Après avoir dégagé les règles du monohybridisme, Mendel s'attaque au dihybridisme et au trihybridisme.

> "*Pour les expériences dont il vient d'être parlé, on a employé des plantes qui différaient par un seul caractère essentiel. Il restait à rechercher si la loi de formation déjà trouvée était également valable pour chaque couple de caractères différentiels, lorsque plusieurs caractères différents sont réunis dans l'hybride par la fécondation. les recherches concordent pour montrer que, dans ce cas, la forme des hybrides se rapproche constamment de celle des deux plantes souches qui a le plus grand nombre de caractères dominants*" [2].

C'est à ce moment, afin de mieux saisir des phénomènes complexes, que Mendel introduit un symbolisme, très simple et d'une remarquable efficacité :

> "*Pour faciliter l'exposition, on désigne, dans ces expériences, les caractères différentiels de la plante femelle par "A", "B", "C", ceux de la plante mâle par "a", "b", "c", et les formes hybrides de ces caractères par "Aa", "Bb", "Cc".*

> ***Première expérience :***

*"**AB**" plante femelle*	*"**ab**" plante mâle*
*"**A**" forme ronde*	*"**a**" forme anguleuse*
*"**B**" albumen jaune*	*"**b**" albumen vert*

> *Les graines fécondées sont rondes et jaunes, semblables à celles de la plante femelle. Les plantes que l'on a élevées donnent des graines de quatre sortes qui se trouvent souvent ensemble dans la même gousse. Quinze plantes donnèrent en tout 556 graines, dont :*

---

1 G. Mendel, ibid.

2 G. Mendel, ibid.

315 rondes et jaunes,

101 anguleuses et jaunes,
108 rondes et vertes,
32 anguleuses et vertes.

Toutes furent semées l'année suivante.

Parmi les graines rondes et jaunes, 11 ne levèrent pas et 3 plantes n'arrivèrent pas à fructification. Parmi les plantes restantes :

38	*avaient des graines*	*rondes et jaunes ....*	"***AB***"
65	—	*rondes, jaunes et vertes ....*	"***ABb***
60	—	*rondes, jaunes et anguleuses et jaunes....*	"***AaB***"
138	—	*rondes, jaunes et vertes — anguleuses jaunes et vertes ....*	"***AaBb***"

96 plantes provenant des graines anguleuses arrivèrent à fructification :

28	*n'avaient que des graines anguleuses jaunes ....*	"***aB***"
68	*des graines anguleuses, jaunes et vertes ......*	"***aBb***"

Sur 108 graines rondes et vertes, 102 plantes donnèrent des fruits :

35	*n'avaient que des graines rondes et vertes ..*	"**Ab**"
67	*des graines vertes, rondes et anguleuses .....*	"**Aab**"

Les graines vertes et anguleuses donnèrent 30 plantes avec des graines toutes semblables, elles restaient constantes" **ab**"
Les descendants des hybrides se présentent donc sous neuf formes différentes dont quelques-unes en quantités très inégales. En les groupant ou en les rangeant par ordre, on obtient :

38	*plantes avec la caractéristique*	....	"***Ab***"
35	—	....	"***Ab***"
28	—	....	"***Ab***"
30	—	....	"***aB***"
65	—	....	"***ABb***"
68	—	....	"***aBb***"
60	—	....	"***AaB***"
67	—	....	"***AaB***"
138	—	....	"***AaBb***"

L'expérience de dihybridisme décrite dans la suite de l'article montre comment Mendel aidé par son symbolisme utilise la pensée statistique pour corroborer son modèle. Car Mendel ne l'induit en aucune mesure à partir de ses observations. Son modèle a été établi au préalable en tant qu'hypothèse, il en est suffisamment convaincu, et ces résultats ne font que le confirmer.

"Toutes les formes peuvent être classées dans trois subdivisions essentiellement différentes. La première comprend celles désignées par "AB", "Ab", "aB", "ab" ; elles ne possèdent que des caractères constants et ne changent plus dans les générations suivantes. Chacune de ces formes est représentée 33 fois en moyenne. Le second groupe contient les formes "ABb", "aBb", "AaB", "Aab"; elles sont constantes par un caractère, hybrides par l'autre et ne varient, dans la génération suivante, qu'en ce qui touche ce dernier. Chacune d'elles apparaît en moyenne 65 fois. La forme "AaBb" se trouve 138 fois, elle est hybride par ses deux caractères et se comporte exactement comme les hybrides dont elle provient.
Si l'on compare le nombre des formes dans les trois subdivisions, on doit admettre le rapport moyen 1 : 2 : 4. Les nombres 33, 65, 138 donnent des valeurs très suffisamment approchées de 33, 66, 132.

...la descendance des hybrides, quand les caractères différentiels de deux sortes se trouvent groupés chez ceux-ci, est représentée par l'expression :
AB+Ab+aB+ab+2ABb+2aBb+2AaB+2Aab+4AaBb
Cette série de formes est, sans contredit, une suite de combinaisons dans lesquelles sont réunies les deux séries de formes données par les caractères "A" et "a", "B" et "b". On obtient tous les termes de la série en multipliant "A" + "2 Aa" + "a" par "B" + "2 Bb" + "b."

Deuxième expérience :

"**ABC**"	*plante femelle*	"**a b c**"	*plante mâle*
"**A**"	*forme ronde*	"**a**"	*forme rugueuse*
"**B**"	*albumen jaune*	"**b**"	*albumen vert*
"**C**"	*épisperme brun-gris*	"**c**"	*épisperme blanc*

Cette expérience fut conduite de façon tout à fait analogue à la précédente : de toutes les expériences, c'est celle qui a demandé le plus de temps et de peine. 24 hybrides donnèrent en tout 687 graines, toutes pointillées, colorées en brun-gris ou vert grisâtre, rondes ou anguleuses. Elles produisirent l'année suivante 639 plantes fertiles, parmi lesquelles, ainsi que le montrèrent les recherches ultérieures, se trouvaient :

On peut représenter le résultat de la fécondation en mettant sous forme de fraction les caractéristiques des cellules ovulaires et polliniques accouplées, ces dernières au numérateur, les autres au dénominateur. On obtient, dans le cas précédent :

$$\frac{A}{A} + \frac{A}{a} + \frac{a}{A} + \frac{a}{a}$$

Dans le premier et le quatrième terme, les cellules ovulaires et polliniques sont de même nature, les produits de leur combinaison doivent donc être constants, à savoir **A** et **a**. Par contre, dans le deuxième et le troisième terme, il y a, de nouveau, réunion des deux caractères souches différentiels, et c'est pourquoi les formes provenant de ces fécondations sont tout à fait identiques à l'hybride dont elles descendent. Il se produit par conséquent une hybridation répétée. Par là s'explique ce phénomène remarquable que les hybrides soient capables de produire, à côté des deux formes souches, des descendants semblables à eux-mêmes : $\frac{A}{a}$ et $\frac{a}{A}$ donnent tous deux la même combinaison **A a**, car, ainsi qu'on l'a déjà dit, il importe peu pour le résultat de la fécondation qu'un des deux caractères appartienne à la cellule ovulaire ou à la cellule pollinique. Nous avons donc :

$$\frac{A}{A} + \frac{A}{a} + \frac{a}{A} + \frac{a}{a} = A + 2\,Aa + a$$

C'est la forme la plus générale de l'autofécondation des hybrides lorsque sont réunis chez ceux-ci deux caractères différentiels. Il peut toutefois se produire, chez quelques fleurs et quelques plantes, des variations assez importantes dans les rapports existant entre les formes de la série. Outre que l'on ne peut admettre la généralité de la présence, dans l'ovaire, d'une égale quantité des deux sortes d'ovules, c'est le hasard seul qui désigne celle des deux espèces de pollen qui féconde chacune des cellules ovulaires. C'est pourquoi les chiffres doivent forcément subir des oscillations. Même, il peut se produire des cas extrêmes, tels que ceux signalés plus haut dans les recherches sur la forme des graines et la coloration de l'albumen. Les vrais rapports numériques ne peuvent être donnés que par une moyenne tirée de la somme du plus grand nombre possible de chiffres ; plus ils sont nombreux, plus on éliminera avec certitude ce qui est dû au pur hasard.

Dans le cas où sont réunis des caractères différentiels de deux sortes, la série évolutive des hybrides contient, pour 16 individus, neuf formes différentes, à savoir : **AB + Ab + aB + ab + 2 ABb + 2 aBb + 2 AaB + 2 Aab + 4 AaBb**. Entre les différents caractères, **A, a** et **B, b** des plantes souches, il peut y avoir quatre combinaisons constantes ; c'est pourquoi l'hybride produit les quatre formes correspondantes de cellules ovulaires et polliniques : **AB, Ab, aB, ab.** Chacune d'elles entrera en moyenne quatre fois en fécondation puisque la série contient 16 individus. Prennent donc part à la fécondation :

Les cellules polliniques : **AB + AB + AB + AB + Ab + Ab + Ab + Ab + aB + aB + aB + aB + ab + ab + ab + ab ;**

Et les cellules ovulaires : **AB + AB + AB + AB + Ab + Ab + Ab + Ab + aB + aB + aB + aB + ab + ab + ab + ab.**

Fig. 39: *Interprétation des résultats*

En moyenne, au cours de la fécondation, chaque forme de pollen se lie un même nombre de fois avec chaque forme d'ovule ; donc, chacune des quatre cellules polliniques **A B** se liera une fois avec chacun des ovules **A B + A b + a B + a b**. De même, les autres cellules polliniques de forme **A b, a B, a b** se lient avec toutes les autres cellules ovulaires. On obtient donc :

$$\frac{AB}{AB} + \frac{AB}{Ab} + \frac{AB}{aB} + \frac{AB}{ab} + \frac{Ab}{AB} + \frac{Ab}{Ab} + \frac{Ab}{aB} + \frac{Ab}{ab} + \frac{aB}{AB}$$
$$+ \frac{aB}{Ab} + \frac{aB}{aB} + \frac{aB}{ab} + \frac{ab}{AB} + \frac{ab}{Ab} + \frac{ab}{aB} + \frac{ab}{ab};$$

ou :

A B + A B b + A a B + A a B b + A B b + A b + A a B b + A a b + A a B + A a B b + a B + a B b + A a B b + A a b + a B b + a b = A B + A b + a B + a b + 2 A B b + 2 a B b + 2 A a B + 2 A a b + 4 A a B b.

La série évolutive des hybrides est tout à fait analogue quand ceux-ci contiennent des caractères différentiels de trois sortes. L'hybride donne huit formes de cellules polliniques et ovulaires : **A B C, A B c, A b C, A b c, a B C, a B c, a b C, a b c,** et chaque forme de pollen se réunit également, une fois en moyenne, avec chaque forme de cellules ovulaires.

La loi de combinaison des caractères différentiels, suivant laquelle a lieu le développement des hybrides, trouve donc sa base et son explication dans le principe que nous avons établi, à savoir que les hybrides produisent des cellules ovulaires et polliniques qui correspondent en nombre égal à toutes les formes constantes provenant de la combinaison des caractères réunis par la fécondation.

RECHERCHES SUR LES HYBRIDES D'AUTRES PLANTES

Des recherches ultérieures auront pour but d'établir si la loi de développement, établie pour **Pisum**, vaut également pour les hybrides d'autres plantes. Dans ce but, on a procédé, dernièrement, à plusieurs expériences : deux d'entre elles, faites sur une petite échelle, viennent d'être terminées avec des espèces du genre **Phaseolus** ; on va les mentionner ici.

Une expérience faite avec **Phaseolus vulgaris** et **Phaseolus nanus L.** donna un résultat tout à fait concordant. **Ph. nanus** a, en plus de sa tige naine, des gousses vertes uniformément renflées ; par contre, **Ph. vulgaris** a une tige de 10 à 12 pieds et des gousses jaunes et étranglées à la maturité. Les rapports numériques des différentes formes que l'on rencontrait dans chaque génération étaient les mêmes que chez **Pisum**. La formation des combinaisons constantes suivant également la loi de la combinaison simple des caractères exactement comme dans le cas de **Pisum**, on obtint :

Combinaison constante	**Axe**	**Couleur de la gousse non mûre**	**Forme de la gousse mûre**
1	long	verte	bombée
2	long	verte	étranglée
3	long	jaune	bombée
4	long	jaune	étranglée

des croisements par Mendel (1866).

8 plantes	"**A B C**"	*22 plantes*	"**A B C c**"	*45 plantes*	"**A Bb Cc**"
14 —	"**A B c**"	*17 —*	"**Ab Cc**"	*36 —*	"**a Bb Cc**"
9 —	"**Ab C**"	*25 —*	"**aB Cc**"	*38 —*	"**Aa BCc**"
11 —	"**A b c**"	*20 —*	"**ab Cc**"	*40 —*	"**Aa b Cc**"
8 —	"**a B C**"	*15 —*	"**A Bb C**"	*49 —*	"**Aa Bb C**"
10 —	"**a B c**"	*18 —*	"**A Bb c**"	*48 —*	"**Aa Bb c**"
10 —	"**ab C**"	*19 —*	"**a Bb C**"		
7 —	"**a b c**"	*24 —*	"**a Bb c**"		
		14 —	"**Aa B C**"	*78 —*	"**Aa Bb Cc**"
		18 —	"**Aa B c**"		
		20 —	"**Aa b C**"		
		16 —	"**Aa b c**" [1]		

Dans ce modèle, Mendel postule, avec beaucoup de modération, l'existence de *facteurs* ou *éléments*, supports des caractères héréditaires. A partir du symbolisme qu'il utilise, il est permis de penser que pour lui les éléments homologues du mâle et de la femelle semblent fusionner après fécondation. Il n'explicite pas plus longuement ces idées sur cette question, non encore tranchée à cette époque [2]. En effet, les homozygotes ("AA" ou "aa") sont représentés par une seule lettre : "A" ou "a" ; en revanche on ne discerne aucune hésitation si les *éléments* en jeu sont différents, donc chez les hétérozygotes. Dans ce dernier cas, Mendel utilise le symbole "Aa" ou "Bb" ou "Cc" et il considère que l'association des deux "facteurs" est, si elle a lieu, temporaire dans la plante hybride, et disparaît lors de la formation des gamètes.

Développements et controverses de la fin du XIXe.

Les théories de l'hérédité

Indépendamment de Mendel, connu mais non reconnu par la communauté scientifique, on assiste entre 1860 et 1900 à la publication de nombreuses théories de l'hérédité qui se différencient les unes des autres non seulement par la terminologie utilisée, mais aussi, et surtout par les mécanismes proposés. Pourtant dans l'ensemble, il est possible de dégager une caractéristique

---

1 G. Mendel, ibid.

2 Voir le chapitre *concept de cellule*.

commune : toutes reposent sur une conception *granulaire* de l'hérédité [1]. L'information héréditaire est stockée dans des particules, localisées le plus souvent, mais pas uniquement dans les cellules gamétiques. Les controverses sur l'hérédité sont alors courantes et un des thèmes qui alimente les discussions est celui des modalités des variations observables dans les espèces ; notamment une question fort discutée est la suivante : sont-elles continues ou discontinues ?

En effet, le débat est ailleurs, et cela est sans doute une des raisons qui laissent les travaux de Mendel dans l'ombre, il porte sur les mécanismes de l'évolution. Cela signifie que l'on raisonne sur l'espèce et donc sur l'ensemble des caractères, sur leur intégration et sur leur évolution. Les variations - on ne parle pas encore de mutation - sont dès lors un élément important des enjeux.

Les discussions au sujet des mécanismes des variations se développent en tout sens et s'accentuent même, à partir de 1890, sous l'impulsion de la théorie darwinienne et des problèmes qu'elle soulève [2]. Elles envahissent tous les domaines de la biologie et en particulier l'étude de l'hérédité. Le débat résulte de l'opposition entre l'idée que les variations sont des phénomènes discrets, sans intermédiaires, et celle où on admet l'existence de séries graduelles. Sur cette controverse, se greffent des questions fondamentales : quels types de variations sont purement héréditaires, c'est-à-dire non influencées par l'environnement et comment la sélection agit-elle sur ces variations ?

Dans "*L'origine des espèces*" (1859, traduction française en 1873), Darwin affirme que la sélection naturelle agit en premier lieu sur de petites variations individuelles, pour la plupart continues ; ce faisant le gradualisme devient une des lignes directrices du paradigme évolutionniste darwinien et, par conséquent, va exercer une forte pression sur les différents modèles de l'hérédité. La théorie des "gemmules" dont nous parlerons dans ce chapitre en est un

---

1 Voir à ce propos, en parallèle, le point suivant du même chapitre.

2 Les problématiques issues de la théorie de l'évolution deviennent un des guides de lecture pour celles qui concernent l'hérédité ; les questions sur l'évolution et l'hérédité se recoupent et fusionnent, au moins partiellement, et il n'est désormais plus possible de traiter l'une sans prendre en considération l'autre.

exemple [1]. Cette hypothèse trouve sa raison et son origine dans le désir de Darwin de lever toute contradiction entre sa théorie évolutive et l'explication des phénomènes héréditaires ; les *gemmules* ne peuvent subir que des changements graduels, en conformité avec les observations que Darwin avait, pour cause, retenues.
L'idée des variations continues reçoit de plus un appui inespéré d'une jeune discipline : la biométrie. Apparue avec les travaux de Francis Galton, cousin de Darwin, et de Karl Pearson, chercheur fortement influencé par la pensée eugénique, la biométrie sera institutionnalisée en 1901 avec la création, par W.F.R. Waldon, de la revue *Biometrika*. Les méthodes biométriques, à leurs débuts, se basent essentiellement sur la mesure de caractéristiques visibles des organismes vivants, suivie d'une analyse statistique des données collectées. Du fait que les caractères choisis et étudiés sont pratiquement tous le résultat d'une intime interaction entre hérédité et environnement, les données biométriques présentent usuellement une distribution gaussienne. Il n'est donc pas surprenant que la plupart des biométriciens, Galton étant une illustre exception, concluent que la majorité des variations sont continues. Ainsi prend forme un mouvement d'opposition à la discontinuité, que ce soit face à l'hérédité ou face aux mécanismes de l'opposition.

La redécouverte de Mendel et le mendélisme

Hugo de Vries, Carl Correns et Eric von Tschermak, engagés dans l'étude de l'hybridation des plantes, "redécouvrent" en 1900, indépendamment l'un de l'autre, l'article que Mendel avait publié en 1866 et saisissent vite l'importance des lois exposées. La simplicité de la nouvelle théorie et la possibilité de tester expérimentalement les prédictions qu'elle permet de faire, ne sont pas étrangères au rapide développement du mendélisme, bien que son universalité pour le monde vivant soit alors mis en doute.

Le mendélisme "nouvelle formule", c'est-à-dire remis à jour par ces chercheurs, surtout dans la période de 1900 à 1909, va être confronté au même obstacle épistémologique important décrit ci-dessus, et il aura également du mal à s'implanter, tout comme Mendel n'avait pu lui-même être compris à son époque [2].

---

1 "In the case in wich the organisation (du corps) has been modified by changed conditions, the increased use or disuse of parts, or any other cause, the gemmules cast off from the modified units of the body will be themselves modifeid and changed structures".
Ch. Darwin ; *L'origine des espèces au moyen de la sélection naturelle ou la lutte pour l'existence dans la nature*, Londre 1859, traduction française Paris 1873.

2 Voir les points ultérieurs, dans ce chapitre.

De plus, bien que l'œuvre de Mendel présente un évident caractère mathématique, une forte hostilité lui vient des biométriciens anglais ; les variations continues semblent échapper complètement au modèle de Mendel qui, avec ses *facteurs* présente une théorie aux allures nettement discontinuistes. Un de ses adversaires est alors Pearson, professeur de Mathématiques Appliquées à l'University College de Londres. Influencé par la philosophie de la connaissance de Mach, il suppose que les changements dans le monde sont toujours continus, argument de plus qui fait qu'on puisse les décrire mathématiquement. Dans une longue série d'articles sur "*La théorie mathématique de l'évolution*", Pearson précise sa conviction que biométrie et mendélisme sont inconciliables, leurs principes de base étant opposés.

Confronté à de fortes oppositions jusqu'en 1910 - on verra plus loin les reproches que lui adressent les généticiens eux-mêmes - le mendélisme, dans sa première forme, trouve cependant de nombreux partisans. Bateson, de Vries, Correns, Tschermak et Johannsen en sont des exemples. C'est à Cambridge qu'on rencontre un des plus ardents défenseurs du mendélisme : il s'agit de William Bateson. Son attraction pour Mendel semble avoir été dictée par l'espoir de pouvoir mettre en échec la notion darwinienne d'évolution par sélection naturelle selon un processus graduel. Pour Bateson, l'évolution est un processus discontinu, avec des formes nouvelles qui apparaissent d'un seul coup ; c'est une évolution qui se réalise par une "*série de bonds*" et chez Mendel il trouve le moyen d'argumenter son idée avec une théorie de l'hérédité discontinue et, en plus, sans "*mélanges*". A cela, il faut ajouter que Mendel offre également la base théorique pour expliquer les changements soudains : il suffit d'introduire la possibilité de changement brusque, de "mutation des facteurs", comme on commence à dire.

L'opposition de Bateson et de son école de Cambridge, avec l'école biométrique est totale ; en réponse aux attaques de Weldon, pour lequel le mendélisme n'est qu'un exemple parmi d'autres des nombreuses théories *granulaires* de l'hérédité, Bateson écrit en 1902 une des premières "démonstrations" systématiques du mouvement mendéliste : "*Mendel's Principles of Heredity : A Defense*".

Cette querelle, qui est l'occasion de brillantes confrontations aux séances de la "British Association for the Advancement of Science", montre une fois de plus que, lorsqu'il est question des mécanismes responsables des processus héréditaires, il y a une subordination conceptuelle de l'hérédité aux problèmes posés par la théorie de l'évolution. Une solution ne sera possible que lorsqu'on réalisera qu'un unique aspect phénotypique peut être controlé par plusieurs *loci*, mais les concepts permettant de formuler une telle notion ne sont pas encore en place. Toutefois Mendel avait déjà fait des suppositions dans ce sens en s'efforcant d'expliquer les résultats des croisements entre *Phaseolus nanus* et *Ph. multiflorus* (1866). Plus tard, en 1901, Bateson avait potentiellement résolu le problème en postulant l'intervention possible de plusieurs *allélomorphes* dans la détermination de certains caractères [1].

C'est dans ce contexte marqué par les préoccupations évolutives qu'il faut considérer la théorie *mutationniste* de De Vries, exposée dans les deux volumes de son ouvrage fondamental: "*La théorie des mutations, expériences et observations sur l'origine des espèces dans le règne végétal*" (1900-1903). Considéré comme une variation héréditaire brusque, le concept de mutation est suggéré à de Vries par les observations conduites sur *Oenothera Lamarkiana*, où il constate :

> "*Sept formes nouvelles, qui divergent du type Lamarckiana par des points différents. Toutes sont absolument constantes par semis. On peut en obtenir des centaines ou des milliers de plantules qui viennent toujours fidèles au type et ne retournent jamais au Lamarckiana. Elles ont hérité de ce dernier l'état de mutabilité, soit complètement, soit en partie, et sont pour cela capables de produire aussi de nouvelles formes*"[2].

Le mutationnisme est accueilli favorablement par tous ceux qui, de près ou de loin, se rapprochent du mendélisme et/ou d'une vision discontinue de l'évolution. Certains, comme l'entomologiste de Stanford, Kellog, y voient la réponse à tous les problèmes soulevés par Darwin [3].

Pourtant ce mutationnisme subit un net déclin à partir de 1914 : aucune mutation aussi *macroscopique* n'est observée en dehors de l'Oenothera et, argument de poids, la génétique de la Drosophile qui se développe à partir de 1910 sous l'implusion de Morgan, montre

---

1 "If there were even so few, as, say, fouror five pairs of possible allelomorphs, the various homo- and heterozygous combinations might, on seriation, give se near an approach to a continuous curve...Discontinuous variations must merge insensibly into continuous variation, simply owing to the compound nature of the majority of characters with ehich one deals".

2 H. de Vries ; Die Mutationstheorie. *Versuche und Beobachtungen über die Entstehung von Arten im Pflanzenreich* ; Leipzig 1901-1903.

3 "On the whole the theory has been warmly welcomed as the most promising way yet presented out of the difficulties into which biologists had fallen in their attemps to explain satisfactorily the phenomena of the origin of species through Darwinian selection" (Kellog, 1907).
Certains comparent l'œuvre de de Vries à celle de Darwin :
"No work since the publication of Darwin's Origin of Species has produced such a profound sensation in the biological world as "Die Mutationstheorie" by Hugo de Vries" (F.C. Baker, 1907).

qu'aucune mutation n'est, à elle seule, capable de produire des changements d'espèces. Le débat n'est cependant pas clos immédiatement, encore en 1922 l'ichtyologue russe Léo Berg met en évidence la viabilité réduite des mutants de Drosophiles, et conclut :

> "*De tout ce qui précède, il ressort que ni les variations individuelles héréditaires, telles les mutations d'Oenothera, ni les mutations similaires, obéissant aux lois de Mendel, du type d'Antirrhinum ou de Drosophila, ni, moins encore, les formes individuelles non héréditaires ne peuvent donner naissance à de nouvelles espèces*"[1].

De Vries avait bâti sa théorie sur un cas exceptionnel ; en 1972 Renner, Cleland et Emerson montrent que Oenothera possède un extraordinaire système de translocation des chromosomes qui permet le maintient d'une hétérozygotie balancée. Ce que de Vries avait décrit comme étant une mutation doit être considéré aujourd'hui comme le produit de ségrégation de chromosomes en anneau. Les mutations de de Vries contrairement à ce qu'on écrit encore souvent aujourd'hui ne sont pas la source normale et générale de variations et encore moins le processus normal de formation de nouvelles espèces.

La clarification conceptuelle

Dans la période critique du mendélisme (1900 -1910) on assiste, à côté de nombreuses expériences qui permettent d'élargir peu à peu la validité des lois explicitées par Mendel, à un enrichissement terminologique, vecteur de clarifications conceptuelles indispensables. Apparaissent ainsi les termes de *allèle* (originairement *allélomorphes*), de *homozygote* et de *hétérozygote* grâce à Bateson (1901). Au même chercheur anglais on doit l'introduction du mot *Génétique* pour définir la science qui étudie les phénomènes héréditaires.

Au niveau conceptuel, les notions de dominance et récessivité sont rapidement soumises à une modulation sous l'implusion des données expérimentales. Correns, en 1900, retrouve un résultat qui était habituel chez les hybrideurs du XXe siècle : la présence en F1 d'un phénotype intermédiaire entre ceux des parents. La semi-

---

1 L. Berg ; *Nomogenesis or Evolution Determined by law*, London 1926 ; éd. russe de 1922.

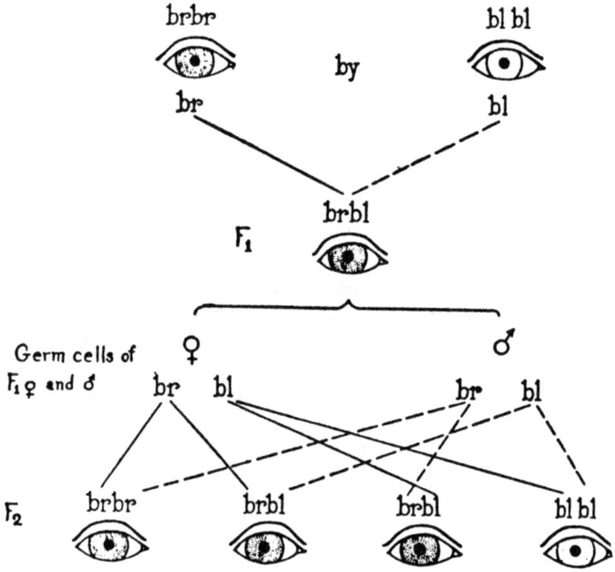

Fig. 3.
Inheritance of brown eyes (brbr) *versus* blue (blbl) eyes in man.

Sperm \ Eggs	blue	blue
brown	blue brown	blue brown
blue	blue blue	blue blue

Fig. 4.
A "back-cross" of a brown-eyed, F_1, individual, heterozygous for blue eyes, to the recessive type, blue eyes, giving equal numbers brown-eyed and blue-eyed offspring.

Fig. 40: *Deux présentations iconographiques proposées par Morgan pour préciser les idées sur la transmission des caractères héréditaires (1916).*

dominance est bien mise en évidence, avec des arguments expérimentaux précis, par Bateson et Cuénot (1902).

Dans ce contexte, l'œuvre de Wilhelm Johannsen trouve une place particulièrement importante qui, en 1906, introduit deux concepts d'une grande valeur heuristique : ceux de *génotype* et de *phénotype*. Il désigne par *phénotype* la moyenne statistique d'un échantillonnage [1]. Le *génotype* est défini comme étant la constitution génétique du zygote, résultat de l'union de deux gamètes [2]. Bien que ces deux termes proposés par Johannsen soient restés, l'usage actuel de *phénotype* et de *génotype* est conceptuellement plus proche des notions de *somatoplasme* et *plasme germinal* proposés par Weisman que des définitions avancées par Johannsen.

La même année où Johannsen explicite, dans une pensée teintée de typologisme, le concept de *génotype*, un autre auteur, Woltereck, propose une nouvelle notion pour exprimer le fait que le même génotype peut produire des phénotypes différents, selon les conditions d'environnement : c'est le concept de *norme de réaction*. C'est encore Johannsen qui, en 1909, après avoir mis en évidence l'analogie conceptuelle entre l'interprétation courante des *facteurs* de Mendel et les *pangènes* de de Vries, propose le mot de *gène*. Toutefois, il refuse de considérer le gène comme une structure morphologique dans le sens des *gemmules* de Darwin ou des *déterminants* de Weismann. De même il s'oppose à l'idée qu'on puisse concevoir l'existence d'un gène spécifique pour chaque caractère visible. Pour lui, le gène est "*une entité de calcul*".

Toutefois, en pleine construction heuristique, la théorie mendélienne provoque, au moins jusqu'en 1910, d'importantes critiques, non seulement de la part des biométriciens, mais aussi de la plupart des généticiens. C'est le cas, par exemple, d'un certain Thomas Hunt Morgan, embryologiste et généticien, qui considère que les lois de Mendel ne sont pas démontrées chez la plupart des organismes, en particulier chez les animaux.

Il avance aussi comme objection le fait que la théorie mendélienne de la dominance et de la récessivité est en complet désaccord

---

1 "One might designate the statistically derived type... simply as phenotype... A given phenotype may be an expression for a biological unity, but by no means does it need to be. Most of the case of phenotypes found in nature by statistical investigation are not" (Johannsen, 1909).

2 "This constitution we designate by the genotype. The word is entirely independent of any hypothesis ; it is fact, not hypothesis that different zygotes arising by fertilization can thereby have different qualities, that, even under quite similar conditions of life, phenotypically diverse individuals can develop" (Johannsen, 1909).

avec le sex-ratio et, argument important, qu'il n'existe aucune preuve en faveur de la réalité des *facteurs*.

Pour Morgan, si la théorie de Mendel est une excellente construction logique, une "*création symbolique*" en accord avec un certain nombre d'expériences de croisements, elle n'est pas meilleure que les théories spéculatives d'un Weismann ou d'un Darwin.

> "*Dans l'interprétation moderne du mendélisme, les faits sont transformés rapidement en facteurs. Si un facteur ne suffit pas pour expliquer les faits, on peut toujours en invoquer deux, ou même trois. Les explications sont purement et simplement des inventions arbitraires*" [1].

C'est la cytologie qui apportera les premiers éléments expérimentaux favorables permettant de rendre plausible le mendélisme. On va, en particulier, faire le lien entre ses mécanismes statistiques et ce qui se passe lors de la fécondation (travaux de Strasburger et d'Hertwig [2]). Mais cela fait référence à un autre type de question qui fonctionne en parallèle, à la même époque : quel est le support qui transmet l'hérédité ?

A la recherche d'un support physique de l'hérédité.

Une préoccupation ancienne

Cette question nous amène à faire un retour en arrière, car elle est le fruit d'une préoccupation lointaine. En effet, depuis très longtemps, on rencontre un ensemble de travaux parallèles aux activités des hybrideurs qui visent à expliquer l'hérédité sur la base de spéculations à caractères physiques.

Depuis l'Antiquité, on trouve dans la littérature de nombreuses tentatives pour donner aux phénomènes héréditaires un support matériel, et la deuxième moitié du XIXe siècle est particulièrement florissante à ce propos. Elle a vu naître et s'affronter de nombreuses théories sur la nature du support de l'hérédité. Il faut dire que celles-

---

1 T.H. Morgan ; The assumed purity of the germ cells in mendelian results ; *Science*, 22, 574, 1905.

2 Voir chapitre *Fécondation*.

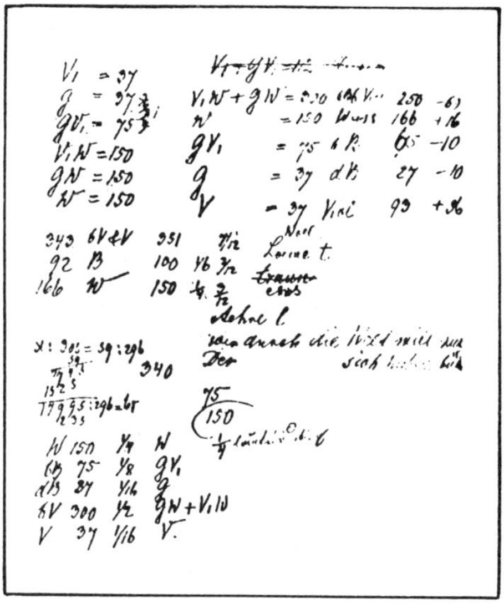

Fig. 41: *Note sur une étude de croisement par Mendel (vers 1874).*
Il s'agit d'un croisement entre deux variétés de petits pois, l'une à graines blanches, l'autre colorée : Mendel émet l'hypothèse que les graines colorées peuvent en réalité être décomposées en 4 catégories, c'est-à-dire en versions alternatives pour un même caractère.

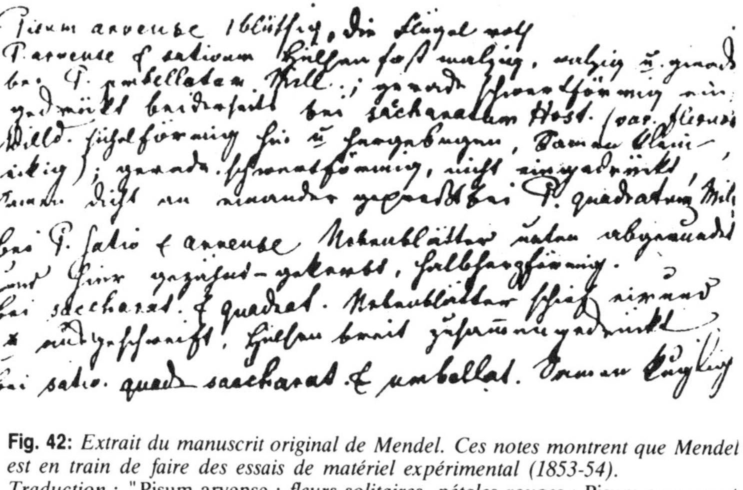

Fig. 42: *Extrait du manuscrit original de Mendel. Ces notes montrent que Mendel est en train de faire des essais de matériel expérimental (1853-54).*
Traduction : "Pisum arvense *: fleurs solitaires, pétales rouges ;* Pisum arvense et sativum *: gousse presque cylindrique ; chez* Pisum umbellatum Mill *: cylindriques et droites ; chez* saccharatum *Host. : droites, ensiformes, avec des constrictions sur les deux faces (var.* flexuos, *Willd., en forme de faucille, graines petites, anguleuses) ; chez* Pisum quadratum *Mill : droites, ensiformes sans constriction, graines très serrées les unes contre les autres ; chez* Pisum sativum et arvense *: bases des stipules arrondies et denticulées-crénelées, stipules en forme de cœur ; chez* saccharatum et quadratum *: stipules incisées obliquement, gousses comprimées, presque plates ; chez* sativum, saccharatum *et* umbellat *: graines rondes".*

ci jouèrent également comme obstacles à Mendel. Il ne pouvait convaincre sur ce point, il ne semble même pas s'en préoccuper, du moins dans ses textes, il introduit seulement le concept de *facteur héréditaire,* sans le relier du moins explicitement à une quelconque structure biologique.

Nous ne citerons pas l'ensemble de ces supports, Delage en fait une description exhaustive dans sa synthèse, dont le titre traduit bien les préoccupations de l'époque : "*Structure du protoplasme, théorie sur l'hérédité et les grands problèmes de la biologie générale*". Parmi ces théories, en 1864 Herbert Spencer propose comme support de l'hérédité des "*unités physiologiques*", sortes de groupements de molécules chimiques. Agrégats hétérogènes, c'est la différence de composition de ces unités qui devrait permettre d'expliquer les différences entre individus.

Proche de Spencer, des groupements d'atomes sont postulés par Ernest Haeckel sous le nom de "*plastidules*" dans sa théorie de la *Périgénèse* (1876). En accord avec sa défense de l'héritabilité des caractères acquis, les *plastidules* sont soumises à l'action du milieu et, possédant une mémoire, peuvent modifier leurs propriétés.

Darwin, lui aussi, propose, dans son ouvrage "*De la variation des animaux et des plantes sous l'action de la domestication*", en 1868, une théorie de l'hérédité : c'est l'hypothèse de la *pangénèse*. La théorie de l'évolution [1] qu'il rend publique en 1856 repose sur deux piliers : la variabilité des êtres vivants et l'action de la sélection. Introduire la variabilité demande d'expliquer les mécanismes qui la sous-tendent, donc une théorie de l'hérédité. Cette théorie doit permettre d'éclairer la conception de l'évolution d'alors et de comprendre en particulier l'héritabilité des caractères acquis, phénomène que personne met en doute à l'époque, et ses procédures graduelles, sans sauts.

On est donc bien, ici aussi, en opposition avec les vues de Mendel et de bon nombre d'hybrideurs, dont les résultats expérimentaux mettent en doute le gradualisme. Dans l'esprit de Darwin l'hypothèse de la pangénèse implique que :

> "*Dans l'organisme tout entier chacun des atomes ou unités qui le composent se reproduit lui-même. D'où les ovules et les grains de pollen, la graine fécondée ou l'œuf, ainsi que les bourgeons,*

---

1 Voir chapitre *Evolution*.

> *consistent en, et comprennent une multitude de germes émanant chacun des atomes séparés de l'organisme"* [1].

En précisant sa pensée, il vient à postuler l'existence de *gemmules* :

> *"Je suppose que les cellules, avant leur conversion en matériaux formés et complètement passifs, émettent de petits grains ou atomes, qui circulent librement dans tout le système et lorsqu'ils reçoivent une nutrition suffisante, se multiplient par division et se développent ultérieurement en cellules semblables à celles dont ils dérivent. Pour être plus clair nous pourrions appeler ces grains des gemmules cellulaires, ou, puisque la théorie cellulaire n'est pas complètement établie, simplement des gemmules. Nous supposons qu'elles sont transmises par les parents à leurs descendants, se développent généralement dans la génération qui suit immédiatement, mais peuvent souvent se transmettre pendant plusieurs générations à un état dormant, et se développer plus tard. Nous supposons que ce développement dépend de leur union avec d'autres gemmules partiellement développées, qui les précèdent dans le cours régulier de la croissance"* [2].

Intéressé vivement par les hybrides, Darwin montre l'importance de la connaissance des travaux de certains hybrideurs, en particulier Köllreuter qu'il cite plusieurs fois, et de Carl Friedrich Gärtner pour lequel il a une grande admiration. Il va jusqu'à déclarer, à son propos au sujet du livre publié en 1849 : "It contains more valuable matter than of that of all other writers put together, and would do great service if better known".

Si on s'en tient à ses citations et aux explications qu'il propose, il semble d'ailleurs ignorer Sageret et Mendel :

> *"Les formes croisées sont d'abord généralement intermédiaires par leurs caractères aux formes des parents ; mais dès la génération suivante elles font ordinairement retour vers un ou vers leurs deux grands-parents, et quelquefois vers des ancêtres plus éloignés. Comment nous expliquer ces faits ? Chaque unité organique d'un hybride doit, d'après la doctrine de la pangénèse, émettre une foule de gemmules hybrides...mais d'après la même hypothèse, il doit y avoir également des gemmules dormantes émanant des deux formes parentes pures ; et ces dernières conservant leur état normal,*

---

1 Ch. Darwin ; *De la variation des animaux et des plantes sous l'action de la domestication* ; Paris 1868.

2 Ch. Darwin ; ibid.

> Nous sommes conduits à admettre que tout caractère susceptible de réapparition doit être présent dans chaque génération sous une forme latente, de la même manière que dans les animaux mâles et femelles, les caractères sexuels secondaires du sexe opposé demeurent latents, prêts à se développer lorsque les organes reproducteurs sont lésés. Cette comparaison des caractères sexuels secondaires latents dans les deux sexes, avec d'autres caractères latents, paraît justifiée par le cas que nous avons cité d'une poule qui avait repris quelques-uns des caractères masculins non pas de sa race, mais d'un ancêtre éloigné ; manifestant ainsi en même temps le redéveloppement de caractères latents des deux genres et rattachant ensemble les deux classes. Dans tout être vivant, nous pouvons être certains qu'il y a une foule de caractères perdus prêts à se manifester dans les conditions convenables. Comment rendre intelligible, et relier à d'autres faits, cette propriété admirable et générale du retour, - ce pouvoir de rappeler et de faire revivre des caractères depuis longtemps perdus ?
>
> Je viens de rappeler les principaux faits qu'il serait désirable de pouvoir rattacher entre eux par quelque lien intelligible. Je crois que la chose est possible, moyennant les suppositions suivantes qui, la première et la principale étant admise, ne paraîtront pas improbables, car elles s'appuient sur diverses considérations physiologiques. On admet presque universellement que les cellules, ou les unités du corps, se propageant par division spontanée ou prolifération, conservent la même nature et se convertissent ultérieurement en différentes substances et tissus du corps. A côté de ce mode de multiplication, je suppose que les cellules, avant leur conversion en matériaux formés et complétement passifs,

doivent être probablement aptes à se multiplier largement pendant la vie de chaque hybride. Les éléments sexuels d'un hybride renfermeront donc à la fois des gemmules pures et hybrides" .

Unités physiologiques, plastidules et *gemmules* etc. sont, en fait des notions unies par une caractéristique commune : elles postulent l'existence de particules propres à chaque type de cellule, susceptibles de déterminer la transmission des caractères de chaque cellule.

Dans d'autres théories, au contraire, l'hérédité est considérée comme la résultante d'un tout, de l'ensemble de l'organisme. C'est le cas du concept d'"*idioplasme*", exprimé par Karl Wilhelm von Naegeli dans sa "*Théorie mécanico-physiologique de la descendance*", publié en 1884. Pour Naegeli, l'"idioplasme", inspiré d'une longue tradition, est constitué de filaments, de "*micelles*" ; lors de la fécondation, les filaments issus de chaque parent s'unissent entre eux, alors que les filaments les plus anciens tendent à dégénérer progressivement.

émettent de petits grains ou atomes, qui circulent librement dans tout le système, et lorsqu'ils reçoivent une nutrition suffisante, se multiplient par division, et se développent ultérieurement en cellules semblables à celles dont ils dérivent. Pour être plus clair, nous pourrions appeler ces grains des gemmules cellulaires, ou, puisque la théorie cellulaire n'est pas complétement établie, simplement des gemmules. Nous supposons qu'elles sont transmises par les parents à leurs descendants, se développent généralement dans la génération qui suit immédiatement, mais peuvent souvent se transmettre pendant plusieurs générations à un état dormant, et se développer plus tard. Nous supposons que ce développement dépend de leur union avec d'autres gemmules partiellement développées, qui les précèdent dans le cours régulier de la croissance. Nous verrons, lorsque nous discuterons l'action directe du pollen sur les tissus de la plante mère, pourquoi j'emploie le terme d'union. On suppose que les gemmules sont émises par chaque cellule ou unité, non-seulement pendant l'état adulte, mais aussi pendant tous les états de développement. Enfin, je suppose que dans leur état dormant, les gemmules ont les unes pour les autres une affinité mutuelle, d'où résulte leur agrégation en bourgeons ou en éléments sexuels. Donc, à strictement parler, ce ne sont pas les éléments reproducteurs, bi les bourgeons qui engendrent les nouveaux organismes, mais les cellules ou unités mêmes du corps entier. Ces suppositions constituent l'hypothèse provisoire que je désigne sous le nom de pangenèse. Des idées à peu près semblables ont été proposées par d'autres auteurs.

Ch. Darwin : *De la variation des animaux et des plantes,* Tome 2, Paris, 1868.

Dans le même ordre d'idée de Naegeli, il faut citer l'hypothèse de l'*"idioplasme nucléaire"*, support discontinu de l'hérédité, proposé par Rudolf Albert von Kölliker dans *"La signification des noyaux cellulaires dans les faits de l'hérédité"* (1885). Ce titre évocateur résume alors les progrès essentiels réalisés en cytologie, à propos du noyau du zygote, formé par la fusion du noyau de l'ovule avec celui du spermatozoïde. Ces travaux sont résumés d'ailleurs par l'embryologiste Balfour de la manière suivante :

> *"L'acte de la fécondation se présente donc comme la fusion de l'œuf et du spermatozoïde, et le point le plus important dans cet acte paraît être la réunion d'un noyau femelle et d'un noyau mâle"* [1].

Cette citation est la généralisation de la nature de la fécondation (Hertwig, 1875 ; Fol, 1879) et de la description, chez *"Ascaris*

---

1 E.S. Balfour ; *General Embryology*, Harvard, 1891.

bivalens", de la dynamique des chromosomes lors de la fécondation (Van Beneden, 1883) [1].

A l'intérieur de ces approches se place aussi Hugo de Vries, connu surtout pour avoir introduit le concept de mutation et en avoir fait le moteur de l'évolution. Dans un ouvrage paru en 1889 "*Intracellulare Pangenesis*", il reprend l'idée darwinienne des *gemmules*, qu'il appelle *pangènes* et pour lesquels il limite, contrairement à Darwin, la circulation à l'intérieur de chaque cellule. La différenciation cellulaire, problème soulevé par les embryologistes, ainsi que l'hérédité, trouvent une explication dans le fait que ces *pangènes*, bien qu'ils soient les mêmes dans toutes les cellules d'un organisme donné, possèdent la faculté de se disposer différemment d'une cellule à l'autre.

L'opposition entre germen et soma

Les multiples ambiguïtés dans l'interprétation des données expérimentales trouvent une de leurs sources dans la confusion entre deux niveaux biologiques : l'expression phénotypique, seule accessible à l'observation, et les *facteurs, gemmules, unités physiologiques*, etc., qui échappent à l'observation directe.

Sur le plan conceptuel, tout est prêt pour introduire une coupure entre les cellules germinales et somatiques ; la réalisation est l'œuvre de August Weismann, qui s'inspire des propos tenus par Du Bois-Raymond lors d'une conférence donnée en 1881 et où le physiologiste avait déclaré :

> "*Pour parler sincèrement, la transmission héréditaire des particularités acquises demeure une hypothèse en elle-même tout à fait obscure, et qui ne se déduit que des faits qu'elle essaie d'expliquer*".

Weismann assume à l'occasion d'un discours prononcé à l'Université de Freiburg in-Brisgau en 1883 une position précise au sujet du support de l'hérédité :

> "*Toutes les particularités de l'ensemble de l'organisme doivent être contenues dans la structure moléculaire du plasma germinatif par une disposition particulière des groupes moléculaires (les micelles*

---

1 Voir pour plus de détail le chapitre *Fécondation.*

de Naegeli), et non seulement l'ensemble des caractères quantitatifs et qualitatifs, mais aussi toutes les variations individuelles en tant qu'elles sont héréditaires".

A la suite de cette conférence, où il ébauche les principes de sa théorie, Weismann compose en 1885 un essai "*La continuité du plasma germinatif comme base d'une théorie de l'hérédité*" dans lequel il rapproche les modèles de support de l'hérédité proposés par Naegeli et de Vries et développe la notion de *plasma germinatif* dans le cadre d'une théorie générale de l'hérédité :

"Je propose de l'appeler théorie de la "Continuité du Plasma germinatif", puisqu'elle repose sur cette idée que l'hérédité se produit parce qu'un tissu d'une constitution chimique et surtout moléculaire déterminée se transmet d'une génération à l'autre. Ce tissu je l'ai appelé "plasma germinatif", je lui ai attribué une structure très délicate et très complexe qui explique sa faculté de se développer en organisme complexe, et j'ai essayé d'expliquer l'hérédité en disant qu'à chaque ontogénie, une partie du plasma germinatif spécifique que contient la cellule-mère n'est pas employé à la construction de l'organisme de l'enfant, mais demeure en réserve, non modifié, pour la formation des cellules germinatives de la génératon suivante...du moment où les cellules germinatives des générations consécutives se contiennent directement et immédiatement, et ne sont, par suite, dans une certaine mesure, que des fragments différents de la même substance, elles doivent ou peuvent jouir aussi de la même structure moléculaire, et devront, en conséquence, sous certaines conditions déterminées de développement, passer exactement par les mêmes stades et aboutir au même résultat final" [1].

Cette thèse est renforcée dans "*La signification de la reproduction sexuelle pour la théorie de la sélection naturelle*", publiée aussi en 1885 et où l'auteur propose de :

"se représenter le plasma germinatif comme un long rhizome traçant duquel s'élèvent de distance en distance de petites plantes isolées qui sont les individus des générations consécutives" [2].

En 1892, il élabore, dans les détails, une doctrine du support de l'hérédité dans "*Le plasma germinatif, une théorie de l'hérédité*". Apparaît ainsi la théorie des *déterminants*, où l'auteur considère le

---

1 A. Weismann ; *Die Kontinuität des Keimplasmas als Grundlage einer Theorie der Vererbung*, Jena, 1885.

2 A. Weismann ; *Essai sur l'hérédité et la sélection naturelle*, trad. Paris 1892.

protoplasme comme formé par des agrégats de molécules, les *biophores*, dont la composition et la structure sont déterminées. Les *biophores* se groupent dans des ensembles : les *déterminants*, qui, à leur tour, sont des constituants des *ides*, groupés en *idantes* (analogue aux chromosomes). Seules les cellules germinales possèdent la totalité des *déterminants* ; les cellules somatiques, en se spécialisant, perdent tous les *déterminants* non utilisés.

Le *"Germen"* constitué des cellules sexuelles et le *"Soma"* regroupant le reste sont ainsi nettement séparés. En même temps, par ce modèle explicatif, l'hérédité trouve un support, les *déterminants*, qui de plus trouvent une solution au problème majeur des embryologistes, la différenciation cellulaire. Cependant, la transmission des caractères acquis, principe explicatif utilisé par Darwin, aussi bien que par Lamarck, pour rendre compte de l'évolution, se trouve incompatible avec le champ notionnel dessiné par Weismann, qui, tout en restant un évolutionniste convaincu, se doit de rejeter le principe d'une action directe du milieu sur les organismes pouvant engendrer une transmission à la descendance :

> *"Un organisme ne peut acquérir aucun caractère auquel il ne soit déjà disposé ; des caractères acquis ne sont par la suite autre chose que des variations locales ou générales provoquées par des influences extérieures déterminées"* [1].

Cela lui valut cependant quelques difficultés pour convaincre, et ce modèle ne sera repris que plus tard [2].

Aux activités des hybrideurs, essentiellement expérimentales, atteignant un degré élevé de formalisation avec Mendel, s'oppose donc une autre ligne de recherche, plus spéculative à nos yeux, mais en plein accord avec les choix épistémologiques du XIXe siècle qui considèrent qu'une explication n'est valable que si elle est exprimée en termes de support physique. Entre les deux champs les échanges sont presque nuls, bien que les deux "groupes" connaissent leurs œuvres respectives ; les réponses apportées s'articulent à partir de questions différentes. Ainsi se développe d'un côté la recherche de règles phénoménologiques, de l'autre le souci de définir les bases physiques de l'hérédité. La première est plus liée au problème de l'espèce et de ces variations ; la seconde est ancrée sur les problèmes posés, dès Darwin, par les mécanismes de l'évolution.

---

1 A. Weismann ; ibid.

2 Voir point suivant.

Les deux jouent un rôle fondamental pour l'évolution des idées. Mais à ce stade, aucune liaison ne peut être établie — les différents protagonistes s'ignorent ou se querellent pour des détails !

La théorie chromosomique.

Progressivement on constate, si l'on fait la bibliographie de la question dans les vingt premières années du XXe siècle, une régression du nombre de livres ou d'articles évolutionnistes, argumentant sur l'hérédité. Par contre on observe un renouveau de la problématique mendélienne avec les travaux de De Vries, Correns, Von Tschermak (collaborateurs et élèves) qui clarifient et élaborent les mécanismes de base de la génétique dite aujourd'hui *classique*. Ces dernières tendances deviennent alors majoritaires dans la communauté scientifique. Le "cordon ombilical" n'est cependant pas coupé avec l'idée d'évolution, elle continue à être reconnue comme idée intéressante ; par ailleurs le concept de "mutation" permet de réinterpréter les mécanismes de l'évolution.

Il est également utile de noter qu'au moment où cette génétique est affinée et reconnue, pratiquement sous sa forme actuelle, il apparaît chez des partisans de ce courant le besoin d'expliquer les phénomènes héréditaires à partir d'un support physique.

Deux conceptions du génome s'affrontent toutefois. D'un côté le groupe qui gravite autour de Bateson et Johannsen penche vers une vision holistique du matériel héréditaire [1]. Pour les partisans de ce courant, le génome est décrit comme un *champ de forces* ; l'ensemble du substrat de l'hérédité est par conséquent, considéré comme pouvant subir des mutations aux résultats macroscopiques. Toute une conception de l'évolution va se greffer d'ailleurs sur cette représentation de l'hérédité.

De l'autre côté, un groupe d'opposants alors minoritaires opte radicalement pour une théorie morphologique et corpusculaire, sans toutefois affirmer clairement, du moins au début, que le matériel héréditaire est organisé dans les chromosomes.

———

1 Courant de type *systémique*, il se maintiendra, surtout à travers l'œuvre de Goldschmidt, jusqu'en 1950.

10. LA TÉLÉGONIE.

C'est une croyance assez répandue chez les éleveurs que le premier accouplement peut exercer une influence sur les suivants, en ce sens que les produits de ceux-ci auraient quelque chose des caractères du premier père[1]. On a donné à cette influence des noms divers empruntés soit aux faits, soit aux théories qui tentent de les expliquer : *Télégonie*, *Imprégnation*, *Mésalliance initiale*, *Infection du germe*, *Hérédité fraternelle*[2].

SPENCER (93) rapporte que, d'après le professeur FLINT (88), on aurait observé en Amérique qu'une Femme blanche, fécondée par un Nègre, peut avoir ensuite, de son mariage avec un Blanc, des enfants présentant quelques-unes des particularités, impossibles à méconnaître, de la race nègre. Mais la plupart des cas empruntés à l'Homme sont sujets à caution, car la paternité des cadets ne peut être établie que d'après les affirmations de la mère qui peut avoir intérêt à dissimuler la vérité. C'est seulement dans le cas de veuves remariées que cette difficulté disparaît, or je n'ai pas trouvé d'observations bien nettes de ressemblance des enfants d'un second lit avec le premier époux. Cela cependant eût été certainement remarqué et je vois, dans ce fait négatif, une forte raison de douter des faits positifs d'authenticité contestable.

DARWIN (79) cite le cas d'une Chienne de *Bowerbank*, de race turque, sans poils, qui, saillie par un épagneul, donna des métis, les uns sans poils comme elle, les autres à poils courts et, saillie plus tard par un chien turc de sa race, sans poils, donna des petits de pure race turque, sans poils, et d'autres, en nombre égal, à poils courts comme les métis de la portée précédente. En admettant qu'il n'y ait pas eu deux pères pour cette seconde portée, ce qui arrive quelquefois, s'est-on assuré que cette chienne n'avait pas d'épagneuls dans ses ancêtres d'un degré peu élevé? Ne voit-on pas quelquefois une chienne, saillie par un seul chien, donner, à sa première portée, des petits fort différents les uns des autres?

Le cas le plus célèbre est celui de la Jument du lord comte de Morton. Cette Jument alezan ayant 7/8 de sang arabe et 1/8 de sang anglais fut saillie en 1815 par un Couagga, sorte de Zèbre moins rayé que l'espèce ordinaire, et fit un métis. Livrée ensuite à un Étalon noir de même sang qu'elle, elle fit successivement, en 1817 et 1818, deux petits que lord Morton, qui avait cédé sa jument à sir Gore Ouseley, le propriétaire de l'étalon, vit lorsque l'un avait deux ans et l'autre un an. Tous les deux avaient, d'après le comte DE MORTON (21), autant de ressemblance avec le Couagga que s'ils avaient eu 1/16 du sang de cet animal. Ils étaient de couleur bai, marqués, comme le Couagga, de taches foncées disséminées, de bandes noires, l'une le long de l'échine, les autres sur les épaules et la partie postérieure des jambes. La crinière aussi rappelait celle du Couagga qui est rude et dressée. Saillie de nouveau en 1823, elle eut encore un petit qui rappelait le premier père, huit ans après l'intervention de celui-ci. L'authenticité de ce cas n'est pas douteuse, mais on peut objecter que les ressemblances avec le Couagga étaient peu accentuées et que des rayures semblables se rencontrent parfois spontanément, d'aucuns disent par atavisme, chez des chevaux qui n'ont jamais eu de Couaggas dans leur lignée, depuis l'origine de leur espèce.

Cependant le fait que trois produits successifs ont montré ces caractères, rend plus difficile de croire qu'il s'agit là de coïncidence ou même d'atavisme[1].

En somme, on peut conclure que : *L'influence d'un premier père sur les portées ultérieures se manifeste, à titre d'exception rare, par des faits qui**

[1] D'après le Dʳ Chapuis l'influence du premier mâle se manifesterait aussi chez les oiseaux. Cela serait intéressant, car ici l'influence du fœtus sur la mère n'ayant guère de temps pour se produire, il faut renoncer à toute explication fondée sur cette influence.

Spencer (93) rapporte, d'après le témoignage d'un de ses amis, M. Fookes, qu'une chienne de race *Dachshund* (?) très pure, fut couverte par un chien de berger errant et, l'année suivante, accouplée à un chien de sa race, donna des petits aussi métissés que ceux de sa première portée. Les exemples de ce genre sont communs, mais les exemples du contraire sont communs aussi. Settegast (88) rapporte que quatre juments du haras de Trakehnen en Allemagne furent livrées à la production des Mulets, puis de retour à celle des poulains, sans qu'aucun de ces derniers produits se ressentit en aucune façon de la production précédente. Dans les pays où l'on se livre à la production des Mulets, dans le Poitou, en Espagne, en Algérie, on a cru remarquer que la race chevaline avait quelque ressemblance avec l'Ane dans la longueur et l'épaisseur des oreilles, l'étroitesse de la croupe, etc. Mais Sanson (93) a fait remarquer que ces caractères asiniens se rencontrent dans les races mères dont celles de ces pays tirent leur origine, la race frisonne pour les chevaux du Poitou et la race africaine pour ceux de l'Espagne et de l'Algérie. Or, ces deux races seraient bien antérieures à l'habitude de faire procréer des Mulets par les Juments de ces pays.

Assurément cela ne prouve rien contre les faits positifs et montre seulement que la Télégonie n'est ni constante ni régulière. Cependant il semble bien étrange que de longues séries d'expériences puissent n'en pas présenter un seul cas.

Sanson (93) qui s'élève avec beaucoup de force contre la Télégonie, cherche à diminuer la valeur du cas de la jument du comte de Morton par l'exemple suivant : une jument bai clair qui avait fait déjà sept poulains de robe uniforme avec deux étalons différents fit, avec un troisième étalon, un poulain plus fortement zébré que ceux de lord Morton.

Mais ce qui ôte quelque valeur à cette objection c'est que les pères des sept premières portées étaient de robe uniforme, tandis que celui de la huitième était gris pommelé, or les zébrures se rencontrent assez fréquentes avec cette couleur et presque jamais avec les autres.

Fig. 43: La structure du protoplasma, *Y. Delage (1895).*
(*... seraient certainement acceptés si leur explication théorique ne souffrait pas de difficultés.)

La théorie chromosomique de Sutton-Boveri

Ce débat serait très intéressant à étudier dans le détail, nous nous limiterons dans cet essai à la théorie qui a fini par "triompher", pour donner quelques repères. En 1860, Max Schultze a défini la cellule comme "une petite masse de protoplasme avec un noyau" ; dès lors le problème se pose de comprendre la constitution et la fonction du noyau. Car ce n'est qu'en 1875, dans "*Zellbildung und Zellteilung*" ("Formation et division de la cellule") que le botaniste allemand Edward Strasburger met en évidence que, chez les plantes, les noyaux dérivent toujours de la division d'autres noyaux ; ainsi sont décrites la mitose et ses phases. Un processus identique de division du noyau est décrit chez les animaux, la même année, par Bütschli, puis développé par Boveri [1].

Dans la compréhension de la structure du noyau, une contribution très importante est apportée en 1882 par Walter Fleming *("Zellsubstanz, Kern und Zellteilung").* A partir de recherches sur les amphibiens, il distingue dans le noyau une partie fortement colorable, la chromatine, et une partie très peu colorable, l'achromatine. Il met en relief que les granules de chromatine se disposent pendant la division cellulaire en filaments qu'il appelle, en 1888, "*chromosomes*". W. Fleming établit également que pendant la division cellulaire les chromosomes subissent une scission longitudinale, sans d'ailleurs comprendre son rôle dans un premier temps.

Néanmoins, l'impossibilité d'observer au microscope les chromosomes pendant l'interphase du cycle cellulaire est à la base de l'existence de deux théories opposées. Il y a d'une part, les tenants de l'idée que les chromosomes se dissolvent entièrement à la fin de la mitose (ou de la méiose) pour se reformer au début du nouveau cycle mitotique (ou *méistique*) ; les observations microscopiques semblent cautionner cette thèse qui trouve ses meilleurs défenseurs chez les cytologistes Hertwig et R. Fick (1905, 1907).

On rencontre, d'autre part, un point de vue opposé, formulé déjà en 1885 par Rabl : c'est la thèse qui défend l'individualité et l'intégrité des chromosomes le long de toute la vie de la cellule. Cette optique sera reprise par Boveri qui lui apportera par la suite des arguments décisifs, mais déjà en 1891 sa position est tranchée :

"*Nous pouvons identifier chaque élément chromatique d'un noyau*

---

1 Voir également les chapitres *Cellule* et *Fécondation.*

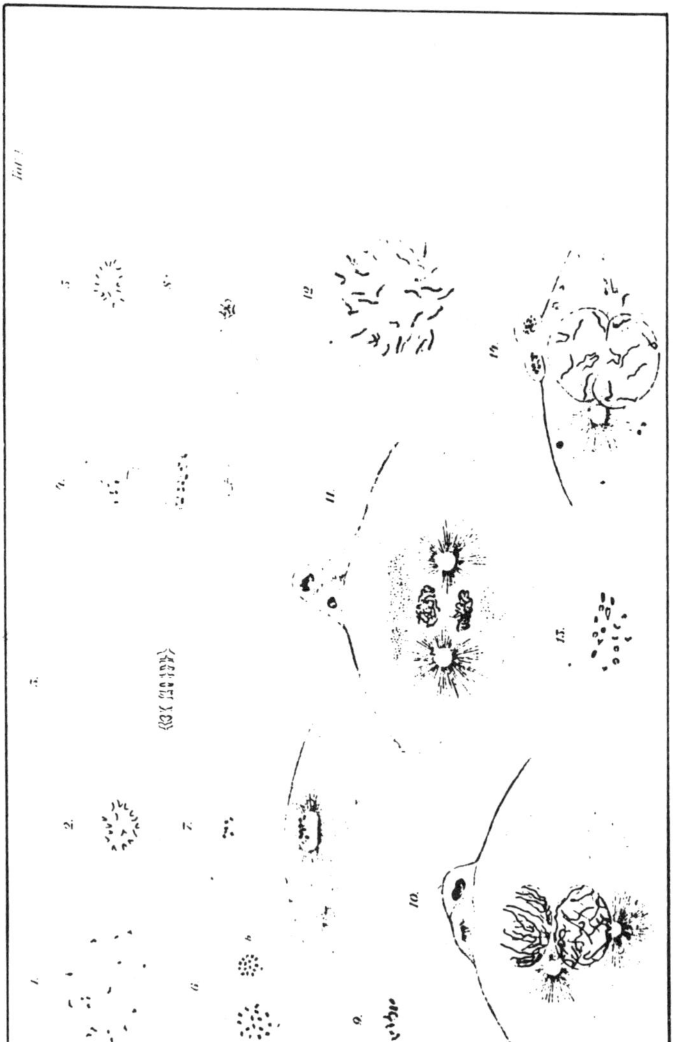

Fig. 44: *Description du matériel chromosomique lors de la méiose et de la fécondation chez* Ptérotrachea *et* Carinaria *(Boveri 1887).*

> *en état de repos avec un élément définitif qui entre dans la formation du noyau"* [1].

Cette remarque générale, ensuite, lui permet de conclure que :

> "*Dans toutes les cellules qui dérivent de la division d'un œuf fécondé, la moitié des chromosomes sont d'origine paternelle et l'autre moitié d'origine maternelle*" [2].

Cette prise de position est courageuse, si l'on pense que, dans cette fin du XIXe siècle, Weismann, accompagné par d'autres biologistes, avait suggéré que chaque chromosome contient la totalité des propriétés héréditaires d'une espèce. De plus, affirmer que les caractéristiques d'un génome sont présentes à plusieurs exemplaires dans une même cellule, revient à nier cette individualité de chaque chromosome que la théorie de Mendel exige, et cela au moment où on remet au goût du jour Mendel.

Ainsi entre la théorie chromosomique défendue et les lois de la génétique mendélienne, il ne peut exister qu'une relation précise : chaque chromosome ne doit contenir qu'une partie de l'information héréditaire, par conséquent les chromosomes doivent être différents les uns des autres et posséder une individualité. Or si l'on veut admettre la différence entre les chromosomes, il est nécessaire d'en démontrer la continuité dans les cycles d'une même cellule.

Un premier argument en faveur de la continuité est apporté par Montgomery (1901) et Sutton (1902) : l'observation montre que certains chromosomes sont morphologiquement individualisables pendant la mitose et/ou la méiose, or ces chromosomes, avec les mêmes caractéristiques, sont repérables à chaque division cellulaire. Au cours de ces observations, Sutton met en évidence que, pendant la première prophase de la méiose, deux chromosomes semblables s'accolent pour se séparer avant la réalisation de la division réductrice. Ce phénomène lui suggère l'idée que l'ensemble des chromosomes d'une espèce consiste en paires de chromosomes homologues, un représentant de chaque paire étant d'origine maternelle, l'autre d'origine paternelle. Et dans sa conclusion, Sutton n'hésite pas à inférer une hypothèse sur le support physique de l'hérédité :

> "*L'association par paires des chromosomes paternels et maternels*

---

1 Th. Boveri ; *Roux's Arch.* 9 ; 356, 1891.

2 Th. Boveri ; ibid.

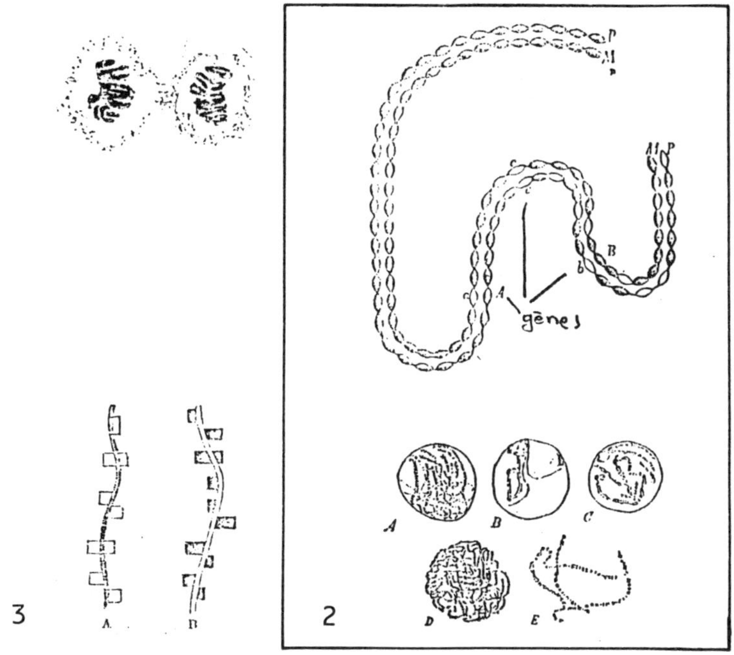

Fig. 45: *Quelques représentations des chromosomes. 1) W. Fleming (1882) - 2) T.H. Morgan, 1915 (P: Collier paternel - M: collier maternel — A.B.C.D.E. : aspect des chromosomes pendant la mitose) 3) L. Hit., J. Stolkowki* - Biologie cellulaire, *P.U.F., 1955.*

et leur séparation lors de la méïose pourraient constituer la base physique des lois mendéliennes de l'hérédité" [1].

Ces élégantes observations ne suffisent pas pour donner une réponse définitive à cette question primordiale. De nombreuses questions se posent, en particulier les différences morphologiques des chromosomes sont-elles ou non, la preuve de l'existence de différences dans les propriétés génétiques que, selon les lois de Mendel, chaque chromosome possède ? Pour répondre à cette question, Boveri réalise une expérience ingénieuse. Il choisit comme matériau l'oursin de mer, avec ses 36 chromosomes par cellule et la possibilité de produire les 4 premières cellules embryonnaires avec

---

1 Cité par H. Stubbe ; *Geschichte der Genetik* ; Jena, 1965.

un nombre variable de chromosomes. De tous les embryons que Boveri obtient, seuls ceux qui ont 36 chromosomes dans leurs cellules se développent normalement ; il peut aisément conclure que chaque chromosome a des "*qualités différentes*".

Ces inférences à partir d'observations précises jouent en faveur d'une harmonie entre le comportement des chromosomes et les règles suivies par la transmission des caractères héréditaires. Sutton et Boveri peuvent aller jusqu'à postuler que des *gènes* sont localisés sur les chromosomes et que chaque chromosome possède son ensemble particulier de gènes, son individualité physique.

A partir des données cytologiques et des lois de Mendel prend donc forme une théorie dite *chromosomique* de l'hérédité. Pourtant cette théorie ne fait pas l'unanimité ; Bateson et Goldschnidt, par exemple, la refusent ; pour eux, Sutton et Boveri arrivent à leurs conclusions par inférence à partir d'observations et non directement. Morgan se range aussi parmi les opposants : il reproche à la théorie "de ne pas être basée sur des expériences".

Pourtant, un argument fondamental avait été apporté à propos de l'ancien problème de la détermination du sexe. Toutes les explications précédentes se basaient sur l'idée que le sexe est déterminé par des facteurs environnementaux : position de l'embryon dans l'utérus, quantité de sperme, etc. Mendel avait suggéré par contre, dans une lettre adressée le 17 septembre 1870 à Naegeli, que les deux sexes étaient le résultat soit d'un état "Aa", hétérozygote, soit "aa" homozygote récessif. Mais ce n'est qu'en 1891 que Henking, observant la méiose d'un insecte *(Pyrrhocoris),* constate que la moitié des spermatozoïdes reçoit 11 chromosomes et l'autre moitié porte, en plus de ces chromosomes, un petit corps qu'il désigne, ne sachant pas s'il faut le considérer comme un chromosome, par X. En reprenant cette observation, McClung tire en 1901 la conclusion :

> "*Nous savons que la seule qualité qui sépare les membres des espèces est le sexe. Je suis arrivé à la conclusion que le chromosome accessoire le détermine si les cellules germinales de l'embryon se développent dans des œufs peu modifiés ou dans des spermatozoïdes très spécialisés*" [1].

A l'aide d'expériences, Correns prouve en 1900 que, chez Bryonia, la moitié des grains de pollens déterminent des individus mâles, l'autre moitié déterminant le sexe feminin. Bien qu'en 1905 Stevens et Wilson avancent déjà une théorie correcte de la détermination chromosomique du sexe, la cité scientifique ne l'acceptera que

---

1 C. Stern ; *Dardalus* ; 99, 882, 1970.

lorsque Morgan aura établi, sur de solides bases expérimentales la relation entre hérédité et comportement des chromosomes.

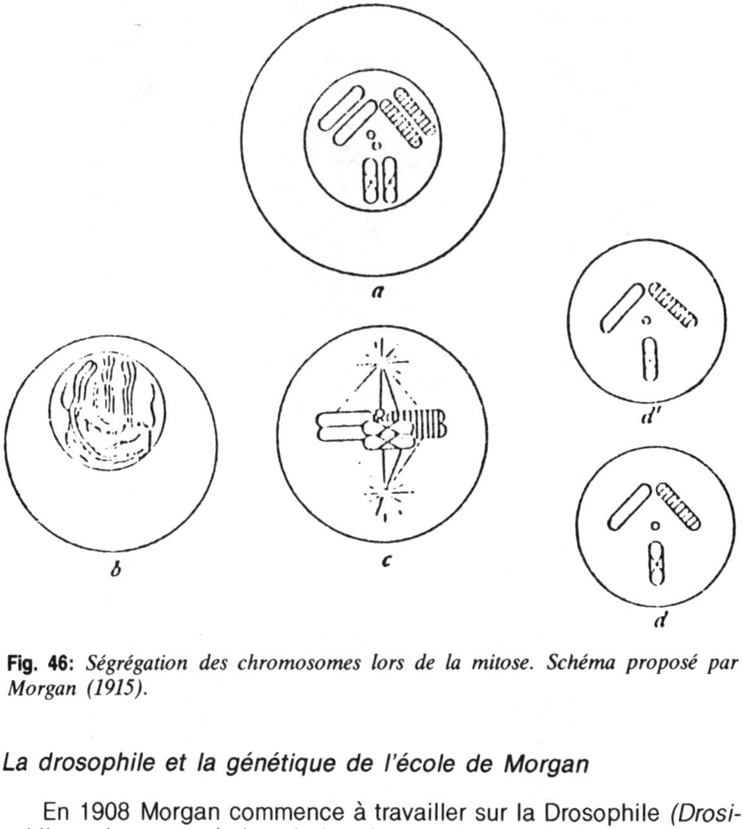

Fig. 46: *Ségrégation des chromosomes lors de la mitose. Schéma proposé par Morgan (1915).*

La drosophile et la génétique de l'école de Morgan

En 1908 Morgan commence à travailler sur la Drosophile *(Drosiphila melanogaster),* dans le but de reproduire chez les animaux les mutations que de Vries avait cru trouver chez *Oenothera.* En juillet 1910, est publié le premier article où il est question de la génétique de la Drosophile. On y trouve la description d'un mutant (un mâle) aux yeux blancs et dont le croisement avec des individus *sauvages* (aux yeux rouges) donne en F1 une génération formée exclusivement d'insectes aux yeux rouges. Mais en F2 réapparaissent des mâles au phénotype *yeux blancs*, ce qui montre le caractère récessif de ce trait morphologique apparu par mutation brusque. Débute alors l'heureuse et riche période de la *génétique de la Drosophile.*

Jusque là opposant critique du mendélisme, Morgan devient, à partir de 1909 un défenseur enthousiaste de Mendel. Avec ses plus

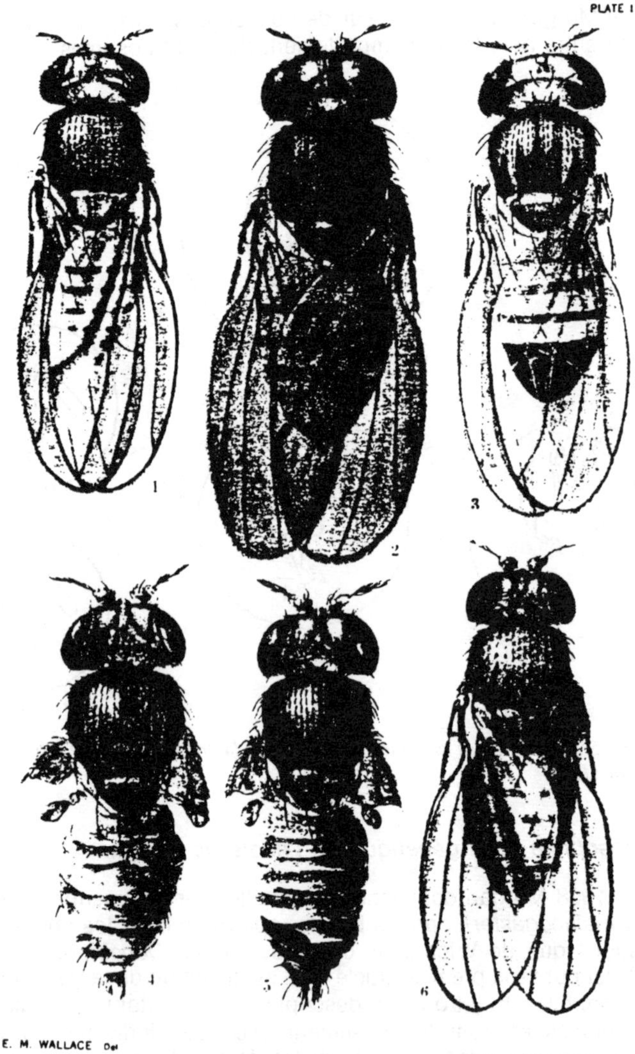

PLATE I.

FIG. 1. Normal ♀.
FIG. 2. Sable ♀.
FIG. 3. Lemon ♂.
FIG. 4. Abnormal abdomen ♀.
FIG. 5. Abnormal abdomen ♀.
FIG. 6. Yellow ♀

Fig. 47: *Planches de quelques*

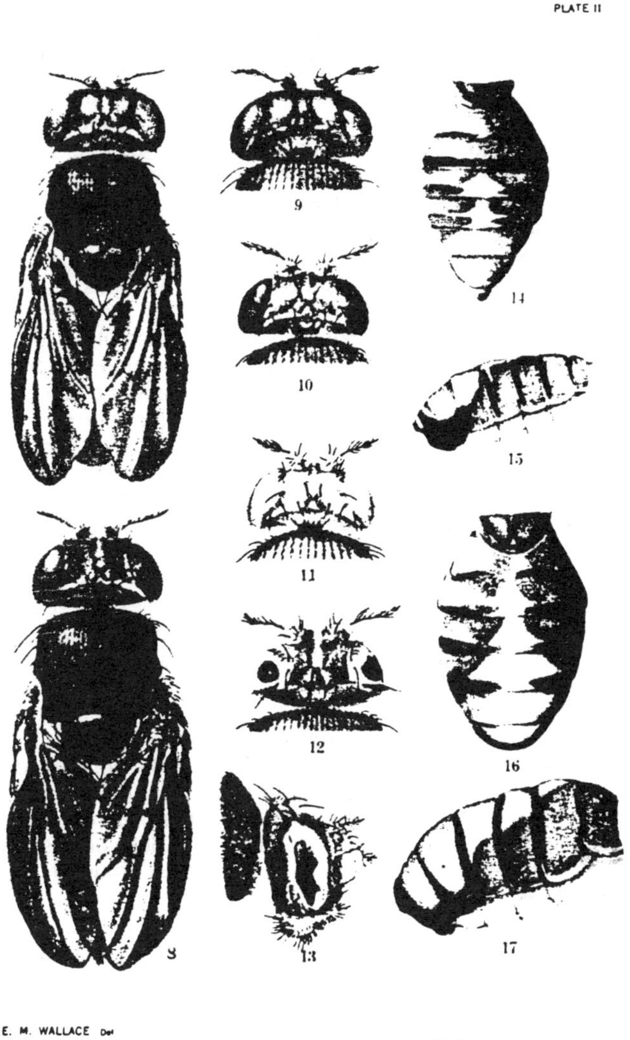

PLATE II.

FIG. 7. Eosin, miniature, black ♂.
FIG. 8. Eosin, miniature, black ♀.
FIG. 9. Cherry.
FIG. 10. Vermilion.
FIG. 11. White.
FIG. 12. Bar (from above).
FIG. 13. Bar (from side).
FIG. 14. Spot ♀ (abdomen from above).
FIG. 15. Spot ♀ (abdomen from side).
FIG. 16. Spot ♂ (abdomen from above).
FIG. 17. Spot ♂ (abdomen from side).

drosophiles étudiées par Morgan.

proches collaborateurs (A.H. Sturtevant, H.J. Muller et C.B. Bridges) il provoque un remarquable essor de l'étude de l'hérédité et établit les principes aujourd'hui dits fondamentaux de la "génétique classique". Pour cela, il construit un bel édifice théorique qu'il corrobore à partir des expériences de croisement entre mutants aux yeux blancs et formes "normales" aux yeux rouges. Dans cette construction, Morgan est conduit à développer et à accepter la théorie chromosomique de l'hérédité.

Le mendélisme, dont l'aspect trop formel et trop strict avait soulevé de vives critiques, se trouve enrichi d'un support physique en plein accord avec les données expérimentales et les faits d'observations. L'indépendance des caractères, une des lois de Mendel, avait rapidement montré sa non-généralité ; dès 1900 Correns l'avait démontrée à l'occasion d'une étude sur Matthiola, mais aucune interprétation valable de ce phénomène embarrassant n'était disponible. L'analyse génétique de Morgan, par sa simplicité et sa clarté, permet d'élaborer une explication plausible. Rapidement il établit la dépendance entre sexe et couleur des yeux chez Drosophila. En croisant les individus de la F1, il obtient en F2 des insectes aux yeux rouges et aux yeux blancs dans le rapport 3:1 ; tous les individus aux yeux blancs sont mâles, alors que le rapport entre femelles et mâles aux yeux rouges est de 2:1.

Une autre expérience - "Le croisement de femelles aux yeux blancs avec des mâles aux yeux rouges produit une population où toutes les femelles ont les yeux rouges et tous les mâles possèdent les yeux blancs" - faisait également problème. Les résultats de ces deux expériences montrent indiscutablement qu'il existe une dépendance entre le sexe et le gène responsable de la couleur des yeux.

Pour Morgan, c'est l'occasion d'introduire le concept de *sex-limited character*, actuellement appelé *sex-linked* (ou *linkage*) ; c'est aussi le départ de minutieuses analyses qui permettent à Morgan de prouver que le gène responsable de la couleur des yeux est localisé sur le chromosome X. Cytologie et génétique trouvent alors un premier parfait accord :

> "*Instead of random segragation in Mendel's sense we find association of factors that are located near together in the chromosomes. Cytology furnishes the mechanism that the experimental evidence demands*".

Une année après, Morgan propose un modèle structurel d'arrangement linéaire des gènes sur les chromosomes. Pour cela, reprenant l'idée des *chiasmata* proposée en 1909, sur la base d'observations cytologiques, par F.A. Janssens, il suggère que pendant la méiose les cassures chromosomiques observées peuvent donner lieu à des échanges d'éléments entre chromosomes homologues, dont la probabilité dépend de leur distance. Méthodologie et concepts sont présents pour établir les "cartes chromosomiques". Dans cet axe de recherche deux concepts particulièrement importants sont définis : "*la non-disjonction totale des gènes*" et "*le crossing-over*".

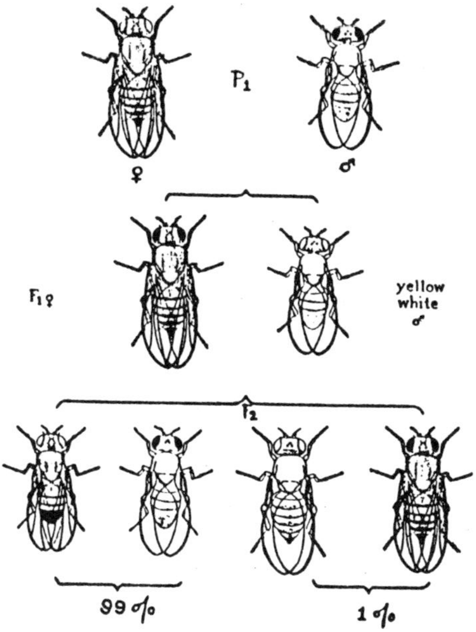

Fig. 48: *Premières études par Morgan sur les recombinaisons de caractères liés au sexe : croisement entre drosophile à yeux rouges et ailes jaunes et yeux blancs et ailes grises.*

En poursuivant l'étude des mutants *yeux blancs*, Bridges, un élève de Morgan, décrit en 1914 l'existence d'une lignée au comportement génétique étrange. Alors qu'habituellement, l'hybridation de femelles aux yeux blancs (homozygotes récessifs) avec des mâles aux yeux rouges produit en F1 un nombre statistiquement équivalent de femelles hétérozygotes aux yeux rouges et de mâles aux yeux blancs, dans une lignée sélectionnée à la Columbia University, on rencontre dans la F1 5% d'individus où les femelles ont les yeux blancs et les mâles les yeux rouges. Le phénomène est aisément explicable, par le même modèle de Morgan.

> "*A partir de faits que je ne prends pas en considération ici, Bridges a été conduit à soupçonner qu'un chromosome sexuel supplémentaire était présent chez la mère. A partir d'évidences génétiques, il a*

été prédit que ce chromosome ne pouvait être que l'Y. Une étude cytologique de ces femelles a montrée l'exactitude de cette déduction" [1].

La réalisation d'un caryotype XXY est considérée comme le résultat d'une non-disjonction des chromosomes sexuels lors de la méiose. La première trisomie est donc décrite ; avec elle la génétique s'enrichit d'une nouvelle branche : la pathologie chromosomique.

A partir de 1914, la théorie chromosomique de l'hérédité est pratiquement acceptée par l'ensemble des biologistes ; cette théorie non seulement constitue un support physique indispensable pour comprendre et expliquer les phénomènes de l'hérédité, mais, en plus, elle possède une haute valeur prédictive et heuristique : de nouveaux faits peuvent être prévus à l'avance. A la lumière des faits accumulés, la simplicité du modèle de Mendel devient de moins en moins acceptable, sauf dans les grandes lignes.

Un exemple très caractéristique est le fait qu'un organisme possède plus de caractères héréditaires qu'il n'a de chromosomes, chose que Correns et Sutton avait déjà soulignée au début du siècle. Cette intuition est confirmée par le laboratoire de Morgan avec le modèle qui sera appelé les "*linkage-group*" associés à chaque chromosome. Il permet l'établissement des cartes chromosomiques.

"Le nombre de chromosomes est petit en comparaison avec le grand nombre de caractères différents que possède un animal ou une plante ... Les caractères doivent être hérités en groupe, et le nombre de ces groupes doit être le nombre de paires de chromosomes que de tels animaux ou plantes possèdent... Chez la mouche du fruit, Drosophila, *qui a été étudiée intensivement ces 5 années précédentes, plus d'une centaine de caractères sont alors connus. On peut les regrouper en 4 grands groupes. Une liste partielle de ces 4 groupes est la suivante"* [2] (Voir Tableau ci-contre).

Un problème se pose cependant à ce niveau : si tous les gènes d'un chromosome sont étroitement liés, le nombre d'unités indépendantes ne peut pas dépasser celui des chromosomes, ce qui introduit une forte contrainte au degré de liberté dans la recombinaison, ce qui est en désaccord avec les résultats expérimentaux. Déjà de Vries, en étudiant en 1903 le F2 d'hybrides, avait remarqué que le nombre d'unités de recombinaison était supérieur à celui des

---

1 T.H. Morgan ; *Proc. Nat. Acad. Sc.*, 1, 420, 1915.

2 T.H. Morgan : *The constitution of the Hereditary* Material ; Proc. Am. S., Phil. 1915 (trad. A. Giordan).

GROUP I		GROUP II	
Name	*Region Affected*	*Name*	*Region Affected*
Abnormal	Abdomen	Antlered	Wing
Bar	Eye	Apterous	Wing
Bifid	Venation	Arc	Wing
Bow	Wing	Balloon	Venation
Cherry	Eye color	Black	Body color
Chrome	Body color	Blistered	Wing
Cleft	Venation	Comma	Thorax mark
Club	Wing	Confluent	Venation
Depressed	Wing	Cream II	Eye color
Dotted	Thorax	Curved	Wing
Eosin	Eye color	Dachs	Legs
Facet	Ommatidia	Extra vein.	Venation
Forked	Spines	Fringed	Wing
Furrowed	Eye	Jaunty	Wing
Fused	Venation	Limited	Abdominal band
Green	Body color	Little crossover	II chromosome
Jaunty	Wing	Morula	Ommatidia
Lemon	Body color	Olive	Body color
Lethals, 13	Die	Plexus	Venation
Miniature	Wing	Purple	Eye color
Notch	Venation	Speck	Thorax mark
Reduplicated	Eye color	Strap	Wing
Ruby	Legs	Streak	Pattern
Rudimentary	Wings	Trefoil	Pattern
Sable	Body color	Truncate	Wing
Shifted	Venation	Vestigial	Wing
Short	Wing		
Skee	Wing		
Spoon	Wing		
Spot	Body color		
Tan	Antenna		
Truncate	Wing		
Vermilion	Eye color		
White	Eye color		
Yellow	Body color		

GROUP III		GROUP IV	
Name	*Region Affected*	*Name*	*Region Affected*
Band	Pattern	Bent	Wing
Beaded	Wing	Eyeless	Eye
Cream III	Eye color		
Deformed	Eye		
Dwari	Size of body		
Ebony	Body color		
Glant	Size of body	Zise of body	
Kidney	Eye	Eye	
Low crossingover	III chromosome	- chromosome	
Maroon	Eye color	- color	
Peach	Eye color	- color	

chromosomes ; ceci l'avait conduit à postuler l'existence d'*unité d'échanges* entre les chromosomes, selon un processus complètement régi par le hasard [1].

L'analyse génétique effectuée par le groupe de Morgan va montrer que la liaison entre gènes localisés sur un même chromo-

---

1 Boveri, en 1904, était arrivé à une conclusion semblable.

some n'est pas complète [1]. Avec l'utilisation comme matériau de laboratoire de "*Drosophila melanogaster*", l'équipe de Morgan est mise en confrontation directe avec ce genre de résultats. D'emblée, il devient clair que la reproductibilité des résultats permet d'atténuer fortement le rôle du hasard d'une part ; d'autre part, une meilleure connaissance des processus qui caractérisent les diverses phases de la méiose permet de trouver un point de liaison avec les comportements des chromosomes. Au niveau chromosomique, l'explication d'un *"crossing-over"* est alors avancée.

> "*On peut prétendre que les faits qui concernent le crossing-over sont la conséquence d'un échange entre chromosomes homologues. Si on considère les chromosomes comme le support des facteurs héréditaires, ces faits peuvent s'expliquer à l'intérieur du comportement des chromosomes*" [2].

Ces modèles du *linkage* et du *crossing-over* furent importants à l'époque, ils permirent, après avoir regroupé les caractères par chromosomes, de les situer sur chacun d'eux.

Rappelons que ces travaux permettent à l'équipe Morgan d'établir les premières cartes chromosomiques. Toutefois, pendant 50 ans, le crossing-over restera une source de problèmes. Il faudra qu'il soit décrit avec grande précision en 1931 par McClintock [3] et Creghton lors de travaux effectués sur le maïs, pour qu'un consensus plus large se fasse.

Les réactions à la théorie morganienne.

L'ensemble des découvertes du "groupe de la Drosophile" est

---

1 Une première observation précise de ce phénomène est l'œuvre de Bateson, Saunders et Punnett (1905). Lors d'une F2 obtenue à partir de deux variétés de *Lathyrus*, en utilisant comme marqueurs la couleur des fleurs et la forme des grains de pollen, au lieu du rapport 9:3:3:1 habituel, ils obtiennent 69,5% de doubles dominants, 19,3% de doubles récessifs et deux classes de 5,6% d'hérétozygotes. De toute évidence les deux gènes impliqués ne sont ni indépendants, ni complètement liés. Bateson se limite à proposer une hypothèse "ad hoc", sans portée générale.

2 T.H. Morgan ; *The theory of gene* ; Yale University Press, 1926.

3 McClintock va présenter à ce propos une brillante interprétation de l'action des gènes, qui lui vaut, en 1933, après la confirmation apportée par la génétique moléculaire, le prix Nobel.

Gen.	*Part affected*	*Figure*	*Symbol*	*Locus*	*Date found*	*Found by*
White	Eye-color	2	w	1.1	May 1910	Morgan.
Rudimentary	Wings	A	r	55.1	June 1910	Morgan.
Miniature	Wings	7-8	m	36.1	Aug. 1910	Morgan.
Vermilion	Eye-color	10	v	33.0	Nov. 1910	Morgan.
Yellow	Body-color	5	y	0.0	Jan. 1911	Wallace.
Abnormal	Abdomen	4	A'	2.4	July 1911	Morgan.
Eosin	Eye-color	7-8	W^e	1.1	Aug. 1911	Morgan.
Bifid	Wings	B	b_i	6.3	Nov. 1911	Morgan.
Reduplicated	Legs	–	–	34.7	Nov. 1911	Morgan.
Lethal 1	Life	–	l_1	07	Feb. 1912	Rawls.
Lethal l*a**	Life	–	l_{1a}	3.3	Mar. 1912	Rawls.
Spot*	Body-color	14-17	ys	0.0	April 1912	Cattell.
Sable*	Body-color	2	s	43.0	July 1912	Bridges.
Dot*	Thorax	–	–	33 ±	July 1912	Bridges.
Bow*	Wings	C	–	–	Aug. 1912	Bridges.
Lemon*	Body-color	3	l_m	17.5	Aug. 1912	Wallace.
Lethal 2	Life	–	l_2	12.5 ±	Sept. 1912	Morgan.
Cherry	Eye-color	9	wc	1.1	Oct. 1912	Safir.
Fused*	Venation	D	f_u	59.5	Nov. 1912	Bridges.
Forked*	Bristles	E	f	56.5	Nov. 1912	Bridges.
Shifted*	Venation	F	s_h	17.8	Jan. 1913	Bridges.
Lethal sa	Life	–	l_{sa}	23.7	Jan. 1913	Stark.
Bar	Eye-shape	12-13	B'	57.0	Feb. 1913	Tice.
Notch	Wing	–	N'	2.6	Mar. 1913	Dexter.
Depressed*	Wing	G	d_p	18.0	April 1913	Bridges.
Lethal sb	Life	–	l_{sb}	16.7	April 1913	Stark.
Club*	Wings	H	c_f	14.6	May 1913	Morgan.
Green*	Body-color	–	–	–	May 1913	Bridges.
Chrome*	Body-color	–	–	–	Sept. 1913	Bridges.
Lethal *3*	Life	–	l_3	26.5	Dec. 1913	Morgan.
Lethal *3a*	Life	–	l_{3a}	19.5	Jan. 1914	Morgan.
Lethal 1*b**	Life	–	l_{1b}	1.1–	Feb. 1914	Morgan.
Facet*	Eye	–	f_a	2.2	Feb. 1914	Bridges.
Lethal *sc*	Life	–	l_{sc}	66.2	April 1914	Stark.
Lethal *sd*	Life	–	l_{sd}	–	May 1914	Stark.
Furrowed	Eye	–	f_w	38.0	Nov. 1914	Duncan.

Fig. 49: *Tableau établi par Morgan : (*Suite des études sur les caractères portés par les chromosomes sexuels chez la Drosophile, *1915).*

Gens.	Classes.				Total.	Cross-over values.		
	y w / bi	y + bi / w	y w + bi	y + + / w bi		Yellow white.	White bifid.	Yellow bifid.
Yellow white × bifid.	233 254	1 2	10 6	.. ..	506	0.6	3.2	3.8
	y / v B′	y + v B′	y + B′ / v	y + v + / B′		Yellow vermilion.	Vermilion bar.	Yellow bar.
Yellow × vermilion bar.	99 101	60 55	49 48	9 14	435	32	28	49
	w bi / f	w + f / b	w bi + f	w + + / bi f		White bifid.	Bifid forked.	White forked.
White bifid × forked.	84 77	9 6	65 59	1 5	306	7	42	45
	v m / s	v + s / m	v m + s	v + + / m s		Vermilion miniature.	Miniature sable.	Vermilion sable.
Vermilion miniature × sable.	152 111	4 2	5 12	.. ..	286	2.1	6	8.1
	s r / f	s + f / r	s r + f	s + + / r f		Sable rudimentary.	Rudimentary forked.	Sable forked.
Sable rudimentary × forked.	143 195	26 27	4 3	.. ..	398	13.3	1.8	15

White Bifid × Rudimentary.

F_1 females.		F_2 males.				Total.	Cross-over values.		
w bi	w + / bi	w bi / r	w + r / bi	w bi + r	w + + / bi r		White bifid.	Bifid rudimentary.	White rudimentary.
228 335	15 11	150 66	2 10	29 135	2 1	395	3.8	42.3	44.5

White Bifid × Miniature Rudimentary.

w bi	w + / bi	——	—+——	——+——	——+—	++	+ +	++	+ + +
344	31	109	2	58	41	2	0	6	1

Fig. 50: *Résultats obtenus par H.J. Muller et A.H. Sturtevant sur des "crossing-over" chez la Drosophile (1915).*

TABLE 34.—P_1 *vermilion* ♀♀ × *bar fused* ♂♂. *B. C.* F_1 *bar* ♀ × *vermilion fused* ♂♂.

Reference.	$\frac{v}{B'\ f_u}$		$\frac{v_+\ B'\ f_u}{}$		$\frac{v\ \ \ _+ f_u}{B'}$		$\frac{v_+ B'\ _+}{f_u}$		Total.	Cross-over values.		
	Vermilion.	Bar fused.	Vermilion bar fused.	Wild-type.	Vermilion fused.	Bar.	Vermilion bar.	Fused.		Vermilion bar.	Bar fused.	Vermilion fused.
140 I....	137	130	35	40	5	8	..	..	355	21	4	25
141 I....	144	137	38	41	4	2	..	..	366	22	2	23
142 I....	153	120	43	58	6	7	1	..	388	26	4	29
143 I....	153	92	44	41	3	7	3	1	344	26	4	28
145 I....	69	62	29	19	1	..	1	..	181	27	1	27
146 I....	96	103	30	34	7	3	..	..	273	23	4	26
156 I....	62	45	25	27	1	4	..	..	164	32	3	35
157 I....	93	57	11	31	2	2	..	2	198	22	3	23
Total.	907	746	255	291	29	33	5	3	2,269	24	3	27

TABLE 37.—P_1 *vermilion* ♀♀ × *fused* ♂♂. F_1 *wild-type* ♀♀ × F_1 *vermilion* ♂♂.

Reference.	Females.	Non-cross-over ♂♂.		Cross-over ♂♂.		Total ♂♂.	Cross-over values.
		Vermilion.	Fused.	Vermilion fused.	Wild-type.		
79 I.....	299	93	96	37	36	262	28
80 I.....	245	93	60	28	27	208	26
81 I.....	263	101	63	22	40	226	27
Total.	807	287	219	87	103	696	27

TABLE 38.—P_1 *wild* ♀♀ × *vermilion fused* ♂♂. F_1 *wild-type* ♀ × F_1 *wild-type* ♂♂.

Reference.	Wild-type ♀♀.	Non-cross-over ♂.		Cross-over ♂.		Total ♂♂.	Cross-over values.
		Vermilion fused.	Wild-type.	Vermilion.	Fused.		
52.......	96	25	30	16	11	82	33
52′......	176	59	64	24	19	166	26
53.......	60	20	22	9	6	57	26
53′......	76	21	27	11	10	69	31
54.......	88	35	38	14	16	103	29
54′......	60	22	20	8	9	59	29
57.......	61	22	20	7	11	60	30
57′......	170	47	54	24	19	144	30
58.......	128	37	55	14	10	116	21
58′......	144	38	64	16	15	133	23
Firsts....	433	139	165	60	54	418	27
Seconds..	626	187	229	83	72	571	27
Total.	1,059	326	394	143	126	989	27

Fig. 51: *Divers tableaux de résultats sur les premières études de "crossing-over" Morgan, 1916.*

publié dès 1915 dans un des ouvrages de base de la génétique moderne : "*The Mechanism of Mendelian Heredity*" (Morgan, Sturtevant, Bridges) et repris successivement jusqu'en 1926. La théorie mendélienne est, appliquée aussi bien à l'hérédité chez les animaux et chez les végétaux et généralisée aux faits cytologiques. On y trouve développée l'idée que les *facteurs* de Mendel sont des unités physiques, localisées sur les chromosomes en des positions définies, les *loci*. Chaque *facteur* est considéré comme une unité discrète, physiquement différenciable des autres par les phénomènes de crossing-over et de recombinaison.

Le mendélisme n'est certes plus, en 1915, une nouveauté, toutefois la théorie proposée par Morgan et son groupe est bien plus générale que celle de Bateson ou des autres premiers mendéliens. Le "groupe de la Drosophile" a donné au mendélisme un aspect mécaniste et matérialiste très attractif pour les jeunes biologistes. Mais des objections s'élèvent contre l'un ou l'autre aspect de la génétique proposée. Ainsi Castle, professeur à Harvard University, défenseur de l'orthogénèse en évolution, insiste sur l'idée que la mutation des gènes se fait selon une direction, qui est celle de la sélection. Il s'oppose donc à l'idée de la stabilité des gènes, défendu jusqu'aux environs de 1920 par Morgan, pour qui la mutation était considérée comme un événement très rare avant de modifier dans ce sens son opinion.

> "*Actuellement nombreux généticiens considèrent les caractères unitaires comme immuables ... Pendant plusieurs années j'ai étudié ce problème, et je suis arrivé à la conclusion que les caractères unitaires sont modifiables et recombinables*" [1].

Cette critique ne commencera à être prise en considération qu'en 1919, au moment où Müller va étudier plus spécifiquement la mutation à l'aide des rayons X et montrer l'existence d'une proportionnalité entre le dosage du rayonnement et la fréquence de mutation. La difficulté majeure reste celle d'expliquer comment un gène peut produire ses effets. Pour cela, entre 1917 et 1919, Morgan et son équipe introduisent la notion de "*modifier genes*", c'est-à-dire d'unités héréditaires qui influencent le degré d'expression d'un caractère. C'est sur ce point que travaille aussi Richard Goldschmidt, directeur du "Kaiser-Wilhelm Institut für Biologie". Dans son "*Génétique physiologique*" de 1938 il n'hésite pas à attaquer la conception qui fait du gène une partie discrète du chromosome, il montre sa

---

1 T.H. Morgan ; *The Theory of Gene*, Yale University Press, 1926.

préférence pour une vue holistique, où le chromosome entier devient l'unité héréditaire.

De même que Bateson, Goldschmidt est un réaliste qui, sur des bases philosophiques, ne peut admettre l'existence de particules géniques que personne n'a jamais vues. Toutefois, plus fondamentale est l'objection de fond qu'il adresse à l'école de Morgan : celle d'avoir élaboré une théorie structurelle en éludant les questions fonctionnelles. Il est intéressant de noter qu'encore aujourd'hui on trouve des traces de cette dualité, approche structurelle / approche fonctionnelle, en génétique moléculaire.

Et puis il reste, toujours bien vivant, le problème de l'*hérédité cytoplasmique*. En effet de nombreuses observations, effectuées entre 1880 et 1920, semblent toujours trouver une meilleure explication, si on postule l'existence d'une substance cytoplasmique pouvant transmettre des informations d'une génération à l'autre. Se fait jour l'idée selon laquelle les chromosomes sont le support des caractères discontinus, alors que les caractères continus possèdent un support physique dans le cytoplasme.

Les défenseurs de l'hérédité cytoplasmique ne manquent pas d'arguments avec par exemple les effets du cytoplasme de l'œuf sur les premiers stades du développement embryonnaire [1]. Les botanistes en particulier découvrent de nombreux phénomènes qui semblent exiger l'existence d'une hérédité cytoplasmique ; c'est ainsi que Wettstein, en 1926, propose de désigner sous le nom de *plasmone* le matériel génétique localisé dans le cytoplasme, en opposition au *génome* localisé dans le noyau [2].

A partir de 1930, cependant la théorie morganienne va marginaliser pratiquement toutes les autres explications de l'hérédité. Son grand point de force va résider dans le fait d'avoir été capable de créer des relations entre hérédité, embryologie et évolution, c'est-à-dire d'avoir promu une convergence de disciplines qui débouche sur

1 De manière générale les opposants d'une hérédité exclusivement chromosomique ne conçoivent pas que le riche répertoire des caractères héréditaires puisse être confirmé dans la petite masse des chromosomes.

2 La découverte dans les organites cytoplasmiques (chloroplastes, mitochondries, etc.) de matériel génétique (molécules de ADN), montre qu'il n'y a pas une contradiction fondamentale entre l'*hérédité cytoplasmique* et la théorie chromosomique de l'hérédité. Cela ne signifie pas que les rôles joués par le cytoplasme dans l'expression des caractères héréditaires constituent un chapitre définitivement clos.

le développement de la génétique des populations, dont les fondements sont mendéliens, et sur la théorie synthétique de l'évolution [1].

Mais une modification profonde de concevoir les problèmes liés à l'hérédité, au niveau méthodologique et surtout sur le plan conceptuel, sera à nouveau introduite avec le développement de la génétique moléculaire, à partir de 1952.

Du simple au complexe : un gène c'est quoi ?

Entre 1900 et l'avènement de la génétique moléculaire (surtout à la suite des travaux de Watson sur la structure de l'ADN), le gène a perdu son caractère de simplicité.

Est-il utile de dire que lorsqu'un généticien des populations et un spécialiste de l'engineering génétique évoquent le terme de *gène*, ils ne pensent pas au même objet ! [2]. L'apparition de différents niveaux d'analyse des phénomènes héréditaires a eu comme conséquence, entre autres, l'apparition de concepts non réductibles les uns aux autres : sous le même mot, se cachent des significations diverses.

A-t-on conçu le *gène* de manière univoque, en tout cas jusqu'aux années cinquante ? Un rapide aperçu historique permet de voir que tel n'est pas le cas. Au XIXe siècle s'affrontent les *facteurs* mendéliens, dépourvus d'un statut physique précis, les *gemmules* de Darwin et les *pangènes* de Vries. Ces deux dernières notions des unités héréditaires possèdent-elles, un véritable statut physique : de Vries postule que ses *pangènes* se déplacent librement du noyau vers le cytoplasme [3], alors que les *gemmules* darwiniennes possèdent la capacité de se déplacer librement dans la totalité de l'organisme, véhiculées par la circulation sanguine [4]. Weismann [5] ajoute même à l'aspect de structure physique une dimension fonctionnelle : ses unités héréditaires, les *détermi-*

1 Voir chapitre *Evolution.*

2 A. Jacquard (in : *Structures génétiques des populations*, Paris 1970). "Un gène est la quantité d'information concernant un caractère élémentaire, transmise par un parent à son descendant".
W. Arber (communication personnelle) : "Information qu'il faut pour une protéine ; il comprend le promoteur et la séquence qui code la protéine".

3 H. de Vries ; *Intracelluläre Pangenesis*, Jena, 1889.

4 Ch. Darwin ; *De la variation des animaux et des plantes* ; trad. Paris, 1868.

5 E.A. Weismann ; *Das Keimplasma : Eine Theorie der Vererbung*, Jena, 1893.

nants, jouent le rôle de catalyseur des processus chimiques de l'organisme.

Ce n'est qu'avec les premiers chercheurs de la lignée post-Mendel qu'est introduite une relation directe entre un ou plusieurs *gènes* et un caractère morphologique ; le *gène* devient alors explicitement une unité isomorphe à une caractéristique phénotypique. Mais en même temps, se profile une vision plus formelle du *gène*, celle que, Johannsen, considère comme une *unité de calcul*. La suite logique de cette représentation très formelle, non étrangère à Mendel, est la conception systémique, globalisante de l'ensemble du génome, défendue par Goldschmidt.

Avec Morgan et son école, le *gène* reste un support physique de l'hérédité, mais devant les difficultés de trouver toujours une relation directe et simple entre génotype et phénotype, le *gène* devient une *unité de mutation*. Et à partir des années vingt, plusieurs biochimistes abordent la tâche de préciser la nature physique de *gène* morganien ; mais ils se lancent sur une fausse piste : celle qui part de l'a priori que le gène est une protéine. Toutefois, pour la génétique de l'époque, l'idée se maintient : le gène est toujours considéré comme *unité de mutation* ; la preuve de son succès est qu'il est accepté aussi bien par la plupart des spécialistes de la génétique des populations que par la majorité des défenseurs de la théorie synthétique de l'évolution.

Avec les travaux de Arvery, la nature du support physique de l'hérédité se précise. Avec ses expériences de transformation des Pneumocoques, la molécule d'ADN devient ainsi un support des phénomènes héréditaires. C'est à la même époque que Müller, un des étroits collaborateurs de Morgan avance l'hypothèse que les acides nucléiques, connus depuis le début du siècle, interviennent dans l'expression de l'hérédité. Ces molécules ne sont pas considérées comme le support de l'hérédité, mais Müller leur attribue un rôle énergétique. Toutefois, l'ensemble de ces travaux ne met pas sérieusement en échec le paradigme morganien.

L'élucidation de la structure de la molécule d'ADN par Watson, Crick et Wilkins (et Rosalind Franklin...), introduit une nouvelle dimension et amorce un virage important. Le *gène* devient dès lors un segment d'ADN, ou, mieux encore, une séquence de bases azotées.

Alors la conception classique du gène se décompose rapidement sous l'effet des expériences poursuivies par les généticiens moléculaires. Les mutations ponctuelles, le crossing-over intragénique et, plus récemment, l'action des enzymes de restriction, font perdre au gène son aspect d'insécabilité et de compacité. Ajoutons à cela la mise en évidence des *gènes régulateurs*, les *opérons*, et le code génétique. Aujourd'hui il n'y a plus de "*gènes* au sens classique, mais, selon les auteurs, il y a des codons, ou des unités de recombinaisons, ou, pour les plus holistiques [1] des structures complexes composées par des gènes de structure et des gènes régulateurs qui fonctionnent comme un tout !

De plus la mise en évidence d'un code génétique dit *universel*, ces dernières années, avec l'importance grandissante de l'approche cybernétique en biologie, introduit largement la notion d'information, et le *"gène"* de devenir pour certains chercheurs une *unité informationnelle* mesurable [2]...

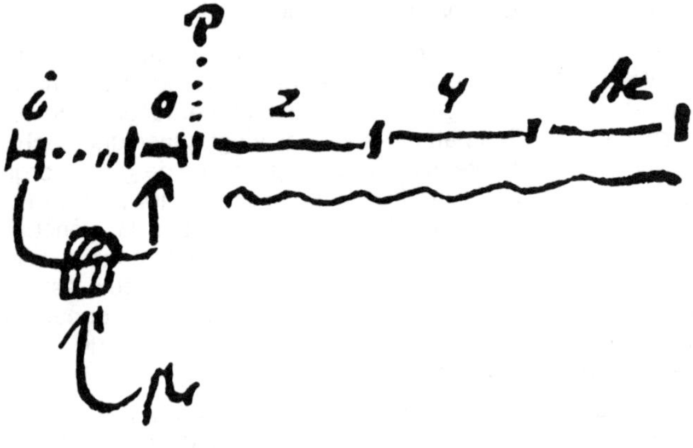

Fig. 52: *Les gènes de régulation - Croquis du Pr. J. Monod.*

Pour en savoir plus

Allen G., *Life Science in the Twentieth Century.* The Cambridge History of Sciences Series, 1975.

Coleman W., *Biology in the Nineteenth Century.* The Cambridge History of Sciences Series, 1977.

---

1 En 1977, par exemple, des biologistes découvraient par surprise, car le concept était alors bien implanté, que les gènes sont fragmentés dans les organismes supérieurs. Ils sont en effet interrompus en des multiples endroits par des "encarts" au lieu d'être d'un seul tenant comme chez les bactéries. Mais la fonction de ces "introns" comme on les appelle est encore inconnue et du moins ne fait pas l'unanimité.

2 Voir également le chapitre *ADN.*

Louis P., *La découverte de la vie, Aristote,* Hermann, 1975.

Mayr E., *The Growth of Biological Thought.* The Belknap Press of Harvard University Press, 1982.

Roger J., *Les sciences de la vie dans la pensée française du XVIIIe siècle,* A. Colin, 1971.

Stern C., Sherwood E.-R., *The origin of Genetics.* A Mendel Source Book, Wreeman and Company, 1966.

Quelques points de repères

Aristote (384-322 av. J.-C.) - *De la génération des animaux.*

Maupertuis (1698-1759) - *La Venus Physique,* 1748.

Buffon (1707-1788) - *Histoire Naturelle (tome 2),* 1749.

Bonnet (1720-1793) - *Genres d'histoire naturelle et de philosophie,* 1783.

Sageret - *Considérations sur la production des hybrides, des variantes et des variétés en général,* 1826.

Darwin (1809-1882)
- *L'origine des espèces,* 1859 ;
- *De la variation des animaux et des plantes sous la domestication,* 1868.

Naudin (1815-1899) - *Nouvelles recherches sur l'hybridation,* 1865.

Mendel (1822-1884) - *Versuche über Pflanzenhybriden,* 1866.

de Vries (1848-1935) - *Die Mutationstheorie,* 1901-1903.

Bateson (1861-1926) - *Mendel's principles of heredity,* 1902.

Morgan (1866-1945) - *The constitution of the hereditary material,* 1915.

4

L'idée d'évolution

Vous êtes en train de lire.

Votre main gauche prend le livre. Le pouce est visible, les autres doigts sont cachés par le livre lui-même. La main humaine est bien adaptée à différentes tâches ; elle est coordonnée avec les autres parties du corps, avec la vision. Elle obéit à notre volonté.

La main n'est pas seulement une structure organisée, un ensemble d'os et de muscles, de nerfs et de vaisseaux sanguins : elle est un instrument pour transformer la réalité. Grâce aux coordinations, chaque mouvement se fait de façon souple, à la vitesse voulue. Il peut s'arrêter, redémarrer, changer. Vous laissez le livre un moment, vous prenez un crayon, un papier, vous écrivez une phrase, reprenez le livre, continuez à lire, tournez la tête. Chacun de ces mouvements met en jeu l'ensemble de votre organisme.

Sans en être conscient, chaque fois que votre main fait un petit mouvement, vous utilisez une énorme quantité de connexions neuromusculaires, de circuits neuronaux, de muscles.

Mais, au fait, comment est-elle *apparue* cette main ? A-t-elle été créée par Dieu tout puissant ? N'y a-t-il eu aucun changement de la main, à partir de sa création par Dieu ? Ou est-elle le résultat d'une longue transformation à partir d'une autre structure ?

Nous choisirons cette solution, puisqu'une "théorie, le démontre". Mais même dans ce choix, il se pose des questions qui ne sont pas résolues. Cette transformation a-t-elle suivi un chemin déterminé ?

Chaque étape de la transformation était-elle déterminée par des phénomènes conjoncturels ? etc.

Cette brève anecdote met bien en scène la question que nous traiterons dans ce chapitre : l'idée d'évolution, car c'est elle qui a triomphé, du moins ... dans le milieu scientifique. Mais ce triomphe n'a pas été sans peine ... L'évolution des espèces n'a pas été seulement un problème d'ordre scientifique, il a soulevé des débats d'ordre philosophique, religieux et même politique. Aussi évoquerons-nous ici les grandes lignes de la théorie, en mettant l'accent sur les étapes parcourues et surtout sur les obstacles rencontrés qui se sont traduits par autant de débats.

Une *première étape* de la construction de la théorie de l'évolution a été l'acceptation du phénomène évolutif lui-même, c'est-à-dire, l'acceptation de la nécessité de construire une théorie explicative. Ce fut une longue querelle, car jusqu'à la moitié du XIXe siècle, le débat sur l'évolution a été dominé par le problème religieux ou métaphysique. A partir de l'acceptation de l'existence du phénomène de l'évolution par la communauté scientifique, un autre débat est centré sur l'origine des variations héréditaires et sur l'influence du milieu.

Trois positions différentes sont apparues : l'une postulait que ces variations étaient le résultat de l'activité des organismes en réponse aux contraintes imposées par le milieu. Une autre, au contraire, niait l'influence du milieu dans l'apparition des variations héréditaires, lesquelles étaient seulement le résultat du hasard, le milieu ne jouant qu'un rôle de sélection. Une troisième position essayait de maintenir l'idée d'une entité supramatérielle dans l'évolution, en postulant qu'elle suivait des chemins prédéterminés. Bien qu'un certain nombre de points aient été résolus depuis, les débats en la matière ne sont pas encore éteints.

L'histoire de la théorie de l'évolution n'est pas une simple énumération d'explications scientifiques. Il y a, d'abord, une lutte entre deux conceptions du monde. En effet, l'acceptation de la transformation des espèces signifiait, - signifie car le débat n'est pas fini pour le grand public - pour quelques-uns, la destruction de toutes leurs croyances, de toute leur vision de la nature. Ainsi, la lecture littérale de la Bible indique que Dieu a créé successivement le monde, les animaux et l'homme et que toutes les espèces n'ont pas changé depuis. Les partisans de cette lecture de la Bible continuent encore aujourd'hui à nier l'évolution, et ils ont encore un pouvoir suffisant pour imposer leurs idées dans certains pays.

Aux Etats-Unis par exemple, la lutte contre la théorie de l'évolution a pris de grandes proportions dans les années vingt. En 1924, la chambre des Représentants du Tennessee approuve sans opposition une loi qui proclame :

> *"A tout enseignant d'Université, d'Ecole Normale ou de toute autre école publique financée entièrement ou partiellement par les fonds de l'Etat, il est interdit d'enseigner une théorie qui nie l'histoire de la Création divine de l'homme, telle qu'elle est enseignée dans la Bible, et d'enseigner à la place que l'homme descend d'un ordre inférieur d'animaux"* [1].

Actuellement les positions sont un peu plus nuancées, et les créationistes essaient seulement d'obtenir que leur doctrine soit enseignée dans les écoles au même titre que la théorie de l'évolution. Dans l'Arkansas, la Floride et le Texas, la doctrine créationiste est incluse dans les programmes scolaires. En Californie, la théorie de l'évolution ne peut pas être enseignée "en tant que théorie scientifique", mais seulement comme une théorie non prouvée. L'importance de la doctrine créationiste peut se voir encore dans un discours de Ronald Reagan lors de la campagne présidentielle de 1980 : "Si l'on enseigne l'évolution dans les écoles publiques, alors il faut y enseigner aussi l'histoire biblique de la création" [2].

L'idée d'évolution dans l'Antiquité.

L'idée d'évolutionnisme a une longue histoire

Contrairement à ce que l'on pense communément, l'idée d'évolution a une longue histoire. Un des premiers auteurs connus se référant au transformisme [3] est le philosophe grec Anaximandre (611 - 546 avant J.C.). Il pensait que les premiers animaux provenaient de la vase marine desséchée par le soleil. Ces êtres primitifs étaient couverts par une écorce épineuse et ont été remplacés par des formes nouvelles plus complexes. L'homme, lui-même, était pour ce chercheur grec un descendant d'une espèce... de poisson.

---

1 Gordon Golding : *"Le procès du singe - la Bible contre Darwin"* ; éditions Complexe ; Bruxelles ; 1982, page 29.

2 Gordon Golding, ibid.

3 Le terme transformisme signale l'idée que les espèces se transforment, et il est équivalent à "partisan de l'existence de phénomènes évolutifs".

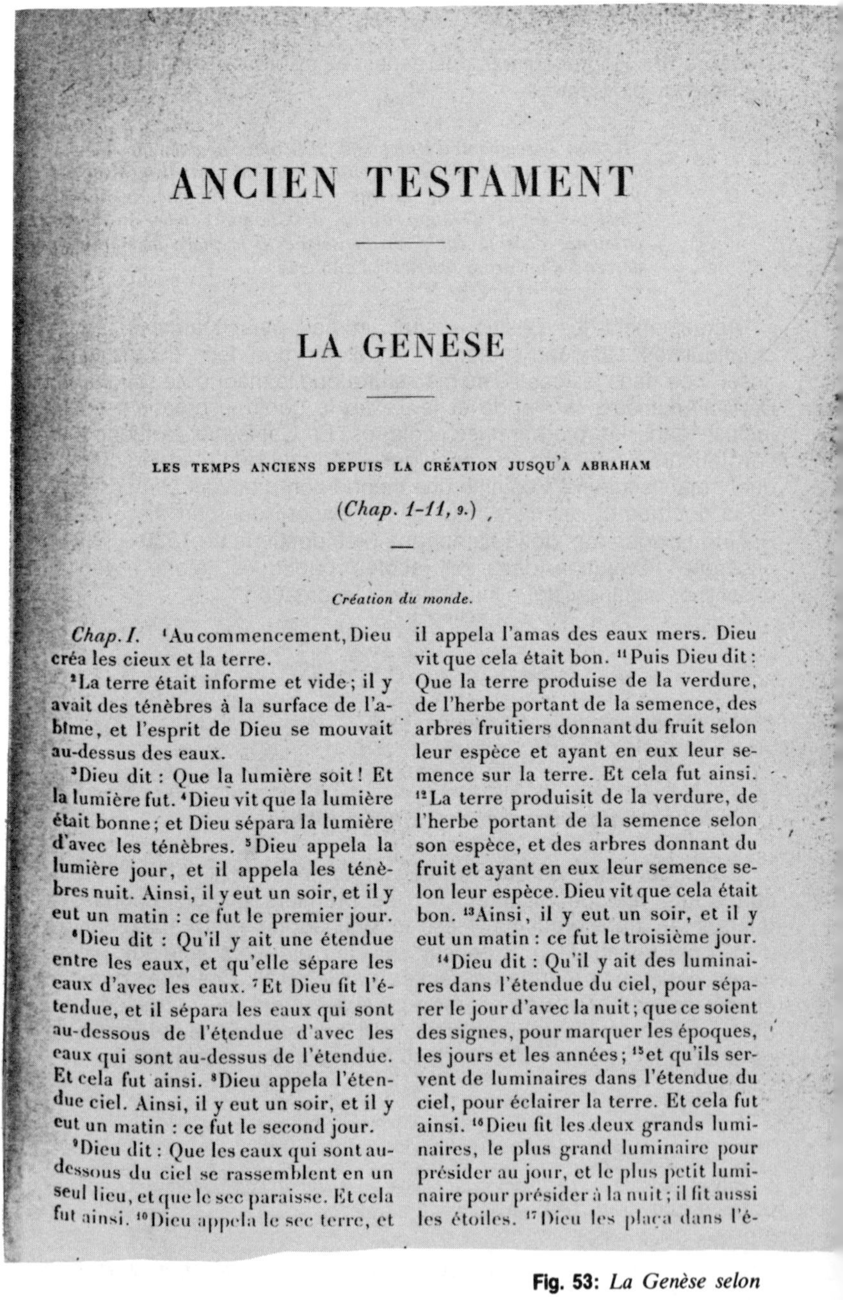

ANCIEN TESTAMENT

LA GENÈSE

LES TEMPS ANCIENS DEPUIS LA CRÉATION JUSQU'A ABRAHAM

(*Chap. 1-11*, 9.)

Création du monde.

Chap. I. 1 Au commencement, Dieu créa les cieux et la terre.

2 La terre était informe et vide; il y avait des ténèbres à la surface de l'abîme, et l'esprit de Dieu se mouvait au-dessus des eaux.

3 Dieu dit : Que la lumière soit! Et la lumière fut. 4 Dieu vit que la lumière était bonne; et Dieu sépara la lumière d'avec les ténèbres. 5 Dieu appela la lumière jour, et il appela les ténèbres nuit. Ainsi, il y eut un soir, et il y eut un matin : ce fut le premier jour.

6 Dieu dit : Qu'il y ait une étendue entre les eaux, et qu'elle sépare les eaux d'avec les eaux. 7 Et Dieu fit l'étendue, et il sépara les eaux qui sont au-dessous de l'étendue d'avec les eaux qui sont au-dessus de l'étendue. Et cela fut ainsi. 8 Dieu appela l'étendue ciel. Ainsi, il y eut un soir, et il y eut un matin : ce fut le second jour.

9 Dieu dit : Que les eaux qui sont au-dessous du ciel se rassemblent en un seul lieu, et que le sec paraisse. Et cela fut ainsi. 10 Dieu appela le sec terre, et il appela l'amas des eaux mers. Dieu vit que cela était bon. 11 Puis Dieu dit : Que la terre produise de la verdure, de l'herbe portant de la semence, des arbres fruitiers donnant du fruit selon leur espèce et ayant en eux leur semence sur la terre. Et cela fut ainsi. 12 La terre produisit de la verdure, de l'herbe portant de la semence selon son espèce, et des arbres donnant du fruit et ayant en eux leur semence selon leur espèce. Dieu vit que cela était bon. 13 Ainsi, il y eut un soir, et il y eut un matin : ce fut le troisième jour.

14 Dieu dit : Qu'il y ait des luminaires dans l'étendue du ciel, pour séparer le jour d'avec la nuit; que ce soient des signes, pour marquer les époques, les jours et les années; 15 et qu'ils servent de luminaires dans l'étendue du ciel, pour éclairer la terre. Et cela fut ainsi. 16 Dieu fit les deux grands luminaires, le plus grand luminaire pour présider au jour, et le plus petit luminaire pour présider à la nuit; il fit aussi les étoiles. 17 Dieu les plaça dans l'é-

Fig. 53: *La Genèse selon*

Chap. I, 18-2, 10. GENÈSE.

tendue du ciel, pour éclairer la terre,
18 pour présider au jour et à la nuit, et
pour séparer la lumière d'avec les té-
nèbres. Dieu vit que cela était bon.
19 Ainsi, il y eut un soir, et il y eut un
matin : ce fut le quatrième jour.
20 Dieu dit : Que les eaux produisent
en abondance des animaux vivants, et
que des oiseaux volent sur la terre vers
l'étendue du ciel. 21 Dieu créa les grands
poissons et tous les animaux vivants
qui se meuvent, et que les eaux pro-
duisirent en abondance selon leur es-
pèce; il créa aussi tout oiseau ailé se-
lon son espèce. Dieu vit que cela était
bon. 22 Dieu les bénit, en disant : Soyez
féconds, multipliez, et remplissez les
eaux des mers; et que les oiseaux mul-
tiplient sur la terre. 23 Ainsi, il y eut un
soir, et il y eut un matin : ce fut le
cinquième jour.
24 Dieu dit : Que la terre produise
des animaux vivants selon leur espèce,
du bétail, des reptiles et des animaux
terrestres selon leur espèce. Et cela
fut ainsi. 25 Dieu fit les animaux de la
terre selon leur espèce, le bétail se-
lon son espèce, et tous les reptiles de
la terre selon leur espèce. Dieu vit que
cela était bon. 26 Puis Dieu dit : Fai-
sons l'homme à notre image, selon
notre ressemblance, et qu'il domine
sur les poissons de la mer, sur les oi-
seaux du ciel et sur tous les reptiles
qui rampent sur la terre. 27 Dieu créa
l'homme à son image, il le créa à l'i-
mage de Dieu, il créa l'homme et la
femme[a]. 28 Dieu les bénit, et Dieu leur
dit : Soyez féconds, multipliez, rem-
plissez la terre, et l'assujettissez; et
dominez sur les poissons de la mer,
sur les oiseaux du ciel, et sur tout ani-
mal qui se meut sur la terre. 29 Et Dieu
dit : Voici, je vous donne toute herbe
portant de la semence et qui est à la
surface de toute la terre, et tout arbre
ayant en lui du fruit d'arbre et portant
de la semence : ce sera votre nourri-
ture. 30 Et à tout animal de la terre, à
tout oiseau du ciel, et à tout ce qui
se meut sur la terre, ayant en soi un
souffle de vie, je donne toute herbe
verte pour nourriture. Et cela fut ainsi.
31 Dieu vit tout ce qu'il avait fait; et
voici, cela était très bon. Ainsi, il y
eut un soir, et il y eut un matin : ce
fut le sixième jour.
Chap. II. 1 Ainsi furent achevés les
cieux et la terre, et toute leur armée.
2 Dieu acheva au septième jour son œu-
vre, qu'il avait faite; et il se reposa au
septième jour de toute son œuvre,
qu'il avait faite. 3 Dieu bénit le sep-
tième jour, et il le sanctifia, parce qu'en
ce jour il se reposa de toute son œuvre
qu'il avait créée en la faisant.

a. Littéralement : il les créa mâle et femelle.

l'Ancien Testament.

Une idée similaire est proposée par Xénophane de Colophon (570 - 480 avant J.C.) ; pour lui, le soleil fait sortir les plantes et les animaux de la terre. Il avance l'idée de fossiles, en leur donnant pour origine, l'époque où toute la terre était couverte par la mer. Le problème de la liaison entre l'homme et les animaux est également abordé par Anaxagore de Clazomènes (500 avant J.C.). Pour lui, l'esprit n'est pas une particularité de l'être humain, mais il est présent à différents degrés dans tous les êtres vivants : les plantes ont des sensations, les animaux sont plus ou moins intelligents selon leurs habitudes et leurs organes ; l'homme est le plus intelligent parce qu'il "possède des mains"...

Par contre, les descriptions de l'évolution sont plus surprenantes. Par exemple, imaginons des membres isolés rampant sur le sol, des têtes qui cherchent les yeux, des mains qui s'ouvrent et se ferment... Il ne s'agit pas, ni d'un dessin animé, ni d'un tableau surréaliste, mais de la proposition d'Empédocle (444 avant J.C.), qui pensait à l'existence première d'organes isolés, réunis ensuite pour donner lieu à des combinaisons heureuses ou monstrueuses, et pour lui, celles qui étaient harmonieuses persistaient et donnaient origine aux espèces actuelles.

Toutefois, la lecture de ces textes grecs est très intéressante, car on y trouve les prémisses d'idées qui sont reprises par la suite pour développer les idées actuelles. Par exemple : Epicure postule que "les organes se développent par l'usage et s'affaiblissent par l'inaction". Démocrite introduit l'idée de sélection, car pour lui, la matière est composée d'atomes en mouvement qui se rencontrent au hasard et engendrent des formes qui sont permanentes seulement sous certaines contraintes. De cette manière, il existe un mode de sélection par un double mécanisme basé sur le hasard et les contraintes.

Lucrèce est même plus précis, car il écrit :

> "*L'acuité de la vision n'a pas été créée, comme tu pourrais le croire, pour nous permettre de voir au loin ; ce n'est pas davantage pour nous permettre de marcher à grands pas que l'extrémité des jambes et des cuisses s'articule sur les pieds, et les bras que nous avons attachés à des épaules solides ou la main dont nous nous servons aussi bien d'un côté que de l'autre, ne nous ont pas été donnés pour subvenir à nos besoins. Interpréter les faits de cette façon relève d'un raisonnement qui renverse le rapport des choses : c'est mettre partout la cause après l'effet. Aucun organe de notre corps, en effet, n'a été créé pour notre usage. La vision n'existait pas avant l'apparition des yeux, pas plus que la parole avant la création de la langue : c'est bien plutôt la naissance de la langue qui*

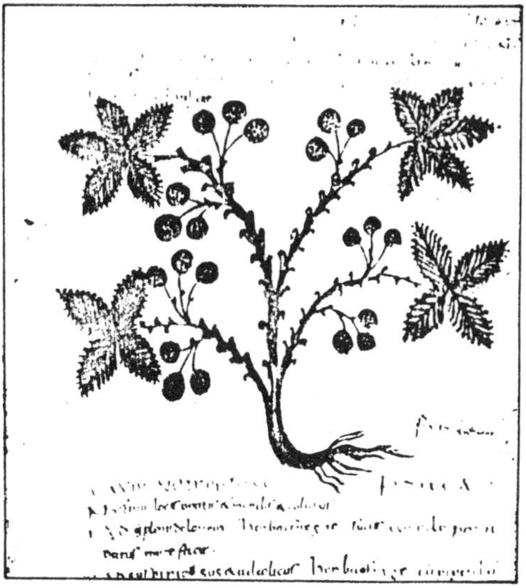

Fig. 54 : *Fraisier d'après un herbier du XIIe siècle (a) et un herbier rhénan du XVe siècle (b). — Il s'agit semble-t-il du même dessin, mais lors des copies, les stolons ont été confondus avec des épines.*

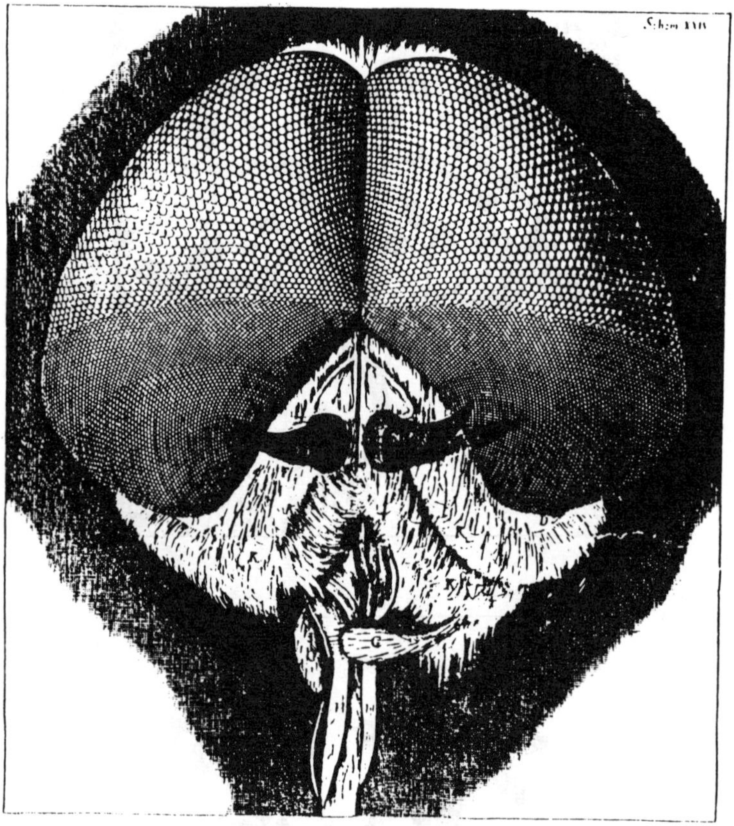

Fig. 55: *Tête de mouche observée par Hooke (1667)*

a précédé de loin celle de la parole ; les oreilles existaient bien avant l'audition du premier son, bref, à mon avis, tous les organes sont antérieurs à l'usage qu'on en a pu faire"[1].

Malheureusement, le progrès des idées n'est pas linéaire ; ces

1 Lucrèce, *De la nature (IV)*, p. 825-842.

idées seront évacuées pendant plus de 1500 ans, avec le développement dans le monde occidental d'une histoire du monde vivant inspirée par la Bible et soutenue par une relecture des textes d'Aristote à partir du XIIIe siècle.

En effet, pendant longtemps, la référence presque exclusive aux œuvres d'Aristote et de Galien a empêché le développement de la biologie. Car si la civilisation grecque permettait la discussion sur des doctrines, la civilisation chrétienne imposait l'acceptation des doctrines de l'Eglise. On copie et recopie les œuvres de Galien, d'Aristote, cependant chaque fois, des erreurs nouvelles étaient introduites. Il suffisait pourtant d'observer dans la nature une des plantes montrées dans un herbier pour les voir.

Dans cette conception du monde, la vérité ne provenait pas de l'observation de la nature, mais de la lecture des œuvres classiques. A Oxford, par exemple, les professeurs étaient obligés d'enseigner les doctrines d'Aristote sous peine d'amende. Que dit Aristote (384 - 322 avant J.C.) en la matière ? Selon lui, on peut ranger tous les organismes dans une "échelle de la nature" qui va de la matière inerte jusqu'aux plantes et des plantes aux mammifères en passant par les crustacés et les animaux ovipares. A partir de cette théorie, Aristote postule que les formes inférieures évoluent vers les formes supérieures, mais sous l'impulsion d'un dieu.

Le christianisme transforme la pensée d'Aristote et développe une interprétation statique de la nature selon laquelle Dieu crée chaque espèce telle qu'elle est maintenant. En conséquence, la transformation des espèces devient impensable à l'intérieur de ce dogme (et il est bien connu ce qui arrivait à ceux qui osaient le défier...). Aucune espèce ne peut changer pendant les six mille années écoulées entre la génèse et l'époque actuelle et jusqu'au XVIIe siècle, il n'y aura, de fait aucune théorie alternative à cette doctrine immobiliste [1].

Ces idées vont aussi se renforcer aux XVIIe et XVIIIe siècles avec l'idée de préformation des germes, et celle d'emboîtement que développera Bonnet [2].

De ce point de vue, l'idée d'emboîtement est même un summum du fixisme. Non seulement chaque espèce est produite par Dieu,

---

1 Le dogme chrétien aurait très bien supporté une doctrine créationniste et transformiste, selon laquelle les êtres vivants ont certes été créés par Dieu, mais avec des possibilités de transformation en suivant des desseins divins. Les enjeux sont alors autres et cette idée ne sera développée que par des théologiens contemporains (Teilhard de Chardin).

2 Voir le chapitre *Fécondation*.

mais chaque individu à naître a été créé dans les premiers jours de la création. Il n'y a donc aucune évolution possible. Chaque organisme attend à son tour, le jour de sa naissance, mais il est complètement formé antérieurement, et aucune circonstance de la vie de ses ancètres ne peut modifier ses caractéristiques. Pourtant, des *faits d'évolution* des espèces étaient connus et reproductibles tous les jours. En particulier, pendant toute cette époque les paysans continuaient la transformation des espèces domestiques. Chaque jour la sélection artificielle introduisait de petites transformations dans les espèces animales et végétales domestiques.

Un savoir-faire paysan très développé, plus ancien que le dogme chrétien, déterminait les modes de sélection, les travaux agricoles, le moment de faire chaque tâche agricole. Les chiens, les moutons, les porcs, les vaches, les arbres fruitiers, les céréales étaient tous transformés progressivement par la sélection artificielle.

Mais ce savoir-faire n'était pas pris en considération pour l'élaboration de la doctrine de l'Eglise sur les animaux et les plantes. Le dogme était sacré, les espèces ne pouvaient pas se transformer même si dans ces pratiques, les moines ont aussi apporté tout un savoir-faire. Le débat sur les animaux mi-partis (hybrides) qui a lieu à de nombreuses reprises est révélateur en la matière.

L'origine spontanée des espèces

Comme le signale Buffon vers 1750 :

> "*Le singe quel qu'il soit, n'en est pas moins un animal privé du souffle divin, éloigné de l'homme par des différences tant à l'extérieur qu'à l'intérieur*" [1].

Les obstacles à l'émergence de la théorie de l'évolution ont été très forts, ils ont été liés d'abord à l'impossibilité de nier le dogme de la création à cause de la répression exercée par l'Eglise. Cette répression peut être considérée comme directe, par les pressions morales et la censure exercée sur des textes opposés à la doctrine. Mais elle fut également indirecte par l'état d'esprit qu'elle fit régner, en particulier comme nous l'avons signalé précédemment par le recours systématique aux textes anciens, indépendamment de toute observation ou argumentation propre.

---

1 Buffon : *De la jeunesse. Histoire naturelle des mammifères, des oiseaux, des reptiles et des poissons*; Paris, Peltier et Mulo éditeurs, 2ème édition, page 18.

Le renouvellement des idées sur la génération spontanée au moment de la Renaissance amorcera une mise en question de la doctrine créationiste [1]. Par exemple, au XVIe siècle, Paracelse enseigne une méthode efficace pour fabriquer des *homunculus :*

> "*Pour réaliser la chose, il faut procéder ainsi. Laisser de la semence d'homme se putréfier dans une citrouille... pendant quarante jours ou, tout au moins, jusqu'à ce qu'elle commence à vivre, à bouger à s'agiter. Au bout de ce temps elle sera dans une certaine mesure semblable à un être humain, bien que transparente et sans corps. Si, maintenant, on la nourrit chaque jour et qu'on l'alimente prudemment avec l'arcane du sang humain et qu'on la maintienne pendant quarante semaines dans la chaleur constante et égale d'un venter equinus (ventre de cheval), elle se met à devenir un véritable être vivant et possède tous les membres d'un enfant né d'une femme mais beaucoup plus petit. C'est ce que nous appelons un homunculus ; et il faut l'élever avec le plus grand soin et le plus grand zèle jusqu'à ce qu'il grandisse et commence à montrer quelque intelligence. Or, cela est l'un des plus grands secrets que Dieu ait révélés aux hommes, tous mortels et faillibles qu'ils soient*".

De même, Ducret signale, avec d'autres auteurs qu'"il existe un arbre peu commun en France, il est vrai, mais fréquemment observé en Ecosse. Des feuilles tombent de cet arbre, d'un côté elles touchent l'eau et se transforment en poissons, de l'autre côté elles touchent la terre et se transforment en oiseaux"[2].

Toutefois, malgré une certaine similitude avec le transformisme, ces idées ont, en fait, été un obstacle pour l'émergence de la théorie de l'évolution.

L'idée d'évolution proviendra d'une observation de la nature dépourvue de ces contenus magiques, et surtout de dépassement des idées spontanéistes [3].

L'idée de génération spontanée, c'est-à-dire de la naissance d'êtres vivants à partir de matières brutes, appartient au fond commun de la pensée ; les savants de l'Antiquité ont tous admis que

---

1 Il est intéressant de noter que ces idées seront developpées tant par des créationistes qui trouvaient dans cette doctrine un moyen de comprendre des phénomènes exclus par la forme dogmatique de cette théorie, que par des matérialistes avant la lettre qui cherchaient à combattre directement le fixisme.

2 Gordon Rattray Taylor : *"Histoire illustrée de la biologie"* ; Editions Hachette, Paris, 1965, 11.

3 Voir également le chapitre *Microbe* (*Histoire de la Biologie,* tome 1).

les animaux se formaient par un tel procédé. Aristote classe les animaux dépourvus de sang en fonction de leur mode de reproduction et distingue ceux qui ont des œufs parfaits, comme les Céphalopodes et les Crustacés, ceux qui ont des œufs spéciaux, les insectes, ceux qui se développent par bourgeonnement ou par génération spontanée, les Echinodermes et les Mollusques, enfin ceux dont la génération spontanée est le seul mode d'apparition : Eponges et Coelentérés.

210

Fig. 56: *L'agneau de Tartarie poussant à partir d'une tige de plante, tel que le représente Ducret (1605).*

Dans son poème "*De la nature des choses*" Lucrèce, après avoir affirmé que la Terre-Mère avait créé toutes les espèces en sa jeunesse, propose l'explication suivante : "Même de nos jours on voit sortir de terre de nombreux animaux formés par les pluies et la chaleur du soleil". Quoi d'étonnant dès lors qu'à cette époque des espèces aient pu naître plus nombreuses et plus grandes, alors qu'elles se développaient dans la pleine nouveauté de la terre et du ciel. La même thèse est admise sans discussion jusqu'au milieu du XVIIe siècle. Tout au plus distingue-t-on, comme l'avait fait déjà Aristote, deux catégories d'êtres : ceux qui naissent d'une semence et ceux qui proviennent de la pourriture.

En 1648, Van Helmont propose l'expérience suivante :

> *Creusez un trou dans une brique, mettez-y de l'herbe de basilic bien pilée ; appliquez une seconde brique sur la première, et exposer le tout au soleil ; quelques jours plus tard, le basilic ayant agi comme ferment, vous verrez naître de petits scorpions (...).*"

Pour se procurer des souris, Van Helmont n'est pas plus embarrassé : "Il n'est que de comprimer une chemise de femme - une chemise un peu sale de préférence - dans un vase garni de froment (...) [1]."

Les premières réfutations n'apparaîtront qu'en 1668 avec Redi qui propose l'expérience suivante :

> "*Si l'on place, dans des fioles bouchées par un morceau de gaze, des cadavres d'animaux ou des morceaux de viande, on constate qu'aucun asticot ne se développe. Les mêmes asticots prolifèrent au contraire si les fioles ont été laissées ouvertes. Or la gaze ne s'oppose pas au passage de l'air, elle empêche par contre les mouches de déposer leurs œufs sur la chair en décomposition.*"

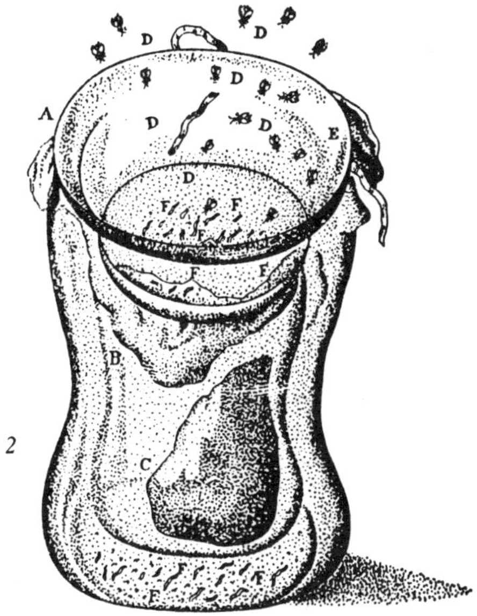

Fig. 57: *Expérience de F. Redi (1668) montrant l'inexistence de la génération spontanée. (Le bocal A est recouvert d'une gaze fine empêchant les mouches D d'y pénétrer, mais permettant à leurs œufs de passer et de donner des asticots F tombant sur le fond du bocal A et sur le dessus du bocal B recouvert d'une gaze plus fine qui les empêche de passer, ce qui permet au morceau de viande C d'en être dépourvu) (d'après Th. Craamen, 1689, repris par Théodorides).*

---

1 Voir également le chapitre *Microbe.*

De ses expériences Redi peut conclure que les chairs, les herbes et les autres choses pourries ou putrescibles n'ont d'autre rôle ni d'autre fonction dans la génération des insectes que de fournir un lieu ou un nid proportionné au sein duquel les animaux, au moment de la reproduction, mènent ou accouchent les vers ou les œufs... ; si les mères ne portent les dites semences dans ce nid, jamais rien, absolument rien n'y naîtra [1]. D'ailleurs, sur la gaze, on recueille de petits œufs qui donnent naissance à de minuscules vers.

Le succès de la démonstration de Redi est consolidé par les travaux anatomiques de Swammerdan qui découvre chez les insectes une grande complexité de structure.

Le renouveau des idées évolutionnistes : le transformisme.

Le créationisme était une doctrine fondée sur la lecture de la Bible, la théorie de l'évolution est une théorie scientifique, c'est-à-dire que comme toute théorie scientifique, elle doit être confrontée à des faits.

Le passage du créationisme au transformisme n'a pas été, donc, seulement un changement de doctrine - mais l'introduction d'une démarche de pensée fondée sur l'analyse scientifique des données de l'expérience.

Un tel changement de méthode, ne pouvait se produire sans un changement philosophique préalable lui donnant un cadre de référence pour pouvoir sortir des idées reçues. L'émancipation vis-à-vis des croyances traditionnelles s'est certes développée avec les philosophes du XVIIIe siècle et notamment de l'Encyclopédie (Voltaire, Diderot, D'Alember, Helvetius), mais elle avait déjà démarré largement avant, à plusieurs reprises. Elle avait débuté dans les discussions entre philosophes [2], en particulier chez ceux qui, après la Renaissance, observaient la nature avec de nouvelles techniques (le microscope entre autres).

Les mêmes phénomènes commencent ainsi à être regardés de

---

1 Le problème se reposera à un autre niveau à la fin du XIXe siècle, avec l'origine des microbes.

2 Le processus qui a été à l'origine des théories de l'évolution n'a pas commencé dans les milieux qui pratiquaient la sélection artificielle. Cette technique demeure une simple pratique, presque totalement ignorée des milieux scientifiques de l'époque. Un intérêt ne se portera sur elle qu'au XVIIe siècle.

façon différente. Là où l'on se contentait d'une explication magique, on tente de trouver une explication rationnelle. Là où l'on répétait les phrases d'Aristote, vieilles alors de plus de deux mille ans, on s'essaye à faire des investigations systématiques.

La biologie va progressivement se transformer, et d'un amas de notions mal définies, émerge lentement une science : les théories de l'évolution seront un des points fondamentaux de cette transformation des idées, car il n'y a pas de réflexion en la matière sans déplacer les interdits religieux. La discussion sur les phénomènes évolutifs permettra de les éliminer... au moins dans les milieux scientifiques.

La constitution de la biologie en tant que science va se produire en différentes étapes. D'abord on observe une rupture avec le monde magique et l'apparition de l'idée de régularité dans les phénomènes. Cette quête de "l'ordre sous-jacent aux apparences" commence en physique et ne se développe que plus tard dans l'observation du monde vivant.

A la fin du XVIIe siècle Newton avait démontré que le mouvement des planètes suivait des lois immuables. Un siècle après, apparaît un modèle qui sera fondamental pour la biologie, le modèle du cristal, emblème de la rationalité :

> "*Le thème de cristal fut revêtu de sa dignité de modèle universel pour la première fois en 1784, par R.J. Haüy de l'Académie des Sciences qui venait de succéder à A.L. de Jussieu dans sa charge d'adjoint en botanique. Découvrir dans les formes constantes des cristaux une sorte d'algèbre combinatoire, susceptible d'expliquer les régularités des êtres vivants et les lois du monde tout entier, ériger le paradigme du cristal en archétype de l'explication scientifique signifie s'engager à appuyer au moins deux présupposés qui mènent loin, à savoir : 1) que toute forme visible et spécifique se laisse en principe résoudre, par postulat méthodologique, à l'univers microscopique, ou elle correspond, conformément à une loi, à des configurations moléculaires tout aussi spécifiques ; 2) que les structures profondes, cristallines et moléculaires, peuvent changer uniquement en obéissant aux lois propres du micro-univers qu'elles habitent. Les transactions entre les deux mondes, celui (macroscopique) des formes visibles et celui (microscopique) des forces moléculaires, se font toujours à sens unique : le microcosme dicte ses lois au macrocosme, sans réciprocité possible*" [1].

La théorie de l'évolution est sous-tendue par cette conception qui

---

1 Massimo Piatelli-Palmarini : *Théorie du langage — Théorie de l'apprentissage, le débat entre Jean Piaget et Noam Chomsky*; Editions Seuil, Paris, 1979, page 27.

essaie d'expliquer les formes visibles à partir d'éléments non visibles (microscopiques) [1].

Avant de parvenir à la théorie actuelle de l'évolution, il a donc fallu, construire une conception des relations entre les composants microscopiques et les propriétés des organismes. Mais cette conception des relations entre le monde macroscopique et le monde microscopique n'était pas suffisante pour provoquer l'apparition d'une théorie sur l'évolution, il fallait, en plus, se poser la question, de la variabilité des formes vivantes et observer des processus évolutifs. Avant de trouver les mécanismes qui déterminent l'évolution, il fallait ainsi croire à l'évolution. Dans ce contexte, deux types d'études vont permettre cette naissance, et celle du transformisme : l'étude des fossiles et l'étude des espèces actuelles.

Eponger le déluge avec des os fossiles

Dans beaucoup d'endroits, on trouve des débris fossiles, très bien connus des populations locales surtout ceux d'origine marine qui s'accumulent. Les peuples de la Méditerranée considéraient, en général, que ces fossiles étaient les restes d'animaux marins.

Aristote, cependant, ne donne pas d'explication à ce sujet. Pline est plus explicite, il considère que les fossiles étaient des minéraux de forme bizarre dans lesquels "la nature imitait les animaux et les plantes". Cette opinion est acceptée et généralisée jusqu'au XVIe siècle. A cette époque, commencent à apparaître les critiques : Frascati, en particulier, dit en 1517 que les fossiles sont des restes d'animaux qui ont réellement vécu et en 1575, Bernard Palissy affirme de même. Il discute même la doctrine du déluge universel, soutenue en 1556 par J. Cardan.

Les théologiens, par contre, soutiennent cette dernière, les fossiles étant la preuve du déluge universel [2]. Les fossiles marins trouvés dans les hautes terres et dans les montagnes ont été amenés là par la montée des eaux, au moment du déluge universel, et pendant le XVIIe et le XVIIIe siècle, la plupart des savants de l'époque acceptent cette explication. Certains vont même plus loin, le déluge est non seulement une explication des fossiles mais aussi un élément permettant de comprendre l'histoire de la terre et les

---

1 La théorie actuelle de l'évolution fonde son explication sur des entités moléculaires, les gènes.

2 Les doctrines sur la géologie de cette époque étaient cohérentes avec la Bible.

efforts de certains géologues vont quelquefois jusqu'à dater cet événement. Selon le géologue anglais Whiston (1708), le déluge "aurait eu lieu le 18 novembre 2349 avant J.C.".

La première attaque argumentée et sérieuse contre la doctrine du déluge universel provient de Buffon, lequel explique dans son "*Histoire de la Terre*" (1744) que l'explosion d'un astre a provoqué la formation des planètes, que la terre a d'abord été une boule incandescente, et que son refroidissement a déterminé la formation d'un noyau central très chaud et d'une écorce solidifiée, où se sont formées les hautes montagnes, que la vapeur de l'atmosphère condensée a alors donné naissance à un océan universel dans lequel vivent les animaux que l'on a retrouvés fossilisés ; ensuite, il précise que les eaux de l'océan se sont abaissées et que, sur les continents, ainsi formés, sont apparus des grands animaux ; enfin petit à petit, la terre a pris sa configuration actuelle et l'homme est apparu.

Cette théorie, osée pour l'époque, bien que l'on y retrouve certains éléments déjà envisagés dans l'Antiquité, élimine ainsi l'idée du déluge. De plus, elle incorpore deux éléments fondamentaux pour l'idée d'évolution, le temps - Buffon parle de soixante quatorze mille années pour l'âge de la terre - et l'idée que, dans l'histoire de la terre, il y a eu de profonds changements, en particulier, de grandes transformations de la surface de la planète [1].

L'histoire de la terre de Buffon est bien sûr condamnée par la Faculté de Théologie de la Sorbonne en 1751, et il doit se rétracter.

La classification des espèces

L'autre élément fondamental pour le développement des idées transformistes est paradoxalement l'étude des espèces actuelles [2].

La création d'un système de classification qui prend en compte à la fois, la morphologie, l'étude des variations à l'intérieur d'un type et l'étude de la distribution géographique est, en effet, un préalable nécessaire tant pour connaître les objets d'études que pour l'observa-

---

1 Voir à ce propos G. Gohau, *La formation des montagnes*. Thèse de l'Université de Lyon, 1984, (non publiée).

2 Le paradoxe est encore plus grand, quand on sait que le concept d'espèces s'est développé dans un contexte fixiste et idéaliste. Chaque espèce est un acte du Créateur, qui les a produites avec toutes les caractéristiques nécessaires pour leur survie. Pour cela, il les a faites inaltérables.

tion éventuelle de transformations brusques, ou à longues échéances.

Dans ce cadre, un concept important est l'introduction de l'idée d'espèce. Cette idée est bien sûr une idée ancienne, très empirique. Cependant, elle ne prend un intérêt scientifique qu'au XVIIe siècle quand ce concept est défini avec précision en 1686 par J. Ray [1]. Celui-ci cherche des caractères *"spécifiques"*, c'est-à-dire ceux qui sont les plus constants, ceux qui indiquent la communauté d'origine. Et pour lui, le critère le plus sûr de l'identité spécifique est la filiation : elle détermine que les espèces sont inaltérables "jamais une espèce ne naît de la semence d'une autre et réciproquement".

Cette proposition est reprise et transformée en dogme par un botaniste suédois, Linné. Pour mener à bien son entreprise, Linné construit d'abord un système de classification des espèces végétales fondé sur les organes sexuels. Il organise ensuite une classification générale des êtres vivants où il introduit en 1753 une nomenclature binaire.

Dans cette classification, chaque espèce est désignée par un nom double, le premier correspond au nom habituel (spécifique) et l'autre à une entité d'ordre supérieur, le genre, son rôle est d'englober des espèces similaires entre elles.

L'importance d'un tel système de classification apparaît alors clairement, si on pense aux grandes difficultés que l'on connaissait jusqu'alors pour organiser des catégories supérieures. Ainsi, comment établir la parenté de deux espèces proches, sans un système qui mette en évidence cette parenté ? Le système de Linné résout ce problème : chat et lion sont nommés *Felix catus* et *Felix leo* ; ces deux noms indiquent que ces espèces appartiennent au même genre, c'est-à-dire qu'elles possèdent des similitudes suffisantes pour être classées dans le même genre [2].

Le système de Linné, contrairement aux projets de son auteur, contient les germes du transformisme. Il *"oblige"* les classificateurs à prendre en considération les similitudes et les différences avec d'autres espèces quand ils veulent nommer une espèce nouvelle.

Il met en évidence, simplement en regardant la classification, l'existence de groupes d'espèces similaires, les unes avec les autres

---

1 J. Ray - *Historia plantarum* - 1686.

2 Quand quelqu'un trouve une nouvelle espèce, il a, à partir de Linné, un moyen pour la classer, il la groupe avec d'autres espèces similaires. Le système de classification de Linné devient ainsi universel : le nom d'une espèce ne change pas d'une région à l'autre, d'une langue à l'autre. Il est nommé en latin (*lingua franca* à l'époque).

(celles qui appartiennent au même genre). Ce dernier point permettra notamment de poser les problèmes centraux relatifs à la théorie de l'évolution : Quelle est l'origine de la similitude ? Est-ce que la similitude indique une origine commune des espèces ?

Linné cependant ne se pose pas ces questions. Il a une conception qui repose sur l'espèce en tant qu'entité fixe : "les espèces sont une créaction directe de Dieu". Les variations sont dès lors de simples accidents sans importance. De plus, pour lui, l'unité du monde organique est l'espèce, et non l'individu, ni les *races*, ceci l'empêchera de comprendre les mutations, que pourtant il observe et décrit finement sur le genre *Peloria,* en 1742.

Fig. 58: *Planches dessinées par Linné (1753).*

DIANDRIA MONOGYNIA. 9

SYRINGA.

1. SYRINGA foliis ovato cordatis. *Hort. cliff.* 6. *Hort. upſ.* 6. *Roy. lugdb.* 397. *Dalib. pariſ.* 2. *vulgaris.*
Syringa cærulea. *Bauh. pin.* 398.
Habitat verſus Perſiam. ♄

2. SYRINGA foliis lanceolatis. *perſica*
α. Syringa foliis lanceolatis integris. *Hort. cliff.* 6. *Hort. upſ.* 6. *Roy. lugdb.* 397.
β. Syringa foliis lanceolatis integris diſſectisque laciniata. *Hort. cliff.* 6. *Hort. upſ.* 6. *Roy. lugdb.* 397.
Liguſtrum foliis laciniatis. *Bauh. pin.* 476.
Habitat in Perſia? ♄

ERANTHEMUM.

1. ERANTHEMUM. *Fl. zeyl.* 15.* *Amœn. acad.* 385.* *capenſe.*
Ephemerum lychnidis flore africanum. *Herm. parad.* 153. *Amm. herb.* 232.
Habitat in Æthiopia.

CIRCÆA.

1. CIRCÆA caule erecto, racemis pluribus. *lutetiana.*
Circæa. *Fl. ſuec.* 5. *Hort. cliff.* 7. *Roy. lugdb.* 303. *Dalib. pariſ.* 3.
Solanifolia Circæa dicta major. *Bauh. pin.* 168. *It. wgoth.* 213.
β. Circæa canadenſis latifolia, flore albo. *Tournef. inſt.* 301. *canadenſis.*
Habitat in Europæ & Americæ *borealis nemoribus.* ♃
Hæc ſeſquipedalis caule erecto, Racemis terminali & lateralibus; Perianthium conſiſtentia calycina, ſ. corolla longe craſſius, rudiusque, nec corollæ concolor.

2. CIRCÆA caule adſcendente, racemo unico. *alpina.*
Circæa calyce colorato. *Fl. lapp.* 3.
Solanifolia Circæa alpina. *Bauh. pin.* 168.
Habitat ad radices montium in frigidis Europæ. ♃
Planta vix digiti longitudine, magis procumbens, calyce colorato, uti corolla; differt quidem a priori, attamen nimis affinis.

VERONICA.

* *Spicatæ.*

1. VERONICA ſpicis terminalibus, foliis quaternis quinisve. *virginica.*

Vero-

Fig. 59: *Extrait de la classification de Linné sur les plantes (1753).*

L'œuvre de Buffon.

Comment alors peut être dépassé l'obstacle pernicieux du créationisme "tous azimuts" — comme on pouvait le dénommer ? Pour tenter de mettre en évidence quelques éléments pertinents, nous analyserons quelques transformistes notables. Buffon fut sans doute le premier, ou du moins le premier le plus connu. Il est vrai qu'il a tant écrit, et qu'il sut se faire aider !

En 1739, Georges-Louis Leclerc, comte de Buffon, est nommé intendant du Jardin du Roi (actuellement le jardin des Plantes) à Paris. Ce travail lui permet de continuer la description de nombreuses et différentes espèces d'animaux et de végétaux (et même de minéraux). Ceci l'amène à élaborer une conception transformiste de la nature, dans laquelle tout phénomène naturel a une cause naturelle et où les causes de ces phénomènes vitaux sont des forces simples.

Buffon reprend certes des phrases sur la puissance de Dieu, mais en réalité, selon lui, la nature est active, capable de construire, de déduire, d'enchaîner des processus. La puissance de la nature est montrée, par exemple, dans la multiplication des organismes :

> "*On voit avec effroi ces myriades d'animaux qui pullulent tout à coup, et viennent par milliers désoler les campagnes et ravager la terre ; ces phalanges ailées d'insectes affamés, qui se rabattent sur les plaines fécondes de l'Egypte, détruisent en un instant les travaux, les espérances de tout un peuple, et n'épargnent ni les grains, ni les fruits, ni les herbes, ni les racines, ni les feuilles, dépouillent la terre de sa verdure, et changent en un désert aride les plus riches contrées. Mais comme tout est mouvement dans l'univers, comme toutes les forces répandues agissent les unes contre les autres et se contre-balancent, tout se fait par des espèces d'oscillations ; et ces animaux, en multitude innombrable, qui paraissent tout à coup, disparaissent de même. Que deviendraient tous les biens de la terre, que deviendraient les animaux utiles et l'homme lui-même, si, dans les années excessives, chacun de ces insectes se reproduisait pour l'année suivante par une génération proportionnelle à leur nombre ! Mais non, les causes de destruction, d'anéantissement et de stérilité, suivent immédiatement celles de la trop grande multiplication, et le fond de ces espèces n'en est point augmenté*" [1].

Dans ce texte, il y a ainsi l'idée d'un équilibre déterminé par le jeu de forces opposées, idée clé de l'écologie ; il y a également une idée

---

1 Buffon, op. cit., p. 85.

qui sera centrale pour Darwin : les espèces se multiplient à un rythme accéléré, et, sans ces causes de "destruction, d'anéantissement et de stérilité", la terre serait peuplée en quelques générations par la même espèce.

Cependant malgré ses idées sur une nature créatrice, le transformisme de Buffon est encore timide. En particulier, Buffon est loin de l'idée de l'évolution décrite comme un passage des formes inférieures aux formes supérieures, des formes simples à des formes plus complexes. Il est seulement capable de montrer l'existence d'une série de phénomènes de transformation, et de filiation entre espèces voisines. Celle-ci inclut notamment la notion de similitude et de continuité de la nature.

> "*La nature descend par degrés et par nuances imperceptibles d'un animal qui nous paraît le plus parfait à celui qui l'est moins, et de celui-ci au végétal. Quoique les ouvrages du Créateur soient en eux-mêmes tous également parfaits, l'animal est l'ouvrage le plus complet de la nature, et l'homme en est le chef-d'œuvre* [1]."

Certes, Buffon a observé la variabilité à l'intérieur d'une espèce ainsi que les relations entre espèces voisines :

> "*Dans les pays déserts, dans les contrées dépeuplées, il y a des chiens sauvages qui, par les mœurs, ne diffèrent des loups que par la facilité qu'on trouve à les apprivoiser*"...
> "*Et de même de tous les animaux, le chien est aussi celui dont la nature est la plus sujette aux variétés. Le tempérament, les facultés, les habitudes du corps varient prodigieusement ; la forme même n'est pas constante. Dans le même pays, un chien est très différent d'un autre chien, et l'espèce est, pour ainsi dire, toute différente d'elle-même dans les différents climats*"...

Mais il n'érigera pas son idée en tant que mécanisme évolutif, son problème est autre, il est celui de la continuité de l'espèce dans toutes ses variations, et celui de la race qui est à l'origine de toutes les autres races.

> "*...en sorte qu'il ne reste rien de constant, rien de commun à ces animaux que la conformité de l'organisation intérieure : il n'est pas moins évident que tous les chiens, quelques différents qu'ils soient, ne font qu'une seule et même espèce ; Mais ce qui est difficile à saisir dans cette nombreuse variété de races différentes, c'est le*

---

1 Buffon, op. cit., pp. 2 et 3.

caractère de la race primitive, de la race mère de toutes les autres races [1].

Pour lui les mécanismes du transformisme sont divers, Buffon croyait notamment à l'influence du climat sur les animaux :

> "*Les animaux assez indépendants pour choisir eux-mêmes leur climat et leur nourriture sont ceux qui conservent le mieux l'empreinte originaire ; et l'on peut croire que, dans ces espèces, le premier, le plus ancien de tous, nous est encore aujourd'hui fidèlement représenté par ses descendants ; mais ceux que l'homme a soumis, ceux dont il a changé la nourriture, les habitudes et la manière de vivre, ont aussi dû changer leur forme plus que tous les autres ; et l'on trouve en effet bien plus de variété dans les espèces d'animaux domestiques que dans celles des animaux sauvages*".
> "*Et de même que l'espèce humaine paraît agreste, rapetissée dans les climats glacés du Nord, et qu'ensuite dans les climats voisins et moins rigoureux, on voit tout à coup paraître de belles races ; de même on trouve dans l'espèce des chiens le même ordre et les mêmes rapports. Les chiens de Laponie sont très laids, très-petits, tandis que chez les Danois on trouve les chiens de la plus belle et de la plus grande taille*" [2].

L'influence du climat et de la nourriture sur l'apparition de variétés à l'intérieur d'une espèce lui semble même en principe similaire au rôle que jouera par la suite l'hérédité des caractères acquis. Il y a cependant une différence essentielle : selon Buffon cette influence n'est pas nécessairement positive, les transformations que subissent les animaux soumis à un climat rigoureux ne sont pas adaptatives.

Buffon croyait également en un "transformisme par dégénération", selon lequel il y a par génération spontanée, l'apparition de différentes formes originales, les types originaux. Certaines ont persisté jusqu'à aujourd'hui (espèces nobles), tandis que d'autres ont dégénéré pour donner naissance à toute une famille d'espèces voisines. Ce transformisme par dégénération est d'ailleurs pour Buffon un passage possible des formes supérieures aux formes inférieures provoqué par des circonstances extérieures, le climat, ou la nourriture.

En fait, ce qui semble prédominant dans l'œuvre de Buffon pour réintroduire l'idée d'une transformation des espèces est ailleurs. C'est une idée qui se répand dans les milieux éclairés de l'époque,

---

1 Buffon, op. cit., pp. 68 et 69.

2 Buffon, op. cit., pp. 69, 70 et 71.

c'est l'idée que nous avons développée antérieurement, l'idée d'une continuité de la nature.

Au lieu de penser les espèces comme des entités créées par Dieu, comme l'expression d'une essence sous-jacente, on insiste sur les similitudes, sur des formes intermédiaires, sur la continuité entre tous les organismes. Non seulement on décrit des passages entre les formes successives d'une même espèce, mais on constate des continuités entre espèces voisines.

Un des fondements de l'idée de continuité de la nature est un déplacement de l'objet d'étude, le remplacement de l'espèce - en tant qu'objet unique d'étude, car il continue à être heuristique - par celui d'individu dans l'observation de la nature. Ainsi, au lieu de penser à des entités créées une fois pour toutes - les espèces - les auteurs commencent à concevoir les individus comme des entités indépendantes [1].

Les prédarwiniens du XVIIe.

Différents auteurs ont développé cette idée de la continuité des organismes. En 1759, Adanson élabore une classification naturelle fondée sur les affinités réelles entre individus [2]. Selon lui dans la nature, il y a seulement des individus, les espèces, les genres et les classes ne sont que des classifications faites par l'homme.

En 1768, J.B. Robinet décrit les espèces comme "des moments durables dans la marche graduelle de la nature". Charles Bonnet, pourtant créationniste, admet la variation des espèces et insiste sur le fait que dans la nature il y a seulement des individus. Il élabore même, en 1760, une hypothèse selon laquelle la diversité des climats et des nourritures aurait donné naissance à de nouvelles espèces. Dans ce contexte, l'évolutionnisme est lancé, un grand nombre de textes à ce propos sont publiés [3]. Parmi ceux-ci, on peut citer celui de Maupertuis, ou celui d'Erasme Darwin qui contiennent

---

1 Il faut signaler que historiquement le concept d'espèce a précédé le concept d'individu comme objet d'étude. Ce fait montre que l'histoire de la biologie n'est pas une simple accumulation de faits observés et interprétés. La transformation des idées détermine de nouveaux objets d'étude, et *vice versa.*

2 Il insiste par ailleurs sur l'importance des fossiles et des espèces aujourd'hui disparues.

3 Une hypothèse étonnante sur le transformisme est celle de De Maillet. En 1749, il explique l'origine des animaux terrestres à partir de poissons tombés sur la terre et qui se seraient transformés lentement.

un certain nombre d'éléments heuristiques, qui seront repris par la suite.

Ainsi, vers 1740, M. de Maupertuis développe, à partir d'expériences d'hybridation, une conception transformiste qui englobe presque les concepts actuels de mutation et sélection :

> "*Nous voyons apparaître des races de chiens, de pigeons, de serins qui n'étaient point auparavant dans la nature. Ce n'ont été d'abord que des individus fortuits, l'art et la génération en ont fait des espèces*" [1].

Ces idées l'amènent en particulier à critiquer la théorie préformiste et fixiste [2]. Les changements des espèces ont pour origine des changements dans les semences mâle et femelle qui perdurent dans les générations successives : "Le fond de ces variétés se trouve dans les liqueurs séminales mêmes".

Pour lui, c'est le hasard qui produit d'innombrables variations, toutefois, seules les plus aptes ont survécu. Il se pose même le problème de l'hérédité des caractères acquis et conclut que seulement l'expérience peut trancher cette question. Il observe aussi les races humaines et constate le grand nombre de variétés qui, selon lui, se sont produites de manière fortuite. Il pose même pour première fois de manière claire, le problème de ces caractères qui disparaissent pour réapparaître dans les générations suivantes (l'enfant qui ressemble à son aïeul et qui n'a de ressemblance ni avec son père ni avec sa mère). Ce problème n'est résolu que cent vingt ans plus tard par Mendel.

Maupertuis anticipe également sur un problème qui sera fondamental pour la théorie de l'évolution : si les variations se sont produites au hasard, comment les différents organes se sont adaptés aux besoins de l'organisme ? Il répond avec le principe de sélection selon lequel subsistent seulement quelques unes des *combinaisons fortuites*, celles qui sont *convenables*. Cette idée de sélection est un élément fondamental de la théorie de Charles Darwin un siècle après. Cependant, Maupertuis argumente peu, il est vrai que les éléments en la matière ne sont pas toujours aisés à trouver. Ils sont le plus souvent peu clairs, et ne répondent pas toujours aux critères de scientificité alors en vigueur. Maupertuis ne convainc pas, ses propos tombent le plus souvent à plat, du moins dans ce domaine [3].

---

1 Voir chapitre *Fécondation*.

2 Cité par Emile Guyenot : *"Les sciences de la vie au XVIIe et XVIIIe siècle"*. Editions Albin Michel, 1941, page 390.

3 Maupertuis est le divulgateur des idées de Newton sur le continent.

Erasme Darwin [1], grand-père de Charles Darwin, expose lui aussi, en Angleterre, des idées profondement transformistes. Pour lui, tous les êtres vivants ont une origine commune, un filament doué *d'irritabilité*, résultat de l'attraction des molécules qui fusionnent entre elles. Il envisage le problème de l'évolution des formes simples vers des formes complexes, et l'explique par l'hérédité des transformations provoquée par l'usage des organes. Il expose aussi l'idée de sélection naturelle par la lutte provoquée par l'augmentation constante du nombre d'individus. Cette idée sera utilisée quatre ans plus tard par Malthus pour expliquer les processus économiques.

D'autres auteurs seront moins explicites, pourtant leurs travaux contiennent des idées transformistes. Par exemple, W. Goethe publie en Allemagne en 1790 son "*Essai sur la métamorphose des plantes*" dans lequel il montre que les différentes parties d'un végétal ne sont que des modifications d'un même organe, le prototype. Cette idée était une confirmation morphologique de la loi de la complexité graduelle de la nature.

H. Kielmeyer donne entre 1790 et 1796 des cours à Stuttgart dans lesquels il explique que les organismes passent dans leur développement par des étapes similaires à celles des organismes inférieurs. Ainsi, la grenouille passe par un stade de poisson, et les mammifères ont d'abord une circulation identique aux reptiles. Ces faits sont, selon lui, la preuve de l'unité du plan de la nature.

Entre 1790 et 1796, P. Cabanis publie à Paris des mémoires, dans lesquelles il anticipe les idées de Lamarck sur l'hérédité des caractères acquis. Ces mémoires seront réunis en 1802 sous le titre "*Rapports du physique et du moral*".

Lacépède [2] publie à Paris, en 1800, "*l'Histoire naturelle des Poissons*" dans lequel il expose que les espèces, les genres et les classes ne sont que des abstractions nécessaires pour la connaissance. Il pense lui aussi que les espèces peuvent disparaître ou se transformer. Elles peuvent notamment subir de telles transformations qui les éloignent de leur premier état et se métamorphoser en espèces nouvelles.

---

1 Erasme Darwin, *Zoonomie*, 1794. Ce livre est mis à l'index par l'église catholique. Les idées d'Erasme Darwin sont décrites dans trois livres sous la forme de poèmes. Le premier de ces livres ne sera publié que 12 ans plus tard car il craignait que cela ne ruine sa carrière.

2 Lacépéde. *Histoire naturelle des poissons*. Lacépéde était professeur au Museum d'histoire naturelle, et il avait été impressionné par les doctrines de Cabanis. Il connaissait très bien aussi l'œuvre de Buffon, dont il avait été le collaborateur.

La théorie de Lamarck : Comment accroître le cou de la girafe

La théorie de l'évolution la plus structurée de l'époque, sera élaborée par un autre collaborateur de Buffon et également professeur au Museum d'histoire naturelle : Jean-Baptiste-Pierre-Antoine de Monet, Chevalier de Lamarck [1].

Lamarck a réalisé d'abord une œuvre importante dans le domaine de la zoologie, notamment dans l'étude des invertébrés, mal connus à son époque et des vertébrés, et dans le domaine de la botanique, où il développe une série d'idées qui seront importantes pour le changement philosophique préalable à l'acceptation de la théorie de l'évolution. Et en 1800, il prononce un "Discours inaugural" (publié l'année suivante dans le "*Système d'animaux sans vertèbres*"), dans lequel il développe une théorie cohérente sur la transformation. Dans ce texte, il admet l'existence d'une évolution des espèces mais aussi, il tente de lui donner une explication rationnelle.

Son idée majeure est qu'elle est l'œuvre de la nature. Pour cela, la nature utilise des "ressources infinies" pour produire les espèces, deux d'entre elles sont les plus importantes : le temps et les circonstances favorables.

La nature a d'abord "un temps infini" à sa disposition. Cette idée très difficile à mettre en place et à faire accepter est un préalable pour comprendre les lentes successions de transformations, cela sous l'influence de circonstances favorables. Les circonstances favorables sont l'influence des climats, les variations de température de l'atmosphère, la diversité des lieux, la diversité des moyens de vivre, de se défendre et de se multiplier, etc.

Ces influences déterminent progressivement la transformation des "facultés des organismes ", qui lentement se fortifient, se diversifient et donnent lieu alors à des changements qui se transmettent à la descendance :

> "*L'oiseau que le besoin attire sur l'eau pour y trouver la proie qui le fait vivre, écarte les doigts de ses pieds lorsqu'il veut frapper l'eau et se mouvoir à sa surface. La peau qui unit ces doigts à leur base contracte par là l'habitude de s'étendre. Ainsi, avec le temps, les*

---

1 L'œuvre de Lamarck est passée dans l'Histoire de façon bizarre : méprisée à son époque, surtout par les attaques de Cuvier, elle a été utilisée par diverses écoles qui ne prennent seulement en considération que quelques aspects de ses idées. Pour une grande partie des biologistes, "lamarckisme" veut dire simplement "hérédité des caractères acquis", c'est-à-dire un phénomène qui est en contradiction avec la biologie actuelle.

PHILOSOPHIE
ZOOLOGIQUE,
OU
EXPOSITION

Des Considérations relatives à l'histoire naturelle des Animaux ; à la diversité de leur organisation et des facultés qu'ils en obtiennent ; aux causes physiques qui maintiennent en eux la vie et donnent lieu aux mouvemens qu'ils exécutent ; enfin, à celles qui produisent, les unes le sentiment, et les autres l'intelligence de ceux qui en sont doués ;

PAR J.-B.-P.-A. LAMARCK,

Professeur de Zoologie au Muséum d'Histoire Naturelle, Membre de l'Institut de France et de la Légion d'Honneur, de la Société Philomatique de Paris, de celle des Naturalistes de Moscou, Membre correspondant de l'Académie Royale des Sciences de Munich, de la Société des Amis de la Nature de Berlin, de la Société Médicale d'Émulation de Bordeaux, de celle d'Agriculture, Sciences et Arts de Strasbourg, de celle d'Agriculture du département de l'Oise, de celle d'Agriculture de Lyon, Associé libre de la Société des Pharmaciens de Paris, etc.

TOME PREMIER.

A PARIS,

Chez { DENTU, Libraire, rue du Pont de Lodi, N°. 3 ;
L'AUTEUR, au Muséum d'Histoire Naturelle (Jardin des Plantes).

M. DCCC. IX.

Fig: 60: *Page de garde du livre de Lamarck :* Philosophie zoologique *(1809).*

> *larges membranes qui unissent les doigts des canards, des oies, etc. se sont formées telles que nous le voyons.*
> *Mais celui que la manière de vivre habitue à se poser sur les arbres, a nécessairement à la fin les doigts des pieds étendus et conformés d'une autre manière. Ses ongles s'allongent, s'aiguisent et se courbent en crochet pour embrasser les rameaux sur lesquels il se...*

Selon Lamarck, il y a dans la nature une *gradation nuancée* qui va des animaux les plus simples jusqu'aux mammifères et à l'homme lui-même. Mais cette gradation n'est pas linéaire. On trouve une suite régulière seulement au niveau des grands groupes d'animaux : les familles.

Dans chaque groupe, les espèces ne suivent pas la gradation, elles se diversifient parce que les influences du milieu provoquent d'autres transformations. De sorte qu'il y a une progression globale de l'inférieur vers le supérieur, mais elle est altérée par l'influence des activités des organismes lors de leur propre transformation et par l'hérédité de ces transformations. Pour Lamarck, l'essentiel est cependant cette tendance à la transformation, les autres mécanismes produisent seulement des déviations [2].

Les idées de Lamarck sont importantes car elles cristallisent par leur cohérence une série de ruptures par rapport à la conception créationniste. Les organismes sont le résultat de l'action de la nature, qui a produit d'abord par génération spontanée les formes les plus simples, lesquelles se sont transformées progressivement par évolution, grâce à la tendance à la transformation de l'inférieur vers le supérieur et grâce aux déviations provoquées par les circonstances favorables.

Lamarck place ainsi l'évolution au niveau des organismes eux-mêmes. L'activité constante des organismes et les transformations que cette activité provoque, sont les causes des déviations de la "tendance fondamentale" [3]. Cette tendance est une propriété de la nature, et non la simple volonté de Dieu. Mais la nature, selon la conception de Lamarck n'est pas équivalente à Dieu, elle n'est pas *"consciente"* de ses œuvres, elle n'a pas de buts préalables, elle

---

1 Lamarck : *Œuvres choisies,* Ernest Flammarion éditeur, Paris, p. 332.

2 Il est intéressant de signaler la lecture différente qui est faite aujourd'hui par la plupart des "lamarckistes". Ils insistent essentiellement sur l'hérédité des caractères acquis plutôt que sur la tendance de la matière à se transformer de l'inférieur au supérieur.

3 Tandis que, pour les créationistes, l'entité la plus importante était l'espèce, pour Lamarck, c'était l'individu.

n'agit que *"par nécessité"* : elle ne peut pas faire autre chose que ce qu'elle fait.

De fait, la nature doit suivre des lois rigides, des lois qu'elle ne peut pas changer. Ces lois ont été créées par Dieu, mais Dieu - concept qu'il conserve pour diverses raisons - n'a créé ni les animaux ni les plantes. Dieu a été rétrogradé d'un pas par Lamarck : de créateur *direct* des plantes et des animaux, il est devenu uniquement le créateur de la nature, et c'est elle qui, à son tour, produit les animaux et les plantes.

Malgré son discours confus sur la puissance de la nature, Lamarck développe des idées qui pourraient être acceptées aujourd'hui par l'ensemble des scientifiques : chaque transformation de la nature n'est pas le résultat d'une volonté supramatérielle, mais le résultat de processus simples et matériels, limités au niveau des individus. Cette idée peut sembler bénigne pour un public non averti, en réalité elle fut fondamentale dans les débats de l'époque, car cette conception attaquait l'idée de l'existence des types créés par Dieu et la remplaçait par une approche de la réalité favorisant des idées transformistes sous-jacentes.

Lamarck développe aussi une autre idée avancée pour son époque : l'origine de l'homme à partir des animaux. Certes, il ne s'attaque pas de front à ce sujet, du moins dans ses textes, il utilise une façon détournée pour parler de ce sujet :

> "*Si l'homme n'était distingué des animaux que relativement à son organisation, il serait aisé de montrer que les caractères d'organisation dont on se sert pour en former, avec ses variétés, une famille à part, sont tous le produit d'anciens changements dans ses actions, et des habitudes qu'il a prises et qui sont devenues particulières aux individus de son espèce*" [1].

Lamarck, contrairement à ce que l'on pense habituellement, est prudent, il essaye d'éviter tout conflit avec l'Eglise, mais, dans ses propositions développées sur des formes hypothétiques, il utilise pour l'apparition de l'homme, les mêmes arguments que pour la transformation des espèces animales, et propose les étapes nécessaires pour son apparition.

> "*Effectivement, si une race quelconque de quadrumanes, surtout la plus perfectionnée d'entre elles, perdait, par la nécessité des circonstances, ou par quelque autre cause, l'habitude de grimper sur les arbres et d'en empoigner les branches avec les pieds, comme*

---

1 Larmarck op. cit., pp. 321-322.

avec les mains, pour s'y accrocher, et si les individus de cette race, pendant une suite de générations, étaient forcés de ne se servir de leurs pieds que pour marcher et cessaient d'employer leurs mains comme des pieds, il n'est pas douteux, d'après les observations exposées dans le chapitre précédent, que ces quadrumanes ne fussent à la fin transformés en bimanes et que les pouces de leurs pieds ne cessassent d'être écartés des doigts, ces pieds ne leur servant plus qu'à marcher".

Toutefois, Lamarck ne convainc pas, malgré ses observations sur des collections d'invertébrés et de vertébrés, et sur les plantes, tout son discours apparaît comme simples spéculations. Sa théorie de l'évolution n'est considérée que comme une série d'argumentations logiques, sans appuis expérimentaux, et les attaques de Cuvier finiront par convaincre les contemporains de l'incapacité de Lamarck en tant que scientifique [1] : "La théorie de l'évolution de Monsieur de Lamarck passera à l'Histoire comme un modèle de "non sens"".

En fait Lamarck a surtout participé au mouvement qui a transformé le panorama intellectuel des XVIIIe et XIXe siècles. Il a été capable d'éliminer dans son argumentation l'idée de la puissance de Dieu comme le seul facteur impliqué dans la nature. En lieu et place d'un créationnisme fixiste, de l'idée d'un monde dans lequel tout était l'œuvre de Dieu, il met en place les *"actes de la nature"* d'une nature qui n'a pas d'objectifs, mais qui agit en fonction de lois immuables. Peu importe qui a décidé ces lois. L'importance pour lui, c'est l'existence de ces lois et le fait que l'homme peut les connaître. Peu importe, si Lamarck développe un modèle faux sur l'évolution, son modèle peut être vérifiable comme on disait alors, non dans la lecture de la Bible mais par l'observation des animaux et des plantes. Dès lors, un certain nombre de scientifiques de la fin du XIXe siècle vont le redécouvrir, et l'utiliser pour... contrecarrer le darwinisme.

Le transformisme de Geoffroy Saint-Hilaire

Les attaques subies par Lamarck n'ont pas empêché un de ses collègues, Etienne Geoffroy Saint-Hilaire, de développer aussi des

---

1 En plus, il était convaincu que la matière était composée par les quatre éléments dont parlait Aristote (le feu, l'air, la terre et l'eau) et il s'opposait aux nouvelles théories sur les éléments chimiques élaborées par Lavoisier. Ce combat contre la chimie et les chimistes lui causa un grand tort, les scientifiques de son époque commençant à le considérer comme incapable de discuter sérieusement les argumentations scientifiques. Ses théories météorologiques n'arrangent rien non plus !

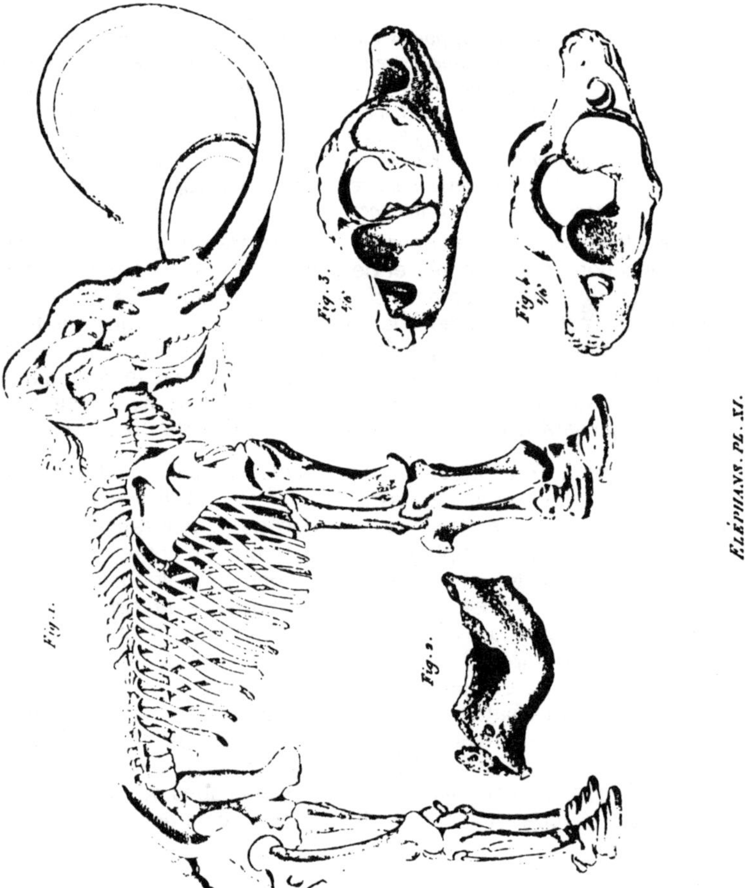

Fig. 61: "*1. Squelette entier d'éléphant fossile, rapporté par M. Adams de la mer Glaciale et copié d'après Tilésius. L'oreille a conservé quelques parties molles, et les pieds sont encore couverts de peau, et garnis de leurs semelles.*
2. Fragment de mâchoire inférieure fossile, d'auprès de Canstadt.
3. Face condyloïdienne.
4. Face axoïdienne."
(Cuvier, 1836).

idées transformistes. Nommé professeur de zoologie à Paris en 1794, il réalise une quantité considérable de travaux sur divers groupes animaux, et développe l'idée d'unité du plan de composition des animaux.

Certains auteurs avaient déjà eu cette idée, mais Goeffroy Saint-Hilaire lui donne une base expérimentale très riche. Geoffroy Saint-Hilaire pense qu'il n'y a qu'un seul animal, modifié par des simples changements dans la proportion des parties. Il n'y a donc pas *"d'organes nouveaux"*, chaque fois qu'un anatomiste trouve une structure apparemment particulière à une espèce, il doit avoir en tête l'idée que chaque structure est la transformation d'une structure fondamentale commune à tous les animaux.

Aussi par ces travaux, Goeffroy Saint-Hilaire est le fondateur de l'anatomie comparée, c'est-à-dire de la branche de la zoologie portant sur l'étude des différences et des similitudes des organes des animaux.

Cette recherche est fondamentale pour la théorie de l'évolution, parce qu'elle permet de comprendre les filiations entre les différents groupes.

A partir de Saint Hilaire, l'anatomie ne sera plus une simple collection de données dispersées : au lieu de rester dans le domaine de la simple description, il sera possible de faire des comparaisons entre les différentes morphologies. Chaque organe, chaque os est étudié, comme une partie d'un ensemble plus vaste, plus cohérent, dans lequel les anatomistes peuvent commencer à établir les grandes lignes évolutives.

L'idée d'un plan général d'organisation s'avère utile et correct pour les vertébrés, mais Saint-Hilaire essaie de l'étendre aux mollusques. Pour ce faire, il *trouve* des analogies très difficiles à admettre, ce qui a permis une attaque en force des partisans du créationisme, car l'enjeu est clair : si dans les différents groupes, les différences morphologiques sont dues à des variations des proportions de leurs organes, il est difficile de nier une filiation entre ces groupes, ce qui amène directement à l'idée d'évolution. Par contre, si ces relations sont seulement un produit de l'imagination de l'auteur, si entre les groupes différents il n'y a pas une transformation continue, ces groupes peuvent très bien être l'œuvre de Dieu qui les a créés chacun séparément.

Un collaborateur et ami de Geoffroy Saint-Hilaire, démontre que l'idée du plan d'organisation n'était pas valable pour les mollusques. Paradoxalement, ses travaux sur la paléontologie seront fondamentaux pour la théorie de l'évolution mais il ne les utilisera pas dans son argumentation.

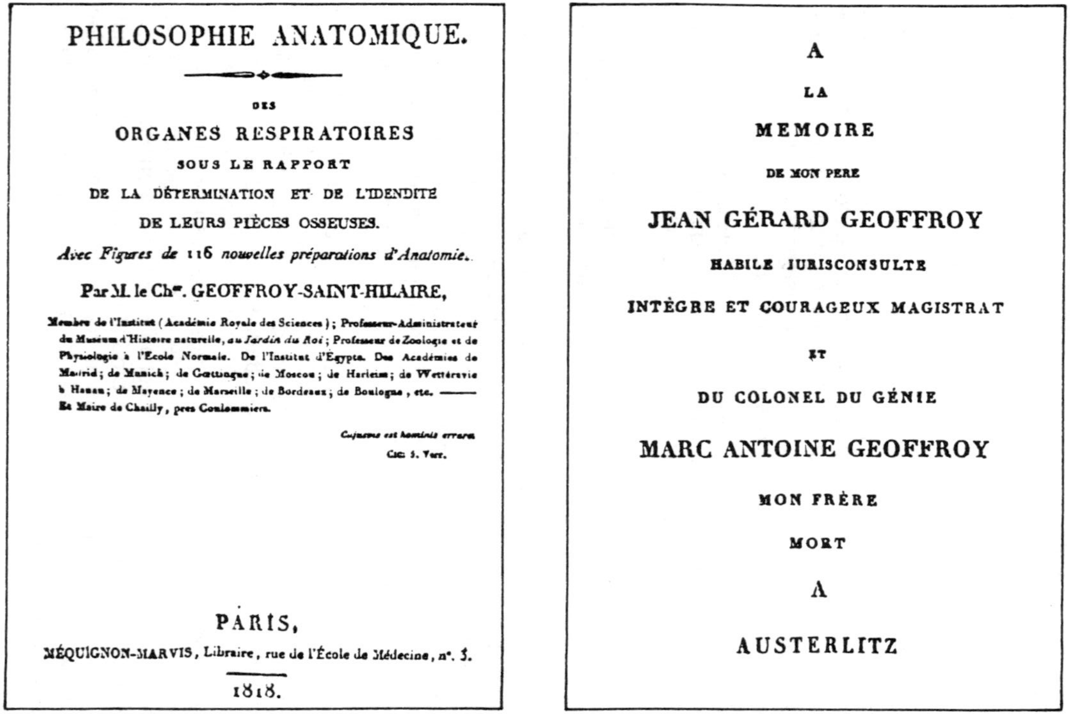
PHILOSOPHIE ANATOMIQUE.

DES

ORGANES RESPIRATOIRES

SOUS LE RAPPORT

DE LA DÉTERMINATION ET DE L'IDENDITE

DE LEURS PIÈCES OSSEUSES.

Avec Figures de 116 nouvelles préparations d'Anatomie.

Par M. le Ch^er. GEOFFROY-SAINT-HILAIRE,

Membre de l'Institut (Académie Royale des Sciences); Professeur-Administrateur du Muséum d'Histoire naturelle, *au Jardin du Roi*; Professeur de Zoologie et de Physiologie à l'École Normale. De l'Institut d'Égypte. Des Académies de Madrid; de Munich; de Gœttingue; de Moscou; de Harlem; de Wettéravie à Hanau; de Mayence; de Marseille; de Bordeaux; de Boulogne, etc. —— Et Maire de Chailly, pres Coulommiers.

Cujusvis est hominis errare.

Cic. 5. Verr.

PARIS,

MÉQUIGNON-MARVIS, Libraire, rue de l'École de Médecine, n°. 3.

1818.

A

LA

MEMOIRE

DE MON PERE

JEAN GÉRARD GEOFFROY

HABILE JURISCONSULTE

INTÈGRE ET COURAGEUX MAGISTRAT

ET

DU COLONEL DU GÉNIE

MARC ANTOINE GEOFFROY

MON FRÈRE

MORT

A

AUSTERLITZ

Fig. 62: *Page de garde et dédicace du livre* Philosophie zoologique *de Geoffroy St Hilaire.*

La paléontologie : un nouveau soutien pour l'évolution

Georges Cuvier [1] est, avec Geoffroy Saint-Hilaire, un des fondateurs de la zoologie comparée moderne. Selon lui, les organes d'un animal sont fonctionnellement dépendants. Par exemple, un carnivore a des dents spécialisées, des griffes, une agilité très développée pour tuer et pour manger la viande, etc. De plus, chacun de ces caractères est associé aux autres, et la présence de l'un d'eux indique la présence des autres. Son but est de construire un système de classification à partir des corrélations fonctionnelles. Ainsi, il est amené, afin de fonder sa théorie, à étudier les fossiles des gisements proches de Paris. Il cherchait à voir si, avec la notion de corrélation fonctionnelle, il pouvait comprendre la morphologie d'une espèce à partir de quelques fragments d'os.

Ces travaux sont intéressants, car ils vont lui permettre d'avoir un aperçu de la faune d'une région à différentes époques. Et ces études l'amènent à la conclusion que les faunes du passé sont différentes de celles de l'époque actuelle. Toutefois, créationiste convaincu, Cuvier n'en conclut rien sur l'évolution [2]. Alors, comment faire concilier l'existence des espèces éteintes avec la doctrine créationiste ? Cuvier le fait en postulant des cataclysmes provoquant la disparition d'une grande partie des espèces existantes à un moment donné. Par contre, d'autres espèces pouvaient survivre jusqu'à nos jours. Le catastrophisme de Cuvier était ainsi cohérent avec le créationisme et le déluge universel.

A la même époque, en Angleterre, Richard Owen travaille aussi dans le domaine de la paléontologie. Il développe une idée fondamentale pour la théorie de l'évolution : un même organe peut jouer des rôles différents dans les espèces différentes, et un même rôle peut être joué par des organes différents dans des espèces différentes.

La première proposition est la découverte des homologies. Par exemple le bras et la main humains, la patte d'un cheval, l'aile d'un oiseau, la nageoire d'une baleine, sont homologues ; ils ont une

---

1 Georges Cuvier, professeur au Collège de France en 1799 et au Museum en 1802, sera l'ennemi acharné de Lamarck. Il cherchera à démontrer que ses théories sont fausses et dominera le panorama de la zoologie française pendant plus de quarante années.

2 Il attaque même l'idée de Lamarck d'une progression continue entre tous les animaux, il les classe en quatre grands groupes : vertébrés, mollusques, articulés et radiaires.

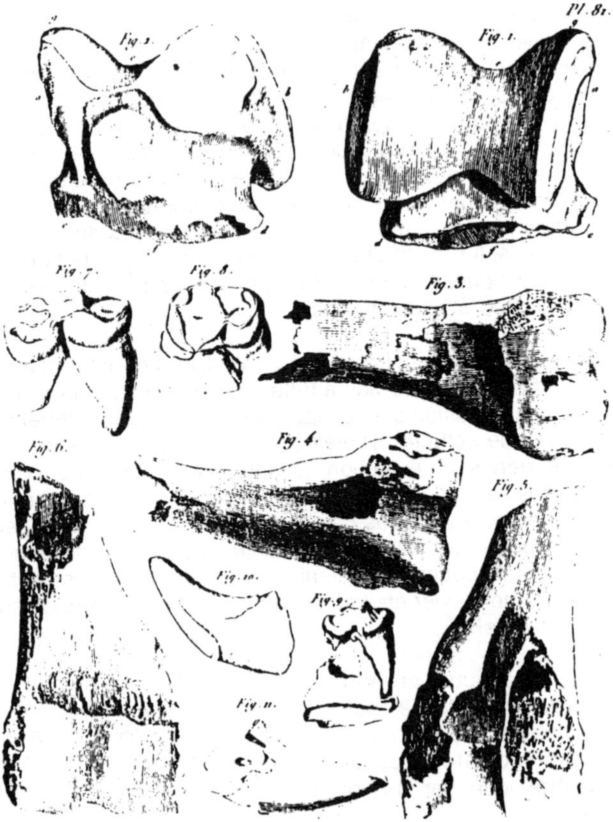

Fig. 63 : *Description d'os fossilisés d'un* Lophiodion *(tapir) par Cuvier, dans* Recherches sur les ossements fossiles *(1836).*
1. Astragale de Lophiodion. *Grande espèce d'Orléans. Vu en dessus.*
2. Vu en dessous.
3. Fragment d'humérus de Lophiodion *vu par sa face antérieure.*
4. Même morceau, vu par sa face postérieure.
5. Autre fragment d'humérus vu par sa face postérieure.
6. Même morceau vu par sa face antérieure.
7. Arrière-molaire inférieure de Lophiodion *des environs de Montpellier.*
8. Molaire intermédiaire
9. Molaire antérieure
10. Canine, vue par sa face externe
11. La même, par sa face interne,

fonction différente mais ils ont la même structure et la même origine embryologique. Par contre, les branchies d'un poisson et les poumons d'un mammifère sont analogues, ils ont la même fonction mais une structure et une origine embryologique différentes. Cependant Owen, lui aussi créationiste, ne verra pas l'intérêt de ses travaux pour fonder la théorie de l'évolution, il sera même un adversaire acharné de la théorie en attaquant violemment Darwin par différents moyens.

La théorie créationiste a ainsi survécu aux découvertes de Cuvier et d'Owen [1], mais le développement de la géologie va lui donner quelques coups sérieux, car la géologie devient une science très populaire et les débats sont suivis par le grand public.

Les géologues commencent alors à discuter trois questions qui seront cruciales pour soutenir la théorie de l'évolution : l'âge de la terre, la continuité des processus géologiques et le déluge universel. Un géologue écossais, Lyell tente de démontrer que les hypothèses créationistes et catastrophistes sont fausses. Pour cela, il publie en 1830 les principes de la géologie, où il dit que les processus du passé sont similaires à ceux d'aujourd'hui, que la formation de la terre a été graduelle et qu'il n'y a pas eu un déluge universel mais un processus de glaciation.

En 1846, la preuve de l'existence d'une glaciation ayant sculpté les montagnes suisses est administrée par Agassiz à Neuchâtel. Agassiz lui-même est partisan d'une théorie créationiste selon laquelle il y a eu des catastrophes successives. Dieu aurait recommencé la création plusieurs fois en créant des nouvelles espèces !

Darwin et le transformisme anglais.

Les prémisses du Darwinisme

Actuellement, la figure de Darwin est très connue par le grand public. Des films, des romans, des programmes de télévision ont raconté sa vie et ont parlé de sa théorie. Sûrement, n'envisageait-il

---

1 Leurs arguments sont aujourd'hui utilisés dans l'enseignement pour fonder la théorie de l'évolution !

pas un tel succès quand il commença son célèbre voyage de cinq ans autour du monde sur le Beagle [1].

La publication de ses théories sur l'évolution a été accélérée par une circonstance notable qui l'a décidé à s'exposer précocément aux attaques des créationistes. Il avait, en effet, parlé de ses idées à quelques amis (Hooker, Lyell) mais il en était resté là, jusqu'au jour où il reçoit une lettre provenant de l'archipel malais dans laquelle un certain Wallace résume en vingt pages une théorie similaire à celle que Darwin est en train d'élaborer. Après quelques hésitations, ses travaux et ceux de Wallace sont présentés à la Société Linéenne de Londres en 1858. Et, une année après, il publie "*L'origine des espèces par la sélection naturelle*". Darwin n'est donc pas le seul à avoir développé sa théorie de l'évolution. Des raisons déontologiques devraient même en accorder la paternité à Wallace. Mais cela n'est qu'un petit jeu ! Il est plutôt intéressant de noter qu'antérieurement, d'autres ont développé des idées semblables. Nous avons vu celles développées en France au début du XIXe siècle. Voyons celles qui furent émises en Angleterre. Nous reviendrons ensuite sur l'effort de Darwin et sur ses limites, car les théories actuelles dites de Darwin sont en vérité postérieures à lui et parfois contradictoires avec ses propres propos.

Dans les premières années du XIXe siècle, apparaissent également en Angleterre des idées transformistes. Ainsi, en 1813, trois médecins britanniques développent une théorie de l'évolution basée sur la sélection naturelle où ils rejettent l'idée de l'hérédité des caractères acquis. Deux de ces médecins, Prichard et Wells ne sont pas très connus à leur époque. Le troisième, par contre provoque un véritable scandale dans l'Angleterre puritaine. Dans ses "*conférences sur la physiologie*", et dans "*Zoologie et histoire naturelle de l'homme*", Lawrence affirme que toutes les races humaines proviennent des mutations du même type comme les nichées des lapins. L'élevage peut améliorer ou ruiner une race. Des exemples révélateurs sont, pour lui, les familles royales [2].

---

1 Darwin était l'invité du Capitaine du Beagle, et pendant cinq longues années il a été obligé à partager sa table et d'écouter sans sourciller ses opinions. Le Capitaine Fitzroy avait des opinions très conservatrices et très religieuses, différentes à celles de Darwin. Selon Stephen Gould, les opinions du Capitaine auraient été un stimulus pour que Darwin développe une théorie contraire.

2 Le Lord Chancelier déclare le livre contraire aux écritures et interdit sa réédition. Des anonymes attaquant l'auteur commencent à circuler et il retire le livre pour sauver sa carrière. Tous ces livres parus en Angleterre, montrent que le climat n'était pas très bon pour les évolutionnistes. Erasme Darwin, Lawrence, Chambers, sont attaqués par les Eglises et le gouvernement. Ce climat fera retarder la publication de l'œuvre la plus importante de l'époque sur la théorie de l'évolution : *L'origine des espèces* de Darwin.

En 1831 un botaniste écossais, Patrick Matthew, publie des idées encore plus similaires à celles que publiera Darwin. Ce dernier avoue avoir connu ce livre, après la publication de "*L'origine des Espèces*" et est d'ailleurs affecté par cette anticipation d'un auteur presque inconnu. En tout cas, cela montre que les idées de Darwin ne sont pas aussi originales qu'on le pense habituellement. Elles commencent à circuler et à être débattues au préalable dans les milieux intellectuels. Elles ont eu une influence certaine sur Wallace et Darwin. Un autre livre, anonyme celui-là est encore plus révélateur à ce propos ; il aura en 1844 un succès énorme en Angleterre. "*Vestiges de l'Histoire Naturelle de la création*", critiqué et considéré comme immoral et impie, il est vendu à vingt-quatre mille exemplaires vers 1860. L'auteur, Chambers, qui avait occulté son nom par peur de perdre lui-aussi sa carrière, développe un mélange d'idées inspirées du lamarckisme et d'une "force directrice divine". Il signale cependant l'existence et le rôle des variations spontanées [1].

Les sources de Darwin

Mais revenons à Darwin, à ses apports et à ses sources d'inspiration pour élaborer sa théorie. Le voyage sur le Beagle a sûrement signifié beaucoup pour Darwin : il "découvre" un monde nouveau : le monde tropical. Il s'émerveille face aux paysages changeants, étudie les différentes espèces animales et végétales dans leur géographie et observe les variétés de races (dont les races humaines). Après son retour, il analyse les données de ce voyage, elles confirment ses hypothèses sur la transformation des espèces.

Il est difficile de dire quelles furent les données qui ont été les plus importantes pour Darwin. Son œuvre est surtout remarquable car elle repose sur une synthèse de différents domaines. Son argumentation, en particulier utilise des notions prises à toutes les disciplines biologiques de l'époque. Mais il est certain que ses observations dans les îles Galapagos ont joué un rôle important pour l'élaboration de sa conception sur les mécanismes de transformation des espèces. Quand il arrive à l'île Chatham, une île de l'archipel des Galapagos, il collectionne, comme dans tout son voyage, des plantes et des animaux. Il observe en particulier les tortues et les pinsons. Ces oiseaux sont représentés par quatorze espèces dans

---

1 Le fait que l'auteur ait eu six doigts a été considéré par quelques-uns comme la cause de sa croyance dans les variations spontanées...

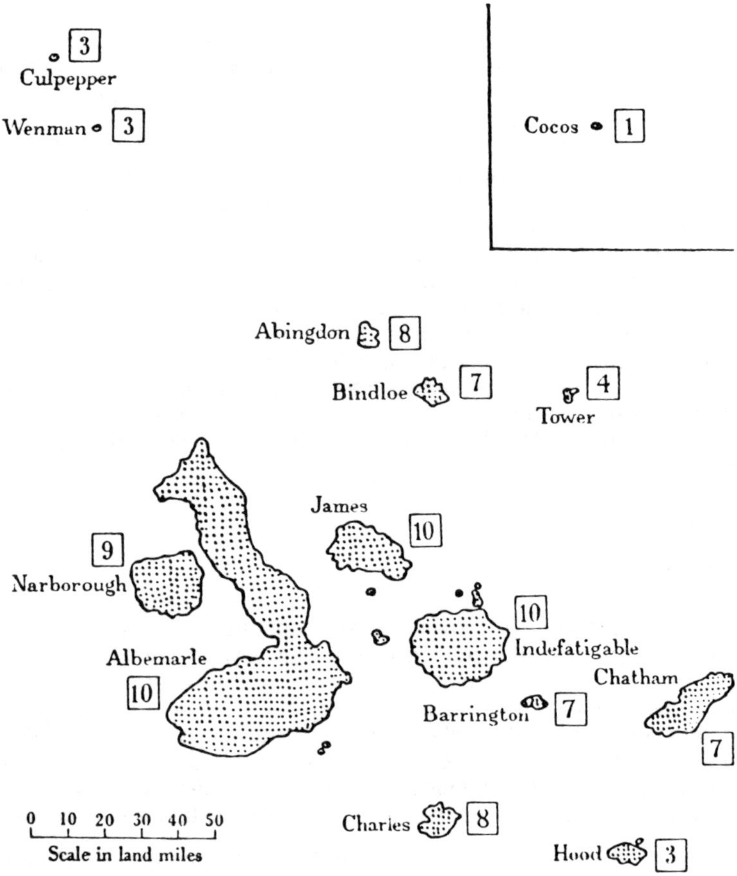

Fig. 64: *Les îles Galapagos explorées par Darwin.*

Darwin's finches; male and female of each species.

Scientific name	Descriptive designation
1. *Geospiza magnirostris* Gould	Large ground-finch
2. *Geospiza fortis* Gould	Medium ground-finch
3. *Geospiza fuliginosa* Gould	Small ground-finch
4. *Geospiza difficilis* Sharpe	Sharp-beaked ground-finch
5. *Geospiza scandens* (Gould)	Cactus ground-finch
6. *Geospiza conirostris* Ridgway	Large cactus ground-finch
7. *Camarhynchus crassirostris* Gould	Vegetarian tree-finch
8. *Camarhynchus psittacula* Gould	Large insectivorous tree-finch
9. *Camarhynchus pauper* Ridgway	Large insectivorous tree-finch on Charles
10. *Camarhynchus parvulus* (Gould)	Small insectivorous tree-finch
11. *Camarhynchus pallidus* (Sclater and Salvin)	Woodpecker-finch
12. *Camarhynchus heliobates* (Snodgrass and Heller)	Mangrove-finch
13. *Certhidea olivacea* Gould	Warbler-finch
14. *Pinaroloxias inornata* (Gould)	Cocos-finch

(Adapted with permission from D. Lack, (1947). *Darwin's Finches*, Cambridge: Cambridge University Press.)

Fig. 65: *Les pinsons étudiés par Darwin (mâles et femelles).*

les îlês. Toutes ces espèces sont similaires à celles du continent américain (les îles Galapagos sont situées face à la république d'Equateur et sa faune est en partie similaire à la faune de l'Amérique du Sud). Malgré ces similitudes, chaque espèce de pinson est particulière par son aspect et ses habitudes.

Certaines espèces se nourrissent d'insectes, les autres sont végétariennes. Il y a en même temps dans ces espèces d'oiseaux, une grande similitude et des différences spécifiques. Le vice-gouverneur, M. Lawson, montre à Darwin un fait qui sera très important pour la théorie de l'évolution : chaque espèce provient d'une île différente. Darwin ne prête pas beaucoup d'attention à ce fait, mais après avoir quitté l'île, il commence à réfléchir sur ce point : pourquoi des îles similaires, situées seulement à cinquante milles de distance, peuvent, tout à la fois, avoir une faune différente et cependant proche.

L'explication sera publiée vingt-trois ans après. Il analysera la relation entre les espèces des îles et celles du continent voisin, et arrivera à la conclusion que les îles ont été peuplées à partir du continent et que les conditions particulières de chaque île, ont déterminé les transformations de chaque espèce et ainsi leur différenciation. Pourquoi ces espèces sont différentes entre les îles ? Parce que, malgré le fait que les conditions des îles soient similaires du point de vue géologique, la faune et la flore sont différentes et la transformation ne s'est fait donc, pas seulement en fonction du relief du terrain ou du type de sol, mais aussi en fonction des problèmes que les autres espèces posent. Par exemple, certains pinsons des Galapagos sont capables d'obtenir des insectes dans des arbres, en utilisant des petits morceaux de bois. Pourquoi n'y a-t-il pas de pinsons qui font la même chose en Amérique ? Parce qu'en Amérique, il existe des espèces de pics, avec lesquelles les pinsons ne peuvent pas entrer en compétition.

Les quatorze espèces de pinsons des îles Galapagos, se sont donc transformées à partir d'une espèce provenant du continent qui se serait dispersée dans les îles. Chaque groupe de chaque île aurait eu des transformations différentes en fonction de problèmes particuliers rencontrés.

Un autre élément qui a joué un rôle dans la pensée de Darwin a été sa découverte de fossiles de tatous, en Amérique du Sud. Ces derniers étaient plus grands que les espèces actuelles. Cependant, la similitude entre les espèces fossiles et les espèces actuelles démontrait une origine commune.

Ces divers éléments ont-ils modifié la pensée de Darwin, au point de la faire passer du créationisme au transformisme ? Rien ne semble s'être passé ainsi, tout au plus ces divers arguments ont enrichi sa réflexion et précisé son argumentation. La notion de transformation des espèces était un sujet déjà connu à l'époque, et même presque accepté par la communauté scientifique. Les phénomènes que Darwin prend en considération sont, en fait, très pertinents pour fonder une théorie transformiste, sur une argumentation cohérente et construite propre à emporter une plus large adhésion.

L'autre idée très importante à ce propos, pour Darwin, pour Wallace et pour la communauté scientifique proviendra de l'économie. En 1838, un livre a beaucoup de succès, il s'agit de celui de Malthus [1] "*Essai sur la population*" selon lequel la population humaine s'accroît à un rythme plus grand que les ressources, ce qui engendre la famine et la mort par manque de nourriture : la population s'accroît de façon exponentielle, pendant que les ressources le font de façon arithmétique. Darwin utilise cette idée pour le monde naturel : les organismes vivants produisent plus de descendants que leur milieu ne peut en supporter, une grande partie doit être éliminée et seulement les mieux adaptés survivent, c'est-à-dire, tous ceux qui ont un avantage quelconque. Les survivants laissent à leur descendance leurs caractéristiques, et l'accumulation des petites variations détermine à long terme la transformation des espèces :

> "*Si, au milieu des conditions changeantes de l'existence, les êtres organisés présentent des différences individuelles dans presque toutes les parties de leur structure*", "*S'il se produit, entre les espèces, en raison de la progression géométrique de l'augmentation des individus, une lutte sérieuse pour l'existence à un certain âge, à une certaine saison, ou pendant une période quelconque de leur vie*", "*il serait extraordinaire qu'il ne soit jamais produit des variations utiles à la prospérité de chaque individu*", "*Mais, si des variations utiles à un être organisé quelconque se présentent quelquefois, assurément les individus qui en sont l'objet ont la meilleure chance de l'emporter dans la lutte pour l'existence ; puisqu'en vertu du principe si puissant de l'hérédité ces individus tendent à laisser des descendants ayant le même caractère qu'eux. J'ai donné le nom de sélection naturelle à ce principe de conservation ou de persistance du plus apte. Ce principe conduit au perfectionnement de chaque créature, relativement aux conditions organiques et inorganiques de son existence, et ; en conséquence, dans la plupart des cas, à ce que l'on peut regarder comme un progrès de l'organisation*" [2].

Mais une question se pose alors. Comment démontrer l'existence de variations héréditaires et de la sélection naturelle ? Darwin utilise un argument très fin : la sélection artificielle. Il montre que les

---

1 Malthus. *Essais sur la population*, 1838.

2 Charles Darwin : *l'Origine des espèces*, p. 140

espèces domestiques ont été transformées par le choix des exemplaires présentant une caractéristique voulue par les éleveurs. Ces caractéristiques sont présentes avant la sélection. Si l'homme peut transformer les espèces domestiques, la sélection naturelle peut en faire de même avec les espèces naturelles.

Il n'y a pas de mécanisme "conscient" dans la nature. La sélection naturelle est une simple métaphore pour indiquer un processus qui n'est pas dirigé vers un but. Le simple jeu de la survie ou de la mort, dont on ne connaît pas toujours dans le détail les mécanismes, détermine la transformation des espèces [1].

La sélection naturelle, non seulement était un argument pour justifier l'évolution, mais aussi éliminait toute nécessité d'une force extra-matérielle. Chaque espèce n'est plus une création spéciale ; à son origine, il n'y a aucune autre cause que la survie de la plus apte.

L'importance du concept de sélection naturelle est dans l'élimination de ce type d'idées sur la nature et dans sa capacité de produire des structures opératoires sur la signification des phénomènes. La sélection naturelle signifie un coup dur pour le créationisme : si toutes les espèces étaient issues de la sélection naturelle pourquoi l'homme lui-même aurait-il eu une autre origine ? Dix années après "*L'Origine des espèces*", Darwin publie "*L'Origine de l'homme*" dans lequel il confirme les craintes des ecclésiastiques : l'homme a pour origine un groupe de Primates.

Enfin, il faut signaler qu'en réalité, Darwin ne postule la sélection naturelle que comme un des mécanismes pour la transformation des espèces :

> "*Je viens de récapituler les faits et les considérations qui m'ont profondément convaincu que, pendant une longue suite de générations, les espèces se sont modifiées.*
>
> *Ces modifications ont été effectuées principalement par la sélection naturelle de nombreuses variations légères et avantageuses ; puis les effets héréditaires de l'usage et du défaut d'usage des parties ont apporté un puissant concours à cette sélection ; enfin, l'action directe des conditions et les variations qui, dans notre ignorance, nous semblent surgir spontanément, ont aussi joué un rôle, moins*

---

1 Il faut signaler que l'idée d'une nature savante est encore très répandue, et il est encore possible de lire, à l'époque, des phrases comme "cette structure est apparue parce qu'elle était nécessaire", la main est ainsi apparue pour pouvoir tenir le livre dans lequel est démontré que la main a une fonction...

important, il est vrai, par leur influence sur les conformations d'adaptation dans le passé et dans le présent" [1]

Le frère du singe, le cousin du cheval

Ainsi, le 1er Juillet 1858, Lyell et Hooker présentent à la Société Linnéenne de Londres les communications de Darwin et de Wallace sur la théorie de la transformation des espèces, et entre 1858 et 1859 Darwin écrit l'Origine des Espèce, pour diffuser sa théorie au grand public.

Si la lecture de la Société Linéenne avait provoqué une vive discussion dans le monde scientifique, la publication de "*L'Origine des espèces*" [2] déclenche, elle, un terrible scandale. En Angleterre, l'opposition scientifique la plus sérieuse est celle de Owen, qui attaque Darwin de toutes les façons possibles. En Amérique, c'est Agassiz qui organise la riposte contre la théorie de Darwin, en soutenant qu'"une espèce est une pensée du Créateur", et que dans les 1500 espèces fossiles qu'il a étudiées, aucune donnée n'était en faveur de la théorie de Darwin. Agassiz ajoute même : "M. Darwin affirme que le singe est son frère, le cheval, son cousin et l'huître son lointain ancêtre" [3].

Quelques amis de Darwin, Hooker, Huxley et Lyell, l'aident à contrecarrer ces attaques. En particulier, Huxley sera un des défenseurs les plus acharnés de la théorie de l'évolution. Dans un fameux débat, dans lequel l'évêque d'Oxford lui demande si c'était du côté de son grand-père ou du côté de sa grand-mère qu'il prétendait descendre d'un singe, Huxley répond qu'il préférait "avoir un singe pour grand-père, au lieu d'un homme richement doué par la nature mais qui utilise ses facultés pour introduire le ridicule dans une grave discussion scientifique".

Les attaques de l'Eglise contre *"L'Origine des espèces"* sont constantes. On peut lire ainsi dans la presse : "tentative pour détrôner Dieu", "immense imposture", "jungle de suppositions fantaisistes". L'Eglise catholique crée même des organisations pour combattre la doctrine de Darwin. Et quand apparaît, en 1871,

---

1 Darwin : op. cit., pp. 564-565.

2 Le jour même de la publication, tous les exemplaires de l'édition ont été vendus (1250 exemplaires).

3 Les références aux origines simiesques de Darwin ont été très utilisées à l'époque par ses détracteurs, et aussi dans les années 1920 aux Etats-Unis.

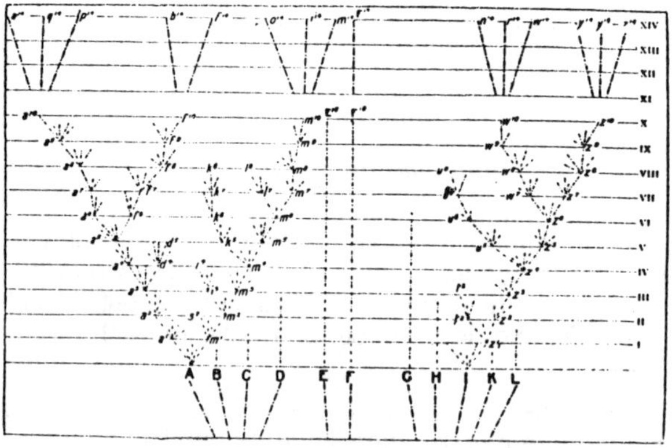

Fig. 66: *Diagramme d'évolution de Darwin dans :* L'Origine des espèces.

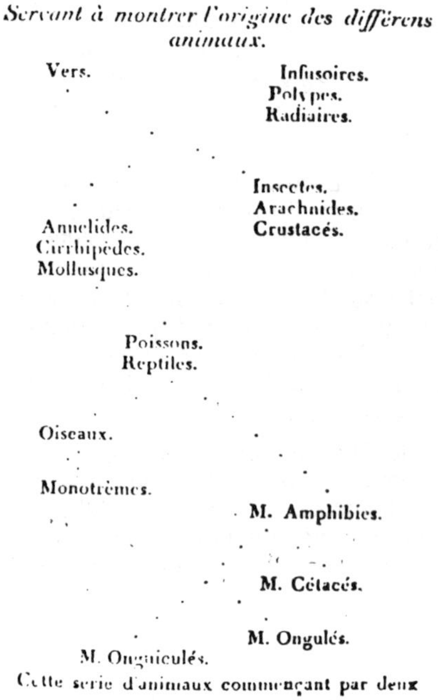

Fig. 67: *Diagramme d'évolution de Lamarck dans sa* Philosophie zoologique.

"L'Origine de l'Homme"[1] de nouvelles attaques de l'Eglise et de la presse en général se déclenchent.

211

Fig. 68 : *Darwin caricaturé par Hornet.*

Toutes les discussions ne sont pas forcément polémiques. Le débat a également lieu sur le plan scientifique. Il porte sur différents points, sur le temps mis par l'évolution, sur l'origine des variations héréditaire, etc. Ces discussions vont amener Darwin à préciser ses idées et même à les modifier profondément par l'introduction d'hypothèses annexes. Par exemple, selon la théorie de Darwin, la

---

1 La vulgarisation scientifique de la théorie de l'évolution a été faite par Ernest Haeckel. Son livre "Enigmes de l'Univers" fut vendu à 40.000 exemplaires. Haeckel élaborera également une théorie de l'évolution par la suite. Pour lui, les formes les plus primitives de la vie sont constituées de matière organique. Puis, les organismes unicellulaires s'agrègent pour produire des multicellulaires.
Il ajoute même, que dans le développement embryonnaire, l'apparition des organes suit la même séquence que dans l'évolution. Haeckel donnera ainsi naissance à un débat qui continue aujourd'hui sur les relations entre le développement embryonnaire et l'évolution. Il proposera aussi une théorie de l'origine de l'homme à partir du gibbon. Il demandera que la théorie de l'évolution soit enseignée dans les écoles allemandes. Virchov lui répond qu'un tel enseignement conduit à la révolution. Après un attentat contre le Kaiser, Haeckel sera accusé d'être le responsable moral du crime.

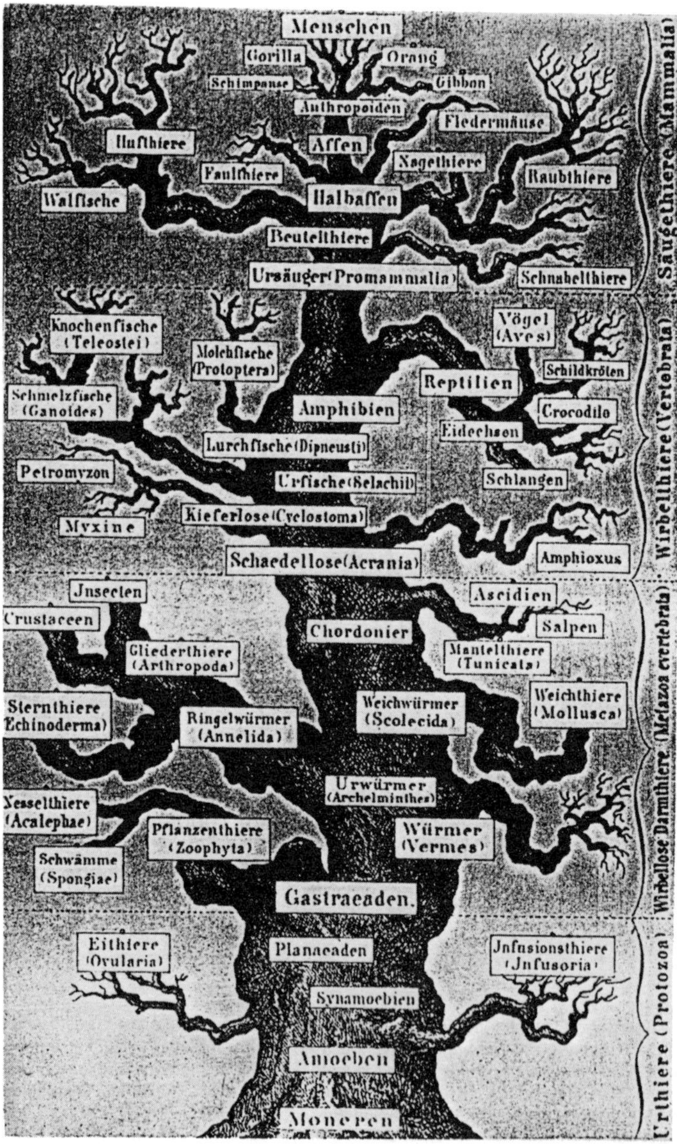

Fig. 69: "*Arbre de l'évolution*" *d'Ernest Haeckel (1886).*

transformation des espèces est un phénomène lent, provoqué par la sélection et l'accumulation de variations héritables. Or, en 1862, le plus grand personnage de la science anglaise, Lord Kelvin, affirme que la vie du soleil a été courte, ce qui limite évidemment l'âge de la vie sur la terre. Son affirmation est fondée sur la vitesse de dissipation de l'énergie solaire.

Aujourd'hui, il est clair que l'énergie utilisée par le soleil est différente des formes que connaissait Kelvin, mais à l'époque l'objection à la théorie de Darwin est grave. Car Kelvin parle de 24 millions d'années, alors que Darwin avait avancé le chiffre de 300 millions d'années pour la période tertiaire... Darwin essaie de répondre et modifie "*L'Origine des Espèces*" en disant que, peut être, les organismes supérieurs évoluent plus rapidement que les inférieurs.

La théorie synthétique de l'évolution.

La continuité du plasma germinal

L'idée que les espèces ne sont pas une création de Dieu mais le résultat des transformations successives a mis près de deux siècles pour s'imposer dans les milieux scientifiques après des débats acharnés.

Mais les débats n'en restent pas là, Darwin est aussi attaqué par certains biologistes qui acceptent l'évolution, mais qui critiquent les mécanismes de sa théorie, en particulier celui de la sélection naturelle.

Il est vrai que, parmi les quatre mécanismes décrits, la sélection naturelle est, selon Darwin, le plus important. Mais différentes écoles se constitueront, elles prendront l'un ou l'autre en considération, en excluant les autres, et elles donneront naissance à des théories très différentes [1].

---

1 Certaines écoles insistent sur le deuxième et le troisième mécanisme postulés par Darwin, les effets héréditaires de l'usage et du défaut d'usage des parties et l'action directe des conditions de l'environnement. Ces auteurs nient la sélection naturelle et prennent en considération la relation entre les organismes et le milieu comme la cause de l'évolution. Malgré le fait que ces auteurs nient aussi la tendance vers la complexité, principal facteur selon Lamarck, ils seront appelés, par la postérité, néo-lamarckistes.

Dans la sélection naturelle il y a, en effet, un problème non résolu, signalé par les opposants à la théorie de l'évolution : l'origine des variations héréditaires, problème que Darwin reconnaît lui-même. Si la sélection naturelle s'exerce sur des variations pré-existantes, elles doivent être maintenues dans la descendance, sinon il n'y a pas de transformations dans les espèces. Une objection importante à ce propos est soulevée par Flemming Jenkin qui affirme que, si un nouveau caractère apparaît, le croisement subi lors de la phase de la reproduction l'élimine peu après.

La réponse de Darwin est l'introduction d'éléments lamarckistes dans les éditions successives de "*L'Origine des espèces*" : "Chaque variation doit avoir une cause inconnue qui doit continuer à agir de façon persistante" [1].

Dès lors, le débat est déplacé, car bien sûr, le principal problème de cette théorie est celui de l'hérédité des caractères acquis. Vers 1880, Weissmann tente de démontrer que les transformations subies par un organisme ne sont pas transmissibles à sa descendance. Il coupe en particulier les queues d'une famille de souris pendant vingt-deux générations. Aucune souris n'est née sans queue.

> "*Evidemment il n'y a que l'expérience qui puisse décider ici, et naturellement non pas l'expérience sur les chats et sur les chiens, comme le remarque Bonnet très justement, mais l'expérience sur des animaux dont la queue n'est pas déjà comprise dans un processus d'atrophie. Bonnet propose de "faire l'expérience sur des souris blanches, ou sur des rats blancs, chez lesquels on ne connaît pas de courtes queues résultant d'un vice de conformation, et chez lesquels la longueur de la queue est toujours très égale.*
>
> *Avant que cette proposition ne fût formulée, j'avais déjà entrepris la chose, bien que ce fût plus naturel de la part de ceux qui affirment l'hérédité des mutilations que de ma part, puisque je la combats. J'avoue franchement aussi que je n'ai entrepris ces expériences qu'à contre-cœur, parce que je ne pouvais espérer en obtenir autre chose que des résultats négatifs. Mais comme ces résultats, même négatifs, ne me semblaient pas complétement dépourvus de valeur pour la solution de la question pendante, et comme de nombreux défenseurs de l'hérédité des caractères acquis ne se disposaient pas à corroborer leur opinion par l'expérience, je m'imposai ce petit travail.*
>
> *Les expériences furent faites avec des souris blanches, et commencées au mois d'octobre de l'année précédente. On prit douze souris,*

---

1 Comme nous l'avons signalé, la réponse à cette question est donnée par Mendel en 1865, mais elle n'est pas connue de Darwin.

sept femelles et cinq mâles, on leur coupa la queue à toutes les 17 octobre 1887. Le 16 novembre apparurent déjà les deux premières portées de petits, et comme le temps de la gestation de la souris ne comporte que de 22 à 24 jours, ces premiers petits provenaient déjà de l'époque à laquelle leurs parents n'avaient plus de queue. Il y avait dix-huit petits en tout, tous ayant des queues absolument normales de 11 ou 12 millimètres. Ces petits, comme tous ceux qui suivirent plus tard, furent éloignés de la cage, soit qu'ils aient été tués et conservés, ou qu'ils aient été employés pour continuer l'expérience. Dans cette cage N° 1, qui contenait donc les douze souris de la première génération, il naquit dans le cours de quatorze mois, c'est-à-dire jusqu'au 17 décembre 1888, 333 petits dont aucun n'avait une queue rudimentaire ni, même une queue un peu plus courte que celle des petits dont on n'avait pas mutilé les parents.

Mais on pourrait croire que les effets de la mutilation ne se montreraient que dans des générations suivantes. Je mis donc quinze petits du 2 décembre 1887 dans une cage n° 2, après qu'ils eurent ouvert les yeux et que leurs poils se furent montrés, et je leur coupai la queue. Du 2 décembre 1887 au 16 janvier 1889 ces animaux produisirent 237 petits, ayant tous la queue normale.

On mit de même, le 1er mars 1888, quatorze petits de la deuxième génération dans une cage n° 3, et on leur coupa la queue ; parmi leurs descendants, 152 au 17 janvier 1889, pas un seul animal a une queue anormale. Il en fut absolument de même de la quatrième génération, qui, à partir du 4 avril 1888, fut élevée dans une cage n° 4, et fut traitée de la même façon : du 23 avril au 16 janvier elle donna naissance à 138 petits à la queue normale ; de même pour une cinquième génération qui, dans le cage n° 5, produisit, du 15 septembre au 17 décembre 1888, 25 petits ayant tous la queue normale.

L'expérience ne fut pas terminée pour autant : on isola encore des petits de la sixième génération, et on leur coupa la queue, mais ils demeurèrent stériles.

Cinq générations de parents privés artificiellement de leur queue ont donc donné naissance à 901 petits dont pas un ne présentait une queue rudimentaire, ni même une anomalie dans la queue. Il y a même plus : une mensuration exacte à montré qu'il n'y avait même pas chez eux de petite diminution de la queue. La longueur de la queue des nouveau-nés oscille dans des limites très étroites, c'est-à-dire entre 10,5 et 12 millimètres ; chez aucun des petits elle ne fut de moins de 10,5, et les petits des générations postérieures accusent la même longueur de la queue que ceux de la première génération : la longueur de la queue ne diminue donc pas dans le cours des cinq générations d'une façon appréciable".

La conclusion de Weissman est qu'il n'y a pas d'hérédité d'un caractère acquis, le seul mécanisme de l'évolution est la sélection naturelle. Et après avoir démontré que les mécanismes proposés par différents auteurs n'étaient pas valables, il propose la théorie de la "continuité du plasma germinal", selon laquelle il y a un "plasma germinatif", composé d'éléments minuscules : les "biophores" et les "déterminants", porteurs de l'hérédité, qui sont groupés dans les chromosomes et qui peuvent assimiler, s'accroître et se reproduire par division.

Ces éléments passent d'une génération à la suivante par les cellules germinales. Dans le développement de l'organisme, ils se distribuent dans toutes les cellules en se simplifiant et en diminuant de nombre. Mais ils ne changent pas dans les cellules germinatives (lignée germinale) qui donneront naissance aux cellules germinales de la génération suivante :

> *"Je propose de l'appeler "Théorie de la continuité du Plasma Germinatif", puisqu'elle repose sur cette idée que l'hérédité se produit parce qu'un tissu d'une constitution chimique et surtout moléculaire déterminée se transmet d'une génération à l'autre. Ce tissu, je l'ai appelé "plasma germinatif", je lui attribue une structure très délicate et très complexe qui explique sa faculté de se développer en organisme complexe, et j'ai essayé d'expliquer l'hérédité en disant qu'à chaque ontogénie, une partie du plasma germinatif spécifique que contient la cellule mère n'est pas employée à la construction de l'organisme de l'enfant, mais demeure en réserve, non modifiée, pour la formation des cellules germinatives de la génération suivante"* [1].

Cette différence entre une partie somatique et une partie germinative est aussi cohérente avec l'absence d'hérédité des caractères acquis :

> *"Mais cette théorie rencontre aussi des difficultés sur sa route car elle ne peut, en particulier, s'adapter à une certaine classe de phénomènes, à la transmission des caractères acquis".*
>
> *"Je crois avoir démontré du moins que la transmission généralement admise jusqu'ici des caractères "acquis" n'est rien moins que prouvée, que de grandes classes entières de faits auxquelles on a donné cette signification peuvent aussi bien et doivent même, dans beaucoup de cas, être interprétés autrement".*

Et un peu plus loin, il ajoute même :

> *"Un organisme ne peut acquérir aucun caractère auquel il ne soit déjà prédisposé".*

---

1 A. Weismann : *Essais sur l'hérédité et la sélection naturelle,* Paris, 1882.

"La qualité du changement du plasma germinatif n'a rien à faire avec la qualité du "caractère acquis" [1].

Si Weismann montre ainsi comment peut se réaliser l'hérédité sans que le milieu ait une influence déterminante sur la descendance (sans l'hérédité des caractères acquis), il reste cependant sans réponse à une autre question : Comment change le plasma germinatif ?

Le développement de la génétique et de la biologie moléculaire donneront une réponse précise à cette question [2]. Actuellement au lieu du plasma germinatif, on parle d'information génétique, laquelle détermine les caractères d'un organisme. Cette information passe d'une génération à la suivante grâce aux mécanismes de la reproduction (formation de gamètes, etc.). Elle peut changer par les processus de mutation, ou par des transformations au niveau des chromosomes. Le milieu peut provoquer des mutations, mais elles ne sont pas adaptatives, c'est-à-dire qu'elles ne détermineront pas des caractéristiques qui serviront à l'organisme pour se protéger des causes de la mutation, il n'y a pas, selon la génétique et la biologie moléculaire, de possibilité d'hérédité des caractères acquis.

L'étude de l'hérédité éventuelle des caractères acquis a toujours été l'objet de débats passionnés et passionnants, qui furent l'objet de nombreuses "affaires". En particulier, vers 1940, en URSS se développe à nouveau cette théorie soutenue par le gouvernement pour des motifs d'ordre idéologique et économique. La nécessité d'obtenir une solution aux énormes problèmes agricoles fait accepter les travaux de Mitchorine, un agronome qui essaye de transformer les céréales par l'hérédité des caractères acquis. En 1948, l'Académie des Sciences de l'URSS pose la question de la façon suivante :

"Il faut méditer profondément sur bien des problèmes, mais je répète qu'il faut rompre résolument les opinions métaphysiques, idéalistes, weismaniennes des savants réactionnaires étrangers et les échos de ces opinions dans les ouvrages de certains savants soviétiques. Nous devons aider notre Parti à démasquer la pourriture pseudo-scientifique réactionnaire, que nos ennemis répandent à l'étranger. Nous devons comprendre que cette pourriture a

---

1 Weismann, op. cit., p. 168. Selon Weismann, le plasma germinatif peut changer par influence de l'environnement, mais ces changements ne sont pas adaptatifs, c'est-à-dire ne correspondent pas aux modifications que subit l'organisme comme réponse aux contraintes du milieu.

2 Voir chapitre *(Gène).* Il est intéressant de noter que ces questions sur l'hérédité posées par la théorie de l'évolution ont gêné le développement de la génétique, car elles centraient le débat sur l'ensemble des caractères. Or, l'apport de Mendel sera au niveau de la disjonction des caractères.

influencé certains savants soviétiques, et il s'agit de l'extirper jusqu'au bout [1].

Ce langage occultait, en réalité, le fait fondamental que les essais en vue d'obtenir de nouvelles variétés de blé par des mécanismes d'adaptation au milieu, avaient été un échec.

Le Darwinisme sans Darwin

Avec Weismann disparaît donc le pilier du transformisme Lamarckien et un des mécanismes principaux de l'évolution, que Darwin avait été obligé de réintroduire face à certaines critiques. Les débats sont alors très complexes en cette fin de XIXe siècle. Chaque école met en avant un mécanisme particulier [2]. Tout semble remis en cause, l'interprétation des lignées fossiles par exemple donne lieu à de longues discussions entre les néo-darwinistes et les finalistes [3]. Selon les néo-darwiniste, il n'y a pas une évolution orientée, chaque étape a ses propres particularités et les espèces évoluent séparément. Au lieu d'une lignée unique, il y aurait, selon les néo-darwinistes, un *arbre évolutif*, c'est-à-dire qu'à chaque moment de l'évolution, il y a toute une série d'espèces dont seulement quelques-unes survivent. Une lignée évolutive n'est alors que le résultat de la sélection à chaque étape.

Les débats se prolongent dans les premières années du XXe siècle. Pourtant un apport considérable est introduit en 1900 par Hugo de Vries avec l'idée de mutation, c'est-à-dire l'existence de

---

1 Lyssenko "*La situation dans la science biologique*". Session de l'Académie Lénine des Sciences Agricoles de l'URSS. 31 juillet - 7 août 1948. Compte rendu sténographique. Moscou, 1949, p. 569.

2 Des quatre mécanismes d'évolution postulé par Darwin, les néo-lamarckistes avaient pris en considération le deuxième et le troisième. Une autre école, appelée néo-darwiniste, prend en considération seulement le premier mécanisme, la sélection naturelle.

3 Les finalistes se fondent sur ce qu'on appelle "l'évolution orientée". Certains chercheurs en effet, tout en acceptant l'évolution, donnent une explication non matérialiste. Ces théories étaient appelées vitalistes ou finalistes car les êtres vivants ont des propriétés qui ne sont pas explicables en termes physico-chimiques, et l'évolution se produit pour aboutir à un but prédéterminé. Ces doctrines vitalistes et finalistes prennent leur source dans la croyance religieuse, leurs partisans essaient de montrer l'impossibilité d'expliquer les phénomènes évolutifs et les propriétés des êtres vivants par des processus matériels. Tous les principes postulés sont des noms différents d'un même mécanisme, l'intervention des forces supra-matérielles dans les êtres vivants. Citons quelques noms donnés à ces principes vitaux : *"élan vital"* (Bergson), *"nomogénèse"* (Berg), *"holisme"* (Smuts), *"hologénèse"* (Rosa), *"conscience cellulaire"* (Buis), *"aristogénèse"* (Osborn), *"entélechie"* (Driesch), *"téléfinalisme"* (du Noüy).

variations spontanées et héritables. Mais tout comme l'apport de Weismann, avec son idée sur l'origine des variations héréditaires - qui ne sont pas une réponse au milieu -, cet élément n'est pas compris tout de suite, par la communauté scientifique.

L'idée, là encore, n'est pas neuve. Déjà en 1590, Spenger avait découvert une forme nouvelle d'une plante pharmaceutique. Marchant, en 1715 avait décrit une plante du genre Mercurialis qu'il classe comme *Mercurialis foliis capillaceis.* L'année suivante, à l'endroit même où il avait trouvé cette plante, apparaissent six pieds, quatre identiques à la plante qu'il avait décrite, et deux appartenant à une nouvelle forme qu'il dénomme *Mercurialis foliis in varia et inaequales lacinias quasi dilaceratis.* Les deux formes se multipliaient en 1719 quand il communique ses observations. La découverte et la description de l'apparition d'une plante nouvelle à partir de la transformation d'une autre plante sont analysées par Marchant qui démontre que les nouvelles formes sont des espèces différentes des anciennes formes, et se demande pourquoi ce mécanisme ne serait pas général dans la nature.

> "*La Toute-Puissance, ayant une fois créé des individus de plantes, pour modèle de chaque genre... Ces modèles, en se perpétuant, auraient enfin des variétés, entre lesquelles celles qui sont demeurées constantes et permanentes ont constitué des espèces qui, par succession de temps, et de la même manière, ont fait d'autres productions différentes*".
> "*L'art, la culture, et encore plus le hasard, c'est-à-dire certaines circonstances inconnues, font naître tous les jours des nouveautés dans les fleurs curieuses, telles que les Anémones et les Renoncules et ces nouvautés ne sont traitées par les botanistes que de variétés qui ne méritent pas de changer les espèces, mais pourquoi la Nature serait-elle incapable de nouveautés qui allassent jusque-là ?* [1].

En 1766, Duchesne découvre une autre forme apparue spontanément dans une plate-bande de fraisiers, et il en déduit la possibilité d'une origine commune des différentes formes de fraisiers. Linné lui-même découvre en 1742 une mutation dans une plante qu'il appelle Peloria et qu'il reconnaît comme dérivant de l'espèce *Linaria vulgaris*, la différence étant le nombre des éperons à la base de la corolle.

Cette transformation d'une plante en une autre aurait dû provoquer chez Linné des doutes sur la fixité des espèces. Mais sa croyance au

1 Cité par Emile Guyenot, *"Les sciences de la vie aux XVIIe et XVIIIe siècles. L'idée d'évolution"*, Editions Albin Michel, Paris, 1941, p. 375.

dogme créationniste était trop forte, et pour résoudre la contradiction il développa la théorie de l'hybridation : les nouveaux caractères ne seront pas produits par des transformations des caractères anciens, mais le résultat du croisement d'espèces différentes.

Cette théorie, simple effort pour éviter de contredire un dogme, provoquera un grand développement de l'imagination de ses disciples. Pour Dahlberg, par exemple, les hybridations les plus absurdes sont possibles : des poules avec des lapins, pour donner des poulets avec de la laine au lieu des plumes... [1].

La nouvelle synthèse

Une synthèse de ces idées ne fut ainsi réalisée que dans les années 1940, dans ce qu'on dénomme aujourd'hui la "théorie synthétique de l'évolution", aussi appelée théorie néo-darwiniste :

> *"Le terme "synthèse évolutive", introduite par Julian Huxley en 1942 dans son livre* "Evolution, the modern synthesis", *désigne le consensus réalisé sur deux conclusions : l'évolution graduelle des espèces peut être expliquée au moyen de l'apparition de petits changements aléatoires (mutations) et de leur tri par la sélection naturelle ; en outre, tous les phénomènes évolutifs y compris la macro-évolution et la spéciation (acte de naissance des espèces) sont explicables par ces mêmes mécanismes génétiques. Ainsi, la synthèse consiste selon Ernst Mayr essentiellement en deux choses : une théorie du changement génétique et une extrapolation de cette théorie à tous les aspects de l'évolution, y compris la macro-évolution"...*

La théorie du changement génétique reconnue par les artisans de la synthèse évolutive admet, en premier lieu, que les espèces sont adaptées à leur milieu grâce à des organes et des fonctions physiologiques ou biochimiques particulières...

> *"Ces dispositifs adaptatifs sont héritables et caractéristiques de l'espèce : autrement dit, ils sont déterminés par une collection de gènes particuliers (les gènes sont les unités élémentaires de l'héré-*

---

1 Après tous les efforts pour expliquer l'apparition des nouvelles formes par hybridation, Linné commença à admettre un transformisme restreint, selon lequel seuls les genres sont la création de Dieu, et les espèces évoluent par hybridation. En 1763 Koelreuter démontre que, si on recroise des espèces hybrides avec les formes parentales, il y a dans certains cas un retour aux formes parentales. Koelreuter démontre aussi que les seules hybridations possibles étaient celles des espèces de la même famille.

dité). La théorie néo-darwiniste du changement génétique est alors la suivante : il se produit constamment dans les populations des modifications accidentelles du patrimoine héréditaire c'est-à-dire des mutations de gènes"...

"En général, les mutations ont un effet désastreux"...

"Les individus porteurs de ces mutations tendront à devenir moins nombreux au fil des générations, et même disparaîtront"...

"Néanmoins, certaines mutations ont un effet favorable et permettent à leur porteur de vivre mieux, plus longtemps et de se reproduire beaucoup : leurs descendants seront plus nombreux, et les populations de l'espèce tendront alors à n'être constituées que des individus porteur des variétés génétiques favorables. C'est cette survie différentielle des mutations favorables et défavorables qui constitue l'action de la sélection naturelle : c'est selon la théorie synthétique, grâce à ce tri que les populations tendent à être adaptées à leur milieu, et que les espèces tendent à s'insérer chacune dans une niche écologique qui leur est propre" [1].

C'est-à-dire que pour la biologie actuelle les organismes sont déterminés par les molécules qui les composent. L'histoire de ces organismes, leur évolution est le résultat des transformations des gènes sélectionnés après et qui seront l'origine des nouvelles espèces :

"Si les conditions du milieu changent, les espèces changent par le remplacement progressif des caractères génétiques (gènes mutés) plus adaptés aux nouvelles conditions. Pour la théorie synthétique néo-darwinienne, la naissance des nouvelles espèces n'est rien d'autre que la modification progressive de la composition génétique des populations" [2].

Pour en arriver à cette fin, il a fallu le développement de la biochimie, la génétique, la physiologie, l'embryologie et surtout de la biologie moléculaire qui ont presque éliminé les idées vitalistes et finalistes, du moins dans les milieux scientifiques. Actuellement les explications en biochimie se font en termes de molécules, de membranes, d'acides nucléiques. Il n'y a pas de place pour l'élan vital ou la conscience cellulaire. De plus, la biologie moléculaire a donné un fondement expérimental aux doctrines matérialistes : l'évolution est le résultat des changements de l'information génétique c'est-à-dire dans les séquences des bases de l'ADN.

Le développement de la génétique a été également fondamental pour la théorie de l'évolution. Il permet de reprendre, une question

---

1 Niles Eldredge : La Macro-évolution, *La Recherche*, nº 133, mai 1982, p. 616.

2 Idem, p. 619.

restée sans réponse à la fin du XIXe siècle, après la réfutation de la transmission des caractères acquis par Weissmann : Quels sont les mécanismes de transmission des caractères héréditaires ? De plus, à partir de la génétique des populations, il a été possible de comprendre comment peut se transformer une espèce : chaque population a un ensemble de gènes, lesquels ont une action plus ou moins favorable par rapport au milieu. Les gènes qui donnent un avantage aux organismes qui les portent ont plus de chance d'être transmis aux générations suivantes, ils auront un diffusion plus grande dans la population et, à long terme, la population changera sa fréquence de gènes, et se modifiera jusqu'à se transformer en une espèce nouvelle.

Ces mécanismes seront facilités par l'isolement génétique, c'est-à-dire par l'impossibilité de reproduction entre deux populations, lesquelles, par l'accumulation des gènes différents, finiront par ne plus pouvoir se reproduire et seront alors des espèces différentes. Le concept de sélection naturelle a subi ainsi une grande transformation après Darwin : maintenant il ne s'agit plus de survie des individus, mais de variations dans la proportion des gènes d'une population.

Où en est-on aujourd'hui ?

Les trois mécanismes (mutation, sélection et isolement) proposés par la théorie synthétique de l'évolution, sont-ils suffisants pour expliquer tout phénomène évolutif. Ou, au contraire, faut-il postuler d'autres mécanismes possibles (comme la propre activité des êtres vivants, par exemple) ?

La majorité des biologistes répondront oui à la première question, mais différentes critiques se font jour, en particulier sur le fait que les séquences de mutations favorables pour aboutir à l'apparition d'un nouvel organe sont très improbables. Malgré ces critiques, il n'y a pas, à notre connaissance, de théories alternatives valables.

On a proposé des mécanismes de sélection interne (Baldwin, Waddington, Lancelot White), ou bien des mécanismes de rétro-actions partant de l'activité adaptive pour arriver au système génétique (théorie de la phénocopie de Piaget), mais aucune de ces propositions n'est acceptée par l'ensemble des biologistes.

Le problème est aujourd'hui déplacé sur un autre débat, plus général, centré sur les propriétés générales des être vivants : Est-ce qu'un être vivant est le simple résultat du déploiement de son information génétique ? Est-ce que la simple composition moléculaire suffit à expliquer toutes ses propriétés ? Dans ce débat, il y a aussi des positions différentes qui se fondent sur deux types d'attitudes :

> "*Il nous semble utile d'insister encore sur ce que l'on peut nommer les concepts intégrateurs, c'est-à-dire ceux qui permettent de penser les vivants comme des systèmes organisés. F. Jacob distingue deux grandes tendances polaires en biologie, deux attitudes qui, aux extrêmes, finissent par s'opposer : l'attitude intégriste et l'attitude réductionniste ou tomiste. Même si les mots appellent un débat philosophique sous-jacent, on peut dire que, sur le plan de la méthode et de l'attitude d'esprit, la tendance visant à isoler les constituants, à décomposer la complexité pour analyser les éléments, à expliquer les fonctions par les structures, est largement dominante actuellement. Les phénomènes d'intégration, d'organisation, les propriétés des systèmes sont généralement relégués au second plan*" [1].

De nouveau, majorité ne veut pas dire unanimité, et différentes écoles essaient de développer des modèles qui expliquent les propriétés des systèmes vivants à partir de la complexité de leur fonctionnement et non seulement à partir de leurs composants.

En fait, on peut dire que les courants actuels de la biologie par rapport à la théorie de l'évolution s'articulent en trois catégories :
1) Les théories instructivistes selon lesquelles le milieu modèle l'individu, le modifie ; les transformations sont héréditaires et transforment l'espèce. Cette catégorie correspond à ce qu'on appelle néo-lamarckisme. Ses partisans sont en général des zoologistes, ou des paléontologues, comme Wintrebert, Grassé et Bourdier. La grande majorité des biologistes n'est pas d'accord avec les théories instructivistes ; ce désaccord se retrouve en psychologie où il y a actuellement une grande discussion sur l'influence du milieu, et des oppositions similaires à celles des théories instructivistes en biologie.
2) Les théories sélectionnistes, selon lesquelles le milieu ne joue aucun autre rôle que la sélection des mutations favorables, produites au hasard. Cette théorie, appelée aussi néo-darwiniste, est la plus acceptée par les biologistes. Elle est cohérente avec une conception réductionniste de la biologie, qui dit que les organismes ne sont que l'expression de leur information génétique. Monod, Lamotte, Dobzhansky, Mayr, Boesiger, sont quelques uns des auteurs qui soutiennent cette théorie.
3) Les théories stochastiques, qui dérivent du néo-darwinisme, mais insistent sur le fait que la plupart des mutations sont neutres, qu'elles n'apportent ni avantages, ni désavantages évolutifs. Dans certains cas, il y aurait des mutations qui transforment profondément les

---

1 Guy Rumelhard, Problèmes posés par le concept de gène dans l'enseignement, *ASTER,* Recherches pédagogiques 18/1980.

organismes (macro-mutations) déterminant des changements brusques dans l'évolution. Cette théorie répond à la critique du néo-darwinisme sur l'improbabilité de l'accumulation des mutations favorables. Kimura et Lewontin sont les fondateurs de la théorie.

Conséquence de l'acceptation de la théorie de l'évolution.

L'impact de la théorie de l'évolution sur la pensée en Occident a été d'une telle ampleur qu'il n'est pas exagéré de parler de "révolution darwiniste" [1]. En effet, l'introduction de l'évolution dépasse le cadre biologique, elle transforme la perception de l'homme. La théorie de l'évolution a signifié le remplacement total d'une ancienne croyance en un monde de courte durée, constant, presque parfait, construit par un créateur omnipotent par celle d'un monde en transformation permanente, qui a évolué par lui-même, et selon des lois naturelles pendant des millions d'années. Les animaux, les plantes et en définitive l'homme sont le résultat d'une série de petites transformations sans but précis [2].

Une autre conséquence de la théorie de l'évolution néo-darwiniste est l'introduction de l'idée d'interaction du hasard ; jusqu'à Darwin, l'alternative était le hasard ou la nécessité : l'on oscillait entre le déterminisme total ou la contingence totale. Dans la théorie synthétique, les deux concepts sont complémentaires : le hasard existe dans la production de variétés, la nécessité se manifeste dans leur expression concrète, et avec le hasard apparaissent l'histoire et l'avenir.

L'histoire, parce que chaque étape est le résultat des transforma-

---

1 L'importance de Darwin pour la biologie dérive, en premier lieu du fait qu'il a établi de façon définitive que l'évolution des espèces était un phénomène à étudier de façon scientifique et non une simple spéculation, et en deuxième lieu qu'il a découvert l'importance de la sélection naturelle comme principal mécanisme de l'évolution. Mais sur ce point, n'est ce pas aussi Wallace ?

2 Dans la pensée antérieure à Darwin, qui est présente encore dans une partie de la population, le monde a des discontinuités, avec des essences sous-jacentes : chaque espèce est une entité séparée absolument des autres à partir de sa création. La pensée évolutionniste, au contraire, postule qu'il n'y a pas d'essences dans la nature, chaque individu n'est pas la concrétisation de l'idée d'un créateur, mais qu'il a des particularités qui le différencient des autres individus. Au lieu d'espèces séparées les unes des autres, on parle de populations qui se séparent progressivement, dans une dimension géographique et temporelle.

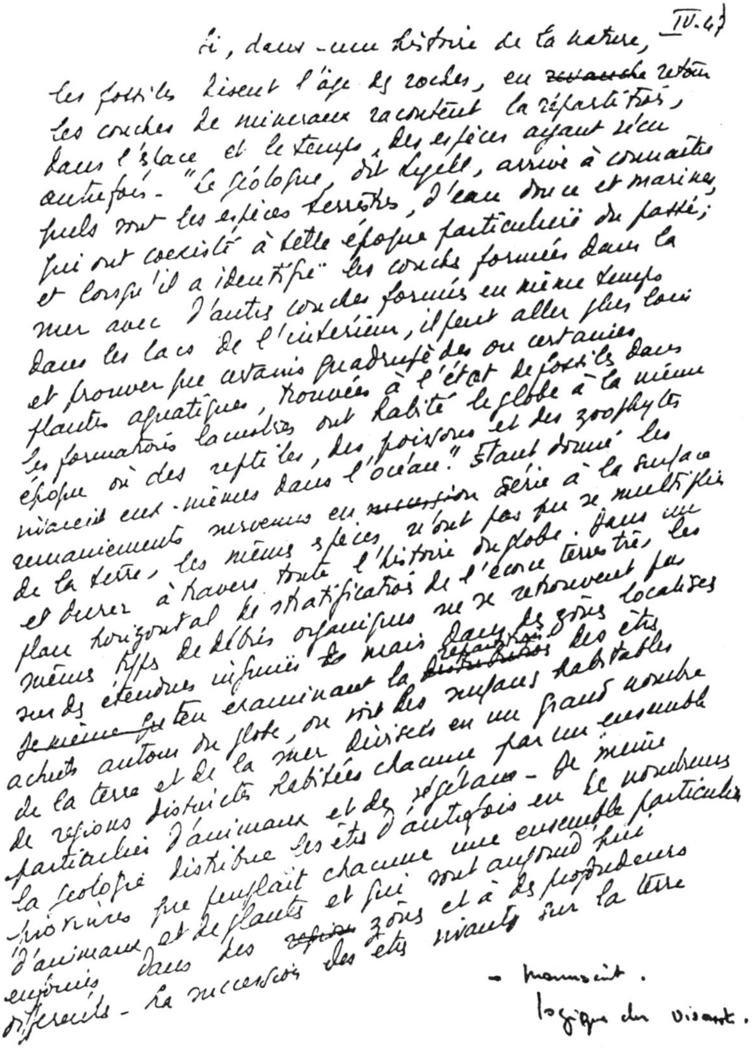

IV.4

Si, dans une histoire de la nature, les fossiles lisent l'âge des roches, en ~~revanche~~ retour les couches de minéraux racontent la répartition, dans l'espace et le temps, des espèces ayant vécu autrefois. "Le géologue, dit Lyell, arrive à connaître quelles sont les espèces terrestres, d'eau douce et marines qui ont coexisté à cette époque particulière du passé; et lorsqu'il a identifié les couches formées dans la mer avec d'autres couches formées en même temps dans les lacs de l'intérieur, il peut aller plus loin et trouver que certains quadrupèdes ou certaines plantes aquatiques, trouvées à l'état de fossiles dans les formations lacustres ont habité le globe à la même époque où des reptiles, des poissons et des zoophytes vivaient eux-mêmes dans l'océan." Étant donné les remaniements nombreux en ~~succession~~ série à la surface de la terre, les mêmes espèces n'ont pas pu se multiplier et durer à travers toute l'histoire du globe. Dans un plan horizontal de stratification de l'écorce terrestre, les mêmes types de débris organiques ne se retrouvent pas sur des étendues infinies ~~les~~ mais dans les zones localisées. ~~De même~~ En examinant la ~~distribution~~ répartition des êtres [illegible] autour du globe, on voit les surfaces habitables de la terre et de la mer divisées en un grand nombre de régions distinctes habitées chacune par un ensemble particulier d'animaux et de végétaux. De même la géologie distribue les êtres d'autrefois en de nombreux ensembles particuliers [illegible] que peuplait chacune [illegible] d'animaux et de plantes et qui sont aujourd'hui enfouis dans des ~~régions~~ zones et à des profondeurs différentes. La succession des êtres vivants sur la terre

manuscrit.
logique du vivant.

Fig. 70: *Page manuscrite de François Jacob (*La logique du vivant, *1978).*

tions de ses ancêtres. L'avenir, parce que le futur de chaque espèce n'est pas déterminé : il dépend non seulement des conditions actuelles mais aussi du hasard, il n'est pas déterminé par le présent, il a différents chemins possibles.

De plus, histoire et avenir signifient l'introduction du temps. Il ne s'agit pas cependant du temps fixé de la physique newtonienne, dans lequel il y a répétition constante des conditions, mais du temps qu'avait déjà introduit la thermodynamique, c'est-à-dire celui des transformations irréversibles. Au cours du siècle passé, la physique, la sociologie et la biologie ont ainsi transformé leur conception du temps, et ont introduit des notions qui ont changé la science et qui ont provoqué de grandes transformations sociales ; l'ordre social, l'ordre physique, l'ordre biologique étaient en question.

Le meilleur des mondes, celui construit par Dieu pour les hommes, le monde dans lequel le futur répétait sans fin le passé, a éclaté en morceaux : tout peut changer, le futur est à construire, le résultat de cette construction n'est pas donné à l'avance... A partir de la 2ème moitié du XIXe siècle, il ne reste aucune certitude, aucun sens profond, aucune substance qui nous expliquent l'univers : l'humanité est seule face à ses responsabilités.

Pour en savoir plus

Golding, Gordon, *Le procès au singe — la Bible contre Darwin,* Editions Complexe-Collection La mémoire du siècle, Belgique, 1982.

Gould, Stephen Jay, *Darwin et les grandes énigmes de la vie,* Paris, Pygmalion/Gerard Watelet, 1979.

Guyenot, Emile, *Les sciences de la vie au XVIIe et XVIIIe siècles, l'idée d'évolution,* Paris, Albin Michel, 1941.

Noel, Emile, *le Darwinisme aujourd'hui ;* Paris, Seuil, 1979.

Rostand, Jean, *Esquisse d'une histoire de la biologie,* Paris, Gallimard, 1978.

Rattray Taylor, Gordon : *Histoire illustrée de la biologie,* Paris, Hachette, 1965.

Quelques repères

Buffon (1707-1788), *De la jeunesse-Histoire naturelle des mammifères, des oiseaux, des reptiles et des poissons,* Deuxième édition, Paris.

Bonnet, Charles (1720-1793), *Œuvres d'histoire naturelle et de philosophie*, Neuchâtel, 1779.

Lamarck, J.B. (1744-1829), *Œuvres choisies,* Ernest Flammarion, Paris.

Cuvier, Georges (1769-1832), *Recherches sur les ossements fossiles,* Paris, 1812 ; *Discours sur les Révolutions du globe,* Paris, 1851.

Darwin, Charles, (1809-1888), *L'origine des espèces au moyen de la sélection naturelle, ou La lutte pour l'existence dans la nature.* Librairic C, Rciwald-Schcichcr Frèrcs, Paris, 1896.

Mendel, Gregor (1822-1884), Recherches sur divers Hybrides végétaux In : *Verhandlungen des naturforschenden Vereins in Brünn,* p.3-47 du tomc IV, 1865.

Wallace, A.R. (1823-1913), *La sélection naturelle ;* trad. , Paris, 1909.

Weissmann, Auguste (1834-1914), *Essais sur l'hérédité et la sélection naturelle,* C. Rcinwald ct Compagnic, Paris, 1892.

Simpson, Georges Gaylord (1902), *The meaning of evolution-A study of the history of life and of its significance for man,* Yalc University press, New Haven, USA.

Jacob, François (1920), *La logique du vivant,* Editions Gallimard, Paris, 1978 : *Le jeu des possibles,* Editions Fayard, Paris, 1981.